水文学概论

（第2版）

Introduction to Hydrology

王红亚　吕明辉　李　帅 ◎编著

北京大学出版社
PEKING UNIVERSITY PRESS

图书在版编目(CIP)数据

水文学概论/王红亚,吕明辉,李帅编著.—2版.—北京:北京大学出版社,2023.5
ISBN 978-7-301-33992-3

Ⅰ.①水… Ⅱ.①王… ②吕… ③李… Ⅲ.①水文学—高等学校—教材
Ⅳ.①P33

中国国家版本馆CIP数据核字(2023)第080347号

书　　名　水文学概论(第2版)
SHUIWENXUE GAILUN (DI-ER BAN)
著作责任者　王红亚　吕明辉　李　帅　编著
责任编辑　曹京京　刘　洋
标准书号　ISBN 978-7-301-33992-3
出版发行　北京大学出版社
地　　址　北京市海淀区成府路205号　100871
网　　址　http://www.pup.cn　　新浪微博:@北京大学出版社
电子邮箱　编辑部 lk2@pup.cn　总编室 zpup@pup.cn
电　　话　邮购部010-62752015　发行部010-62750672　编辑部010-62767347
印 刷 者　北京溢漾印刷有限公司
经 销 者　新华书店
730毫米×1020毫米　16开本　16.75印张　317千字
2007年3月第1版
2023年5月第2版　2023年5月第1次印刷
定　　价　53.00元

前　言

2004 年初，北京大学为加强本科生课程的教学，计划编著一系列基础课和专业基础课教材。当年 10 月，我们承担了北京大学教务部的教材建设立项项目——《水文学概论》的编著工作。

初稿形成后，曾交由北京大学选修“水文学与水资源”一课的同学们传阅，以征求改进意见和建议。书稿经过多次修改，希望能将水文学的新发展及教师在教学过程中的体会尽可能地融入教材。

水既是人类赖以生存的一种资源，也是自然地理环境因素之一。水文学是论及地球上的水的性质、分布、循环和变化规律的学科。近几十年来，人类所面临的资源和环境问题日益突出，而这些问题大多与水的运动、变化和分布直接或间接相关。水文学的研究工作也越来越多地涉及这些问题，如水资源管理、气候变化、土地利用和土地覆被变化、地下水枯竭以及城市水文状况等。因此，熟悉水文学不仅有助于全面和深入了解自然地理环境，还可将获得的相关知识应用于解决困扰人类的种种资源和环境问题。

本书首先介绍水文学的起源、发展、研究方向和研究方法，随后阐述水循环和水量平衡的概念、原理和研究意义，以及水循环的基本环节，最后论及主要的陆地表面水体和地下水的水文特征。

本书作为高等院校地理或环境科学的专业基础课教材，除着重于水文学基础理论的阐述外，还特别试图强调水的自然地理环境因素的属性、水与其他的自然地理环境因素的联系及人类活动对水的影响。对一些内容，尤其是在其他课程中已有详细介绍的内容，我们做了适当的删减，以使本书适用于约 50 学时(不包括野外实习)的教学。

本书自 2007 年首次出版以来，一直作为北京大学本科生课程“水文学与水资源”“陆地水体概说”及慕课“水文学与水资源概论”的教材。在此期间，很多读者就其进一步修改提出了宝贵的建议，对此谨致谢忱。

习近平总书记在中国共产党第二十次全国代表大会上的报告中提到，我们坚持可持续发展，坚持节约优先、保护优先、自然恢复为主的方针，像保护眼睛一样保护自然和生态环境，坚定不移走生产发展、生活富裕、生态良好的文明发展道路,实现中华民族永续发展。对这一可持续发展理念和指导方针,水文学可以从学科视角做出解释、说明和普及传播。为此,在本书的编写过程中,也力求对水资源的开发利用及人类活动与水文状况乃至整个自然生态环境的关系等做更多的阐述。

感谢北京大学出版社的编辑为本书的出版付出的努力。由于时间仓促、水平有限,书中难免会有缺点和不足,敬请读者批评指正。

编著者

2023年5月

目　　录

绪　　论

地球表面的约71%被海洋所覆盖，在陆地上，水也以不同形式存在和出现，因此水是地球表面最常见的一种物质。此外，水还是在地球的气候状况下能以三种状态（气态、液态、固态）存在的为数不多的物质之一。

由于海洋和大气中水分的存在，地球的气候适宜于生命的存活、栖息和繁衍。水在气态、液态、固态三种状态之间的转化对于能量从赤道输往两极，即环绕地球的能量传输是至关重要的。水具有很低的黏滞性，因此对海洋、河流和运河航行来说，水是一种非常有效的"输送介质"。

水是地球上一种最好的天然溶剂，对于洁净万物是必不可少的。人们不仅将水用于洗涤，还将之用于污染物的处理。水具有溶解性，能够使土壤中植物必需的养分进入植物并在其内部传输。水具有溶解诸如氧气等气体的能力，因此生命可以在河流、湖泊、海洋等水体中存活。

水维持生命的能力并非仅限于水体之中。人体大约60%是由水组成的。这些水主要存在于细胞中，但其相当的一部分（约34%）携带着生命所必需的化学物质在人体内部流动。人体可以储存能量，即使几周不进食，仍可存活；但若无水，人在数日内即要死亡。

水还从其他很多方面造福了人类的生活。例如，人们将水和重力结合利用，以水力发电，进而为生产和生活提供了能源。

水之所以重要是因为它对人类的生存和生活必不可少，因此认识和了解水是非常必要的。

一、水文学的定义、研究对象和进一步划分

1. 水文学的定义和研究对象

"水文学"一词的英文为"hydrology"，其中，"hydro"来源于希腊语中的"budor"，意为"水"；"logy"来源于拉丁语中的"logia"，意为"学科"。因此，照字义来看，水文学为"水的科学"。这一定义显然过于宽泛，照此说来，人体内的水分和蒸汽机内的水均在水文学的范畴之中。

在近代和现代，水文学被定义为研究自然界各种水体，如河流、湖泊、冰川、沼泽、海洋、地下水及大气中的水汽的运动、变化和分布规律的学科。

从水文学的定义来看,地球上所有的水体似乎都是这一学科的研究对象,但实际上,水文学主要的研究对象是地球上的淡水,即陆地表面的各类水体和地下水。

水文学是地球科学的一个分支,与地质学、气候学、气象学和海洋学等地球科学的其他分支关系密切。

2. 水文学的进一步划分

按水文学的研究对象,即不同地球圈层中的水体或同一地球圈层的不同层次中的水体,可将水文学进一步划分为水文气象学、地表水文学、地下水文学。它们的研究对象分别是大气圈中、岩石圈表面上、岩石圈表面以下不太深的范围内的水体。

按地表水文学的研究对象,即地球表面两大基本单元中的水体或基本单元本身,又可将地表水文学进一步划分为陆地水文学和海洋水文学。它们的研究对象分别是地球表面基本单元之一陆地的表面水体和另一地球表面基本单元海洋。

按陆地水文学的研究对象,即陆地表面各类水体,又可将陆地水文学划分为河流水文学、湖泊水文学、沼泽水文学、冰川水文学和河口水文学。它们的研究对象分别是河流、湖泊、沼泽、冰川及河口。

因此,可以简要表示水文学的进一步划分(图1)。

近年来,对大气中的水分的形成过程及其运动、变化规律的研究越来越多地被归入气象学的范畴;对海水的物理性质、化学性质、运动、各种现象的发生与发展规律及其内在联系的研究经常被归入更为专门的学科——海洋学;而有关冰川的运动、变化和分布的研究则已发展为一门独立的学科——冰川学。因此,与许多高等院校特别是综合性大学的水文学类课程所用的教材和参考书类似,本书仅论及水文学的基本原理和概念以及有关河流、湖泊、沼泽、河口、地下水水文学的内容。

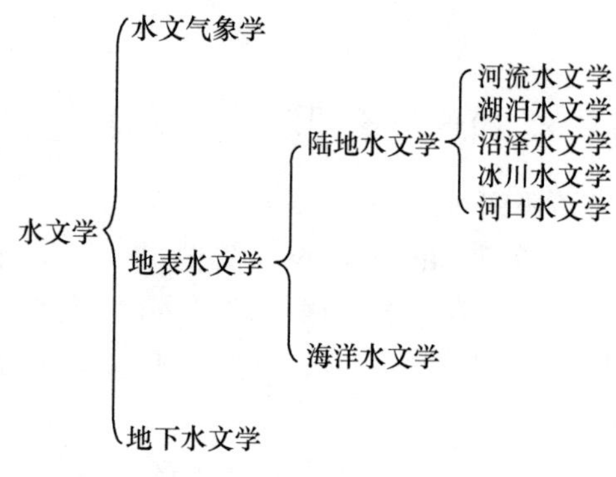

图1 水文学的进一步划分

二、水文学的发展

一些水文学研究者将水文学发展划分为 4 个时期。

1. 萌芽时期(1600 年以前)

人类为了自身的生存和生活,在这一时期就已开始并一直在利用水资源,同时也在与各种水灾害斗争。

在中国,传说中的“大禹治水”可能发生于 5000 年前。公元前 4000 年,古埃及人为了开垦荒芜贫瘠的土地以用于农业生产,在尼罗河上修筑了水坝。在西南亚的美索不达米亚,人们在城镇的周围用泥土建筑了高墙以抵御洪水。古希腊人和古罗马人挖掘了用于灌溉的沟渠。

公元前 1046—前 256 年,中国的周朝制定了灌溉排水制度。在公元前 475—前 221 年中国的战国时代,秦国的蜀郡守李冰(公元前 256 年,即秦昭王五十一年)修建了都江堰。统一后的中国秦朝(前 221—前 207)在关中修建了郑渠。581—618 年,中国隋朝开凿了大运河。

在这种背景下,人类开始了原始的水文观测。

公元前 3500—前 3000 年,古埃及人开始观察尼罗河的水位。公元前 2300 年,在中国,人们开始了对河水涨落的观测。约公元前 4 世纪,印度人开始观测雨量。公元前 251 年,在中国战国时代的秦国,蜀郡守李冰用“石人”水尺观测水位。秦统一后,在《田律》中规定全国各郡、县呈报降水量的制度。223 年,在中国三国时代,人们在黄河支流龙门崖壁上以石刻记录洪水。在 581—618 年的隋代,中国设石刻“水则”,以观测水位。764 年,当时中国正值唐代,在四川涪陵白鹤梁,人们开始用石刻记录长江的最低水位。在 960—1276 年的宋代,中国设“水则碑”观测水位。1247 年,在中国南宋时期已出现了较为科学的雨量筒和雨深计算方法以及测量和计算平地降雪深度的方法;秦九韶在所著的《数书九章》一书中,记述了全国各州、县用天池盆和圆罂测雨,用竹笼测雪以及计算雨、雪深度的方法。1424 年,即中国的明代,全国采用测雨器观测雨量。1442 年,朝鲜全国采用统一制作的“测雨器”观测雨量。1500 年,意大利的达 · 芬奇(Leonardo da Vinci)提出用浮标法测量流速。1535 年,中国明代的刘天和在治理黄河时,发明制作了“乘沙量水器”并用之采集含沙水样以测量河水中的泥沙数量。

人们开始积累原始水文知识并试图对水循环等水文现象进行推理解释。公元前 1400 年前后,中国商代的殷墟甲骨文记载了雨、泉和洪水等水文现象。约公元前 9 世纪,古希腊哲学家、诗人荷马(Homer)认识到,沟渠中的水的流量与过水断面面积和流速有关。公元前 7 世纪,中国春秋时代齐国管仲提出了河流分类法。在战国后期至西汉初年(公元前 4 世纪晚期—前 2 世纪初期)成书的

《山海经》及战国后期成书的《尚书·禹贡》中,均记载了中国的河流及其水文地理。在西汉末年的公元4年,张戎提出黄河泥沙的定量概念,指出黄河水浊,一石水而六斗泥。1世纪,古希腊的希罗也提出,河流的流量取决于过水断面面积和流速。在西方,到了14—16世纪的文艺复兴时期,人们对水文现象的认识又有所提高。约1500年,达·芬奇发现了过水断面面积、流速和流量间的特定关系,提出水流连续性原理。527年,正值中国的南北朝时期,北魏的郦道元在所著的《水经注》中,论述了当时中国版图内1252条河流的概况,此堪称水文地理考察的先驱。

古代哲学家们对水在循环运动各个阶段中的起源等问题特别感兴趣。约公元前9世纪,荷马曾相信,在地下,存在着向海洋、河流、泉眼和深井补给的巨大的水库。公元前450—前350年,古希腊哲学家柏拉图(Platon)(前427—前347)和亚里士多德(Aristotle)(前384—前322)提出了水循环的假说。公元前239年,正值中国的战国时代,在秦国著成的《吕氏春秋》一书中提出了朴素的水循环思想。公元前27年,有"建筑学之父"之称的古罗马建筑师维特鲁维厄斯(Marcus Vitruvius Pollio)(公元前1世纪上半叶—约前25年)在他所著的《建筑十书》(*De Architectura Libri Decem*)第8卷中提出了堪称水循环现代概念的雏形的理论。他设想降至山区的雨和雪渗入地下,而后又在低地以河流和泉水的形式出现。88年前后,中国东汉的王充提出了水循环和潮汐成因的科学解释。805年前后,中国唐代的文学家、哲学家柳宗元在所著的《天对》中阐述了水循环的概念。在14—16世纪的文艺复兴时期的欧洲,人们对水循环认识也有所进步。临近15世纪末期,达·芬奇和伯纳德·帕里希(Bernard Palissy)分别对水循环提出了较为准确的认识和理解。

在这一时期,尤其是早期,人们对水循环等水文现象的了解和认识常常是不全面的,甚至是错误的;总的来看,人们对水循环等水文现象的探究主要限于猜想,而不是基于观测数据的推理。因此,这一时期并不存在严格科学意义上的水文学。

2. 奠基时期(1600—1900)

在17世纪,佩罗(P. Perrault)(1608—1680)、马略特(E. Mariotte)(1620—1684)和哈雷(E. Halley)(1656—1742)等先驱者开展了一系列研究。这些工作被认为是"现代"水文学诞生的标志。

佩罗对塞纳河(Seine River)汇水流域三年中的降雨做了观测。他利用这些径流观测结果及汇水流域面积数据,说明降雨在数量上足以产出径流。佩罗在他的《喷泉的起源》一书中,公布了这一结果。这是水文学家首次将对水循环的认识提高到数量描述的高度,被认为是人类对水循环认识的一个飞跃。此外,佩罗还观测了蒸发和毛细现象。马略特测量了塞纳河河水的流速。此外,他还通过引入河流横断面的测量,将测量到的河水流速换算为河水流量。哈雷观测了地中海海水的蒸发率,并由此得出了蒸发的水量足够产出各河支流的入海水量这一结论。

在这一时期,尤其是从 18 世纪开始,水文科学理论尤其是水力学理论有了很大的发展和进步;在 19 世纪,实验水文学(experimental hydrology)兴起并发展迅速,地下水文学得到了很大的发展。

1738 年,瑞士的伯努利(D. Bernoulli)(1700—1782)发表了水流能量方程,即著名的伯努利方程(定理)(Bernoulli theorem)。1775 年,法国的谢才(A. de Chezy)发表了明渠均匀流公式,即著名的谢才公式(Chezy's formula)。1802 年,英国的道尔顿(J. Dalton)(1766—1844)提出了蒸发量与水汽压差成比例关系,即道尔顿定理。1856 年,法国的达西(H. Darcy) 通过实验建立了地下水渗流基本定律,即著名的达西多孔介质流动定律(Darcy's law of flow in porous media)。1871 年,法国的圣维南(A. J. C. B. de Saint-Venant) (1797—1886)导出了明槽一维非恒定渐变流方程组,即著名的圣维南方程组。1889 年,爱尔兰的曼宁(R. Manning) (1816—1897)提出了计算谢才系数的水力学公式,即曼宁公式。1895 年,英国力学家、物理学家和工程师雷诺(O. Reynolds)(1842—1912)建立了紊流运动方程组,即雷诺方程组,并提出了紊流黏性力的概念。1899 年,英国数学家和物理学家斯托克斯(G. G. Stokes)(1819—1903)导出了泥沙沉降速度公式,即斯托克斯公式。这些原理、定理和定律的出现在一定程度上为水文科学奠定了理论基础。与此同时,近代水文观测仪器开始出现,特别是自 18 世纪以来,水文观测仪器的发展更加迅速,水文观测进入了定量阶段。

1610 年,意大利医生圣托里奥(Santorio) (1561—1636)发明制作了第一台流速仪,使河道水流测量有了科学的基础。此后,雨量、水位、蒸发等水文测验技术得到迅速发展。1639 年,意大利的卡斯泰利(B. Castelli)创制了欧洲第一个雨量筒,开始观测降水量。1732 年,法国的皮托(H. Pitot)发明了新的测速仪——皮托管。1790 年,德国的沃尔特曼(R. Woltmann)(1757—1837)发明了转子式流速仪。1870 年,美国的埃利斯(T. G. Ellis)发明了旋桨式流速仪。1885 年,美国的普赖斯(W. G. Price)发明了旋杯式流速仪。

另外,人们在水文观测上也取得了重要的进展,对河流有系统的观测事实上始于 19 世纪。

1650 年,人们开始观测位于中东的死海的水位。1742 年,在中国北京,人们开始记录逐日天气和降雨、雪的起讫时间及入土雨深。1736 年,在中国黄河老坝口,人们设立水志即水尺以观测水位并报讯。1841年,在中国北京,人们开始以现代方法观测和记录降水量。在欧洲,自19世纪初,人们开始对莱茵河、台伯河、加龙河、易北河、奥得河等大河流的水情进行实测并结合理论推算等综合方法建立流量资料序列。

在这一时期,尤其是19世纪,现代水文学的基础得以建立,但总的来看,这些成就很多实际上仍是经验性的,物理水文学的基础仍未得以完全建立或被广泛认识。

3. 实践时期(1900—1950)

这一时期又被称作“近代化时期”。

进入20世纪以来,大量兴起的防洪、灌溉、水力发电、交通工程、农业、林业、城市建设向水文学提出了越来越多的问题,特别是需要科学的水文计算和水文预报。自20世纪早期开始,人们越发认识到很多先前的经验性公式的不足,因而不断做出努力,使水文学的方法由经验性和零碎性逐渐理论化和系统化,以解决生产实践中所遇到问题。

1914年,美国人黑曾(A. Hazen)第一次用正态机率格纸选配流量频率曲线。1924年,美国人福斯特(H. A. Foster)提出应用皮尔逊Ⅲ型曲线选配频率曲线的实用方法。概率论、数理统计理论和方法由此开始系统地引入水文学。从约1930年至1950年,理性分析开始取代经验主义。1932年谢尔曼单位过程线(Sherman's unit hydrograph)、1933年霍顿渗透理论(Horton's infiltration theory)、1935年泰斯方程(Theis' equation)以及1948年彭曼水面蒸发量计算公式,即著名的彭曼公式(Penman's equation)的出现便是这一大进展的突出例子。

在西方国家,尤其是美国,一些有关的政府部门和机构开始实施自己的水文研究方案,这促进了人们更深入地探讨水文规律,将基本原理应用到实践中去,故应用水文学得以广泛发展。

在这一期间,水文观测得以进一步发展,例如,1910年,中国在天津设海河小孙庄水文站,这是中国最早的水文站;1913年,中国在长江吴淞口设立潮位观测站;水文站在世界范围内发展成为国家规模的站网。

在此期间,水文学的最重要的分支学科——工程水文学首先形成。接着,应用水文学的其他分支学科,如农业水文学、森林水文学、城市水文学等也相继兴起。因此,这一阶段又被称为应用水文学兴起时期。

4. 现代化时期(1950年至今)

1950年以来,理论性的水文学研究新方法不断出现。自然科学的发展和进步为人们更好地认识水文关系的物理基础创造了条件;而从实用和经济的角度来看,高速数字电子计算机的出现和不断发展使得广泛地运用数学方法成为可能。

在这一时期，水文学有以下三个特点：

1）水文科学理论的深入研究和相关学科的渗透，使得水文计算和水文预报出现了许多新方法，如流域数学模型的出现和应用。

2）新技术的广泛应用，如电子计算机、遥感、遥测、核技术等的应用。

3）水文学的新的分支学科的出现，如随机水文学、城市水文学、农业水文学、环境水文学、水资源学。

在这一时期，尤其是20世纪七八十年代以来，随着人口、资源和环境问题的日益突出以及可持续发展理念的传播和普及，水文学研究也越来越多地涉入、集中于水资源管理、气候变化、土地利用和土地覆被变化、地下水枯竭和城市水文状况等方面或与之联系越发密切。

三、水文现象的基本特点和水文学研究方向及方法

1. 水文现象的基本特点

水文现象作为一类自然现象，有其自身的特点。

1）时间上的周期性和随机性

① 周期性

地球的公转和自转造成了春、夏、秋、冬季节的交替和昼夜的交替。随着季节的交替，影响水文状况的两个自然地理环境因素——气候和植被一般将发生周期性变化；随着昼夜的交替，天气状况也会发生较为明显的变化。因此，水文情势相应地有以年为单位的周期性变化和以日为单位的周期性变化。

例如，由于降水随季节的变化，河流每年都有一个汛期和一个枯季或者两个汛期和两个枯季，一般来说，夏、秋为汛期，冬、春为枯季。又如，在以冰雪融水为河流的主要补给来源的地区，随昼夜交替的气温高低变化，冰雪融水量发生周期性变化，河水流量也相应地发生日周期性变化。

因此，水文情势的周期性很大程度上是由与地球的公转和自转有关的自然因素——主要是气候因素的周期性造成的。

② 随机性

影响水文状况的因素众多，这些因素对水文状况的影响和各个因素之间的相互作用也十分复杂，且其本身也随着时间不断地发生变化。因此，虽然在这些因素影响下的水文现象的变化过程具有周期性，但也常常表现出不重复的特点。这就是所谓的随机性。

例如，在不同的年份，一条河流的流量过程并不完全相同。

2）空间上的相似性和特殊性

① 相似性

影响水文状况的一些自然地理环境因素，尤其是气候和植被，具有较为明显的空间相似性。在相同或相近纬度以及与海洋距离相同或相似的地区，气候状况和植被状况相似，因此，在相同或相近地区，即受相似的气候状况和植被状况影响的水体的水文状况，就会表现出一定程度的相似性。

例如，湿润地区的河流一般都水量丰沛且在年内分配均匀，具有相似的水文情势；干旱地区的河流大都水量不足且在年内分配不均匀，也具有相似的水文情势。

② 特殊性

在相同或相近纬度以及与海洋距离相同或相似的地区，气候状况和植被状况相似，但地形、地貌、岩性、地质构造和土壤状况却可能有所不同，而这些因素也会在很大程度上影响水文状况。因此，即使在相同或相近地区，即受相似的气候状况和植被状况影响的水体的水文状况也可能表现出相当明显的差异。这就是所谓的特殊性。

例如，在同一地区，山区河流与平原河流的洪水过程便不相同。又如，在相同气候状况下，岩溶地区河流与非岩溶地区河流的水文规律也很不相同。

2. 水文学研究方向及方法

1）水文学研究方向

概括起来，水文学有三个研究方向：地理方向、物理方向、工程方向。

① 地理方向

将水作为自然地理环境的一个因素，探究其时间和空间的变化规律及其与其他自然地理环境因素的关系，这一研究方向过去统称为水文地理学(hydrography)。其开展得较早，最初为纯定性的水文地理调查，后来逐渐应用新仪器、新技术，而得以朝定量方向发展。该词的含义易被误解为仅注重区域水文现象的描述，而忽视学科的理论基础，不能有效地利用地理学原理指导水文学的研究工作。为此，中国地理学会水文专业委员会经过多次讨论，建议以“地理水文学(geographical hydrology)”一词代替之。

“地理水文学”一词是由苏联学者安基波夫(A. Антиповский)在1981年首次提出的。他在《水文研究的地理学观点》一文中，以景观学，即地理系统学说为核心，详细地阐述了水文研究的地理方向。中国著名的地理水文学家郭敬辉等认为，水文地理学主要是以自然地理学原理和现代自然地理学的新思想、新理念、新成果(包括水热平衡理论、景观地球化学、生物地理群落研究的新成果、地理系统分析的新概念)为基础，同时吸取相邻学科(包括地质学、气象学、地貌学、地植物学、人文地理学等)的基本知识、方法、技术手段,对各种水文现象进行研究。

相对于工程水文研究而言,地理水文研究更侧重于探究水体运动变化的自然规律和总体演化趋势,更注意开展水文状况与其他自然地理环境因素相互影响的综合研究,更多地考虑水体在一定的自然地理环境中的客观存在以及区域的自然地理环境因素决定的水体的区域差异性。换言之,地理水文研究具有宏观性、综合性、区域性三大特点。

目前,这一方向越来越侧重于研究较为宏观的水文现象,如全球水量平衡、热量平衡、水资源平衡,人类的生产和生活活动对径流的影响,自然地理环境因素与径流之间的关系。

② 物理方向

运用物理学和数学原理、定理、定律,探究水文现象的物理过程和机制。

③ 工程方向

在全面了解水文过程的基础上,特别注重对与水利工程的规划、设计、施工和运营管理关系密切的问题的探究,如对河流的最大流量、最高水位等的推算。

2) 水文学研究方法

具体来说,水文学有三种研究方法。

① 成因分析法

从具体问题出发,以基本水文网站和室内外实验的资料数据为基础,探究水文现象的形成过程,揭示其本质及其相互关系、其成因规律及各因素之间的内在联系,建立水文要素与影响要素的定性和定量关系。建立和运转确定性的水文模型即属此类方法。

② 数理统计法

基于水文特征值的出现具有随机性,以概率理论为基础,根据长期的水文观测资料数据,运用数理统计方法,求得水文特征值的统计规律;或对水文要素和影响要素进行相关分析,建立一定的经验关系以供应用。建立和运转随机模型即属此类方法。

③ 地理综合法

从气候要素及其他自然地理环境要素的分布具有地区性这一事实出发,求出各观测站水文要素的分区特征值,建立地区经验公式,绘制各种特征值的等值线图,以分析水文现象的地区性特征,揭示其地区性规律。

在实际工作中,上述三种研究方法常常同时应用,相辅相成,互为补充。

第一章　地球上的水循环和水量平衡

地球上存在着大量的水，总量约为 1.386×10^9 km^3，它们分布在海洋、冰盖和冰川、永久积雪、地下含水层、永久冻土、湖泊、土壤、大气、沼泽/湿地、河流及生物体中(表 1-1)。海洋是地球上最大的水体，其总面积约占地球表面积的 71%。在南半球，海洋面积占其表面积的 81%，因此南半球又被称为“水半球”。冰盖和冰川是地球上最大的淡水水土，如果它们全部消融，现在的海面将会上升约 30 m。河流和大气中的水分是最为活跃、更新最快的水体。生物体中的水约有 1 120 km^3，占全球水量的 0.000 08%。

表 1-1　地球上的水(据 Davie，2002)

	体积/(×10^3 km^3)	占地球总水量的百分比/(%)
海洋	1 338 000	96.54
冰盖和冰川	24 064	1.74
地下水	23 400	1.69
永久冻土底冰	300	0.022
湖泊水	176	0.013
土壤水	16.5	0.001
大气水	12.9	0.000 9
沼泽水/湿地水	11.5	0.000 8
河流水	2.12	0.000 15
生物水	1.12	0.000 08
总计	1 385 984	100.00

地球上的水并不是静止不动的，而是在不断运动着的，这种运动过程就是水循环。

第一节　水循环概述

一、水循环基本过程

水在太阳辐射的作用下，不断地从水面(海洋、河流、湖泊等)、陆面、植物表面蒸发，化为水汽上升到高空，然后被气流带到其他地区的上空，在适当的条件下凝结，又以降水的形式降落到地表。到达陆地表面的水，在重力的作用下，一部分渗入地下成为地下水，一部分形成地表径流流入江河，还有一部分重新蒸发回到空中。进入江河中的水以径流的形式流入海洋。渗入地下的水一部分逐渐蒸发，一部分自地下进入江河，作为径流的一部分流入海洋，还有一部分自地下直接进入海洋。水的这种周而复始、永不停息的运动过程，被称为水循环、水分循环或水文循环(hydrological cycle or water cycle)(图 1-1)。

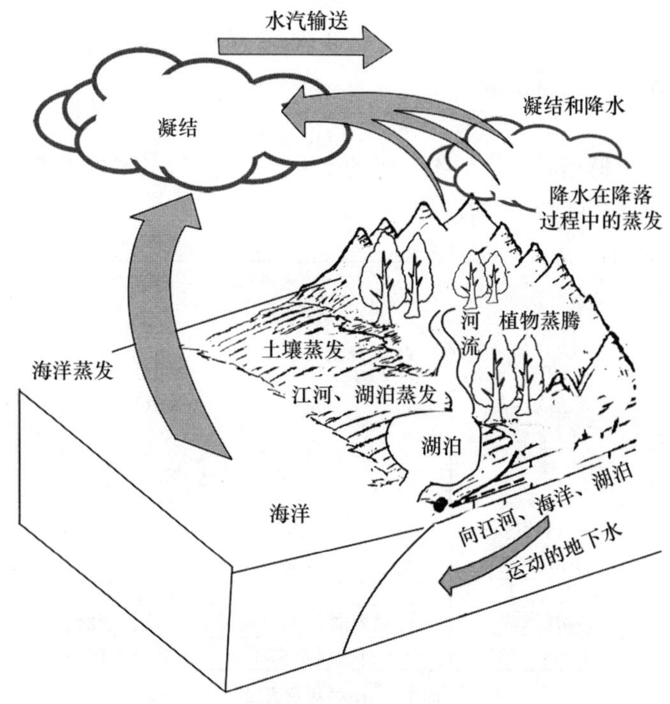

图 1-1　水循环示意图(据 Scott, 1989)

水循环发生的内因是水具有在常温下进行三种状态(气态、液态、固态)之间互相转化的物理特性，而其外因是太阳辐射能的存在和水在重力的作用下具有势能。水循环作用的范围，上至大气圈中距地表约 15 km 的高度，下达岩石圈中地表以下约 1.0 km 的深度。

二、水循环的类型

按水循环的途径和规模，可将之划分为大循环和小循环。

1. 大循环

大循环又称外循环，指的是海、陆间的水分交换过程。

海洋蒸发的水汽，由气流带到大陆的上空，遇冷凝结而形成降水，降水落至陆地表面之后，部分蒸发直接返回空中，余下的经地表和地下注入海洋。

因此，大循环实质上是水分"从海洋出发，最终又回到海洋中去"的过程。在大循环中，既有水分的纵向交换，也有水分的横向交换。水分的纵向交换(垂向交换)指的是陆地或海洋与天空之间的水分交换，即降水和蒸发；而水分的横向交换系指海洋与陆地或海空与陆空之间的水分交换，即水汽输送(水分由海空向陆空运移)和径流(水分由陆地向海洋运移)。

在大循环中，陆地向海洋输送水汽，即陆地通过天空向海洋输送水分，但数量很少，约占海洋蒸发总量的8%；由此可知，海洋蒸发的水分，主要经陆地表面和地下以径流的形式返回海洋。

2. 小循环

小循环是规模相对较小的次一级的水分运动过程，又被称为内循环，并可被分为海洋小循环和陆地小循环(图1-2)。

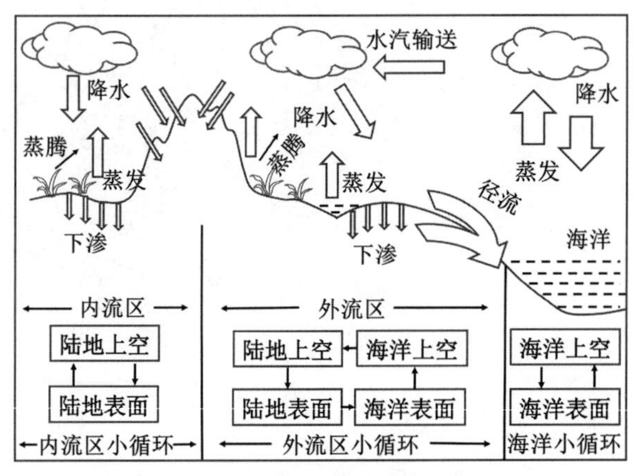

图1-2 小循环示意图

1) 海洋小循环

水分自海洋蒸发，在空中凝结，又以降水的形式回到海洋中，因此，在这一类型的小循环过程中，仅存在着水分的纵向交换，即蒸发和降水。

2) 陆地小循环

这一类型的小循环还可被进一步划分为外流区小循环和内流区小循环。

① 外流区小循环

在外流区，除存在着地表与天空之间的纵向水分交换即降水和蒸发之外，还有多余的水量以径流的方式移向海洋；这意味着必然有着等量的水分以水汽输送的形式从海洋上空移向外流区上空，因此，也存在着横向水分交换。

② 内流区小循环

在内流区，仅有地表与天空之间的纵向水分交换，即降水和蒸发。

三、水循环的作用和意义

全球多年平均降水量为 1 130 mm，多年平均蒸发量应与之相等；这些水可折合为 577 000 km^3，还不到地球总水量 1.386×10^9 km^3 的 0.041 6%。由此看来，经常参与水循环的水量只是地球总水量极小的一部分，但是水循环对自然界，尤其是人类的生产和生活活动却有着重大的作用和意义。概括起来，有以下几个方面。

1. 影响气候状况

水循环的一些基本环节，要么本身就是气候现象，如降水和水汽扩散与输送，要么与气候现象有着极为密切的联系，如蒸发。因此，参与水循环的水在这些基本环节中的数量、运动方式、途径等直接影响了气候状况。

由于水面、陆地和植物的蒸发和蒸腾，大气中经常含有一定数量的水汽。大气中的水汽虽然很少且主要集中于距地表 3 km 以下的范围内，但对天气的影响却非常重要，与云、雨、雪、雷、闪电等的产生的关系极为密切。空气中水汽的多少，可直接影响气候状况：水汽较多，气候较为湿润；反之，气候则较为干燥。水的蒸发和水汽的凝结，可以吸收或放出潜热，强烈地吸收和放出长波辐射，对地表气候起到一定的调节作用。因此，水循环使得大气中存有一定的水汽，进而在地表为人类和其他生命创造了比较适宜的生活环境。

2. 形成江河、湖泊、沼泽等水体及相关的各种地貌现象

处在水循环的另外两个基本环节——下渗和径流中的水对陆地表面及其以下不太深的部位可产生重要的影响。

地表水向海洋的运动形成了江、河，而其暂时性的停滞则形成了湖泊、沼泽。地表水的侵蚀、搬运和堆积塑造了多种地貌现象。例如，地表径流的侵蚀造成了为数众多、大小不一的沟壑、河道和峡谷，同时，它还将其所侵蚀的物质泥沙搬运至最低处并堆积下来，在一些地方形成了巨大的冲积平原。

水的下渗和地下水的侵蚀、搬运和沉积塑造了地下岩溶地貌。在一些石灰岩、白云岩等碳酸盐类岩石存在的地区，下渗的水分及其生成的地下水可强烈地溶蚀这类岩石，进而形成溶洞，地下水将溶蚀的物质主要以离子的形式搬运，在适宜的条件下沉积，进而形成石笋、石钟乳等。

3. 形成巨大的水资源

水资源被称为可再生资源，水资源的这种可再生性是水的运动，也即水循环所赋予的。

例如,在某年,一座水库或水力发电站的蓄水被消耗或用尽,次年可由降水和径流补充或再储。在正常的水循环条件下,如此下去,年复一年,无可穷尽。而且,水循环愈强烈,水资源的周转率愈大。因此,水在自然界的循环运动,为人类提供了"取之不尽,用之不竭"的水资源。

4. 形成一切水文现象

水循环是一切水文现象的根源。没有水循环,当然就不会有降水、蒸发、径流的产生和运动,也就不会有一切水文现象。

第二节 水量平衡

一、水量平衡概述

参加水循环的水量,从多年长期的观点来看,大体上是不变的。

根据物质不灭定律可知,对于任意水文系统,在任意时段内,来水量与出水量之差额等于系统蓄水的变化量,这就是所谓的水量平衡或水文平衡(Water balance)。

水量平衡原理是水文研究的基本原理,它使得我们有可能建立处在水循环一些基本环节的水的数量关系。

二、通用水量平衡方程式

根据上述水量平衡原理,对于处在任意时段的任意水文系统,可以写出下式:

$$I - O = \Delta S \quad \text{1-1}$$

在上式中,

I:时段内的来水量;

O:时段内的出水量;

ΔS:时段内系统蓄水的变化量。

公式 1-1 为水量平衡方程式的最基本形式。对于不同的区域,可进一步细化 I 和 O 的具体组成。

若以任一区域为研究对象,设想以该区域边界线向地下的投影划分一垂直柱体,以地表作为上界面、以地下某一深度为界线围成的平面为下界面(垂直柱体与外界通过此面无水分交换),则对于这一区域,I 和 O 可细化如下:

$$I = P + R_{sI} + R_{gI}$$

$$O = E + R_{sO} + R_{gO} + q$$

因此,公式 1-1 可细化为:

$$(P+R_{sI}+R_{gI})-(E+R_{sO}+R_{gO}+q)=\Delta S \qquad 1\text{-}2$$

在上式中，

P：时段内的区域降水量；

R_{sI}：时段内从地表流入区域的水量；

R_{gI}：时段内从地下流入区域的水量；

E：时段内的区域蒸发量；

R_{sO}：时段内从地表流出区域的水量；

R_{gO}：时段内从地下流出区域的水量；

q：时段内的工农业生产和生活耗水量。

公式 1-2 就是水量平衡的一般表达形式。它可以表述任意区域在任意时段内的水量平衡，无论这种“区域”是一块陆地还是一个水体及其流域，这种“时段”是短还是长。因此，它可被称为通用水量平衡方程。对于各个具体不同的“区域”或同一“区域”的不同时段，它又有不同的形式；而这些形式都是由这一通用水量平衡方程推衍而来的。

例如，对于一个闭合流域，即地表分水线和地下分水线重合且无河流流入的流域，并没有水分从地表和地下流入，因此，$R_{sI}=R_{gI}=0$；此外，在这一流域中，若河道的下蚀深度足够大，已切入所有地下含水层，地下水则主要汇入河道而流出，便可以令 $R=R_{sO}+R_{gO}$，以之代表总的流出水量并称其为“河川径流量”；再假设工农业生产和生活耗水量很小可以忽略，即 $q=0$。这样一来，公式 1-2 便可推衍为：

$$P-(E+R)=\Delta S \qquad 1\text{-}3$$

公式 1-3 即为任意时段的闭合流域水量平衡方程。

在多年期间，有些年份的 ΔS 为正，而另一些年份的 ΔS 则为负，所以在多年平均的情形下，$\overline{\Delta S}\to 0$；再以 $\bar{P}$、$\bar{E}$ 和 $\bar{R}$ 分别代表多年平均降水量、多年平均蒸发量和多年平均径流量。这样一来，公式 1-3 便可推衍为：

$$\bar{P}-(\bar{E}+\bar{R})=0 \qquad 1\text{-}4$$

公式 1-4 即为多年平均情形下的闭合流域水量平衡方程。

三、全球水量平衡方程

首先分别建立海洋、陆地(包括陆地外流区和内流区)的水量平衡方程，再由这些方程组合为全球水量平衡方程。

1. 海洋水量平衡方程

若将全球的海洋视为一个完整的研究区，则对于这一研究区，有：

P：降水量；

R_{sI}：从地表流入海洋的水量；

R_{gI}：从地下流入海洋的水量；

E：海水蒸发量。

而流出海洋的水量以及工农业生产和生活耗水量几乎可以忽略不计，因此：

$$R_{sO}=0$$

$$R_{gO}=0$$

$$q=0$$

对于处在任意时段的全球海洋，有：

$$P+R_{sI}+R_{gI}-E=\Delta S \quad 1\text{-}5$$

在公式 1-5 中，ΔS 为海洋蓄水的变化量。

又令 $R=R_{sI}+R_{gI}$，以之表示从地表和地下进入海洋的水量之和，并以英文单词"ocean(海洋)"中的第一个字母之大写"O"下标"P""E"和"ΔS"，便有：

$$P_O+R-E_O=\Delta S_O \quad 1\text{-}6$$

公式 1-6 即为任意时段内的海洋水量平衡方程。

ΔS_O 既可为正，也可为负；但若是多年平均，则 $\Delta\overline{S}_O\to 0$，故有：

$$\bar{P}_O+\bar{R}-\bar{E}_O=0 \quad 1\text{-}7$$

在公式 1-7 中，$\bar{P}_O$、$\bar{R}$ 和 $\bar{E}_O$ 分别为多年平均海面降水量、多年平均入海水量和多年平均海水蒸发量。

2. 陆地水量平衡方程

前已论及，陆地水循环可分为外流区水循环系统和内流区水循环系统，故在讨论其水量平衡时，当分别叙述之。

1）外流区水量平衡方程

对于陆地上的外流区，有：

P：降水量；

R_{sO}：从地表流出的水量；

R_{gO}：从地下流出的水量；

E：蒸发量。

而并无水从地表和地下流入外流区，同时，将工农业生产和生活耗水量忽略不计，因此：

$$R_{sI}=0$$

$$R_{gI}=0$$

$$q=0$$

对于处在任意时段的外流区，有：

$$P - R_{sO} - R_{gO} - E = \Delta S \quad 1\text{-}8$$

在公式 1-8 中，ΔS 为外流区蓄水的变化量。

又令 $R = R_{sO} + R_{gO}$，以之表示从地表和地下流出外流区的水量之和，并以英文单词“outflow(外流)”下标“P”“E”和“ΔS”，便有：

$$P_{\text{outflow}} - R - E_{\text{outflow}} = \Delta S_{\text{outflow}} \quad 1\text{-}9$$

公式 1-9 即为任意时段内的外流区水量平衡方程。

$\Delta S_{\text{outflow}}$ 既可为正，也可为负；但若是多年平均，则 $\Delta\overline{S}_{\text{outflow}} \to 0$，故有：

$$\overline{P}_{\text{outflow}} - \overline{R} - \overline{E}_{\text{outflow}} = 0 \quad 1\text{-}10$$

在公式 1-10 中，$\overline{P}_{\text{outflow}}$、$\overline{R}$ 和 $\overline{E}_{\text{outflow}}$ 分别为外流区多年平均降水量、外流区多年平均流出水量和外流区多年平均蒸发量。

2）内流区水量平衡方程

对于陆地上的内流区，有：

P：降水量；

E：蒸发量。

而既无水从地表和地下流入内流区，也无水从地表和地下流出内流区，同时，将工农业生产和生活耗水量忽略不计，因此：

$$R_{sI} = 0$$

$$R_{gI} = 0$$

$$R_{sO} = 0$$

$$R_{gO} = 0$$

$$q = 0$$

对于处在任意时段的内流区，有：

$$P - E = \Delta S \quad 1\text{-}11$$

在公式 1-11 中，ΔS 为内流区蓄水的变化量。

又以英文单词“inflow（内流）”下标“P”“E”和“ΔS”，便有：

$$P_{\text{inflow}} - E_{\text{inflow}} = \Delta S_{\text{inflow}} \quad 1\text{-}12$$

公式 1-12 即为任意时段内的内流区水量平衡方程。

ΔS_{inflow} 既可为正，也可为负；但若是多年平均，则 $\Delta\overline{S}_{\text{inflow}} \to 0$，故有：

$$\overline{P}_{\text{inflow}} - \overline{E}_{\text{inflow}} = 0 \quad 1\text{-}13$$

在公式 1-13 中，$\overline{P}_{\text{inflow}}$ 和 $\overline{E}_{\text{inflow}}$ 分别为内流区多年平均降水量和内流区多年平均蒸发量。

3）陆地水量平衡方程

在此，仅考虑多年平均的情形。

将外流区水量平衡方程式 $\bar{P}_{\text{outflow}}-\bar{R}-\bar{E}_{\text{outflow}}=0$（公式 1-10）与内流区水量平衡方程式 $\bar{P}_{\text{inflow}}-\bar{E}_{\text{inflow}}=0$（公式 1-13）组合在一起，并令：

$$\bar{P}_{\mathrm{C}}=\bar{P}_{\text{outflow}}+\bar{P}_{\text{inflow}},\quad \bar{E}_{\mathrm{C}}=\bar{E}_{\text{outflow}}+\bar{E}_{\text{inflow}},$$

则有：

$$\bar{P}_{\mathrm{C}}-\bar{R}-\bar{E}_{\mathrm{C}}=0 \qquad 1\text{-}14$$

公式 1-14 即为多年平均情形下的陆地水量平衡方程。

在公式 1-14 中：

$\bar{P}_{\mathrm{C}}$：陆地多年平均降水量；

$\bar{E}_{\mathrm{C}}$：陆地多年平均蒸发量；

$\bar{R}$：陆地多年入海水量。

若将公式 1-14 与多年平均情形下的外流区水量平衡方程（公式 1-10）对比，可以发现，二者非常相似，因此实际上可将整个陆地看作一个大的外流区。

3. 全球水量平衡方程

此间，仍将仅考虑多年平均的情形。

将海洋水量平衡方程 $\bar{P}_{\mathrm{O}}+\bar{R}-\bar{E}_{\mathrm{O}}=0$（公式 1-7）与陆地水量平衡方程 $\bar{P}_{\mathrm{C}}-\bar{R}-\bar{E}_{\mathrm{C}}=0$（公式 1-14）组合在一起，并令：

$$\bar{P}_{\text{Globe}}=\bar{P}_{\mathrm{O}}+\bar{P}_{\mathrm{C}},\quad \bar{E}_{\text{Globe}}=\bar{E}_{\mathrm{O}}+\bar{E}_{\mathrm{C}}$$

则有：

$$\bar{P}_{\text{Globe}}=\bar{E}_{\text{Globe}} \qquad 1\text{-}15$$

公式 1-15 即为多年平均情形下的全球水量平衡方程。

在公式 1-15 中：

$\bar{P}_{\text{Globe}}$：全球多年平均降水量；

$\bar{E}_{\text{Globe}}$：全球多年平均蒸发量。

这一公式表明，在多年平均的情形下，全球的年降水量与年蒸发量相等。

四、研究水量平衡的意义

研究水量平衡是水文学的主要任务之一，具有特别重要的意义。

1. 有助于水循环与全球自然地理环境、人类社会的关系的认识

通过水量平衡分析，可以定量地揭示水循环过程与全球自然地理环境之间的相互联系、相互制约的关系，揭示水循环过程对人类社会的深刻影响以及人类活动对水循环过程的消极影响和积极控制的效果。

2. 有助于对水循环本身和水文现象的认识

通过水量平衡分析，可深入了解水循环内部结构和运行机制，分析水循环内蒸发、降水及径流等各个环节之间的内在联系，揭示水文现象的基本规律，探究河流、湖泊、海洋、地下水等各种水体的基本特征、时间变化、空间分布等。

3. 有助于水资源现状的评价和水资源供需的预测

水量平衡分析是水资源评价和供需预测的核心。从降水、蒸发、径流等基础资料数据的代表性分析，到径流的还原计算和大气降水、地表水、土壤水、地下水转换的分析，乃至区域水资源总量的估算，基本上是根据水量平衡原理进行的。水资源开发利用现状评价及未来供需预测，更是围绕着用水、需水与供水之间的平衡展开的。

4. 有助于水利工程的规划、设计、效益评价、运行

水量平衡分析不仅可为水利工程的规划和设计提供基本参数，还可以为评价工程建成后可能产生的实际效益提供参考。此外，这些工程正式投入运行后，水量平衡分析还可对合理调度、科学管理以充分发挥工程效益有所帮助。

5. 有助于水文观测的检验和改进

通过水量平衡分析，可对水文观测站网的布局和观测资料数据的代表性、精度及其误差等做出检验并对之予以改进。

第二章　降　　水

水分以各种形式从大气到达地表称为降水(precipitation)。降水主要指降雨(rainfall)和降雪(snowfall),此外还有雹(hail)、霰(graupel)等。降水是水循环的重要环节,是河流、湖泊等水体及其汇水区的主要水分收入,是人类用水的基本来源。降水资料是分析河流洪、枯水情等的基础,也是水资源开发利用(如发电和灌溉)以及水灾害防治(如防洪)等规划设计与管理运用的基础。

一般在气象学和气候学中对降水的形成、降水的类型、降水的分布、降水资料的整理、暴雨分析及计算等均有阐述,因此上述部分内容在此仅做简单的介绍。

第一节　降水的形成和分类

一、降水的形成

大气中的水分,是从海洋、河流、湖泊、土壤和植物蒸发而来的。水汽进入大气后,由于自身的分子扩散和气流的传递而分散于大气中。

空气中的水汽含量有一定限度。在一定温度下,空气中的最高水汽含量称为饱和湿度。如果空气中的水汽含量达到饱和湿度,则称空气中的水汽达到饱和状态。如果空气中的水汽含量超过饱和湿度,则称空气中的水汽达到过饱和状态。空气中的水汽达到饱和或过饱和的原因是空气温度下降,致使空气的饱和湿度下降;若气温降至其露点温度以下,空气便处在饱和或过饱和状态。较大范围的气团的温度下降,是在气团受外力作用而绝热上升的情况下发生的。低层的湿热空气受外力作用上升、进入更高的空中;在此,气压更低,故热空气发生膨胀。当外界无热量供给此气团空气时,体积膨胀必然导致气团温度下降,此即动力冷却。

空气中处在过饱和状态的水汽是不稳定的。如果空中飘浮着吸湿性微粒,多余的水汽便很容易附着在这些微粒的表面凝结(或凝华)。这些微粒称为凝结核(或凝华核)。凝结核的粒径通常小于1 μm。被垂直气流、湍流带入大气中的土壤颗粒、灰尘、火山灰、工业烟尘、森林火灾烟尘、海浪飞溅泡沫中的盐粒、宇宙尘埃等均可成为凝结核。水汽如此凝结(或凝华)形成的大量的小水滴、小冰晶(云滴)或它们的混合物的可见聚合体称为云。

在云体内,水汽可能继续在这些小水滴或小冰晶的表面凝结(或凝华)。这些小水滴或小冰晶可能相互碰撞聚合,因此这些小水滴或小冰晶不断增大。当它们增大到一定程度,成为雨滴、雪花或其他降水物而不能为上升气流顶托时,便在重力的作用下以雨、雪、霰、雹的形式落至地表。

综上所述,降水的形成过程是暖湿空气被抬升至高空、膨胀、冷却,直至其中的水汽呈饱和或略过饱和,在悬浮于空中的凝结核(或凝华核)上凝结(或凝华),形成云滴并不断增大成为雨滴、雪花或其他降水物,在克服空气的阻力后,降落至地表。

二、降水的分类

可按降水的形态,对其进行分类。首先将降水分为液态降水和固态降水,随后分别对之做进一步的细分(表 2-1)。即使同样以降水的形态为依据对降水所做的分类方案也可能不同。表 2-2 列出的为英国气象局采用的降水的分类方案,将之与表 2-1 所列的方案比较,即可发现,二者仍有差异。

除此之外,还可按降雨的强度(单位时间内的降雨量)对降水进行分类,将之分为小雨、中雨、大雨和暴雨(表 2-3)。

最为通常的做法是按使空气抬升而造成动力冷却的原因,将降水分为对流性降水、地形性降水、锋面性降水、气旋性降水,习惯上将之分别称为对流雨、地形雨、锋面雨、气旋雨(图 2-1)。

1. 对流雨

地表局部受热,温度升高,气温向上递减率过大,大气稳定性降低;近地表的下层空气因受热而膨胀上升,上层温度较低的空气则下沉补充,从而形成空气的对流运动[图 2-1(a)]。下层较暖的空气通过对流运动上升到温度较低的高空后,发生冷却,所含的水汽凝结,形成降雨。因空气对流上升较快,形成的云一般为垂直发展的积状云,降雨的强度大,持续时间短,范围小,常伴有暴风、雷电。

2. 地形雨

暖湿空气在前进途中,因所经地表的地形变高而受阻被抬升,发生冷却,所含的水汽凝结而形成降雨[图 2-1(b)]。降雨一般出现在山地的迎风坡,其特征因空气本身的温湿特性、运行速度、地形特点而异,差别较大。

表 2-1 以降水形态为依据对降水所做的分类

(据 A. 阿拉比和 M. 阿拉比,1998; 陈志恺等, 2004)

分 类		描 述
液态降水	毛毛雨	雨滴直径为 0.2—0.5 mm,降落速度为 0.7—2.0 m/s
	雨	雨滴直径为 0.5—6.0 mm,小雨滴呈球形,直径＞1 mm 的雨滴呈扁球形,降落速度为 2.0—10.0 m/s
	冻雨	雨滴过冷,降落到温度＜0℃的物体或地表上立即冻结成冰
固态降水	雪	由温度＜0℃的小冰晶和温度近于 0℃的大雪花构成,厚度为 300 mm 的新鲜积雪的含水量相当于 25 mm 的降雨量
	冰雹	自对流云中产生的球状、锥状、椭球状等不规则的坚硬固态降水,通常呈白色、乳白色或为无色透明,直径常＞5 mm,猛烈风暴降下者的直径可达 10 mm 或更大
	霰	类似小雪球的颗粒组成的软雹,系雪花下落过程中遇过冷水滴冻结增大而形成(两者相遇后过冷水滴冻结且覆盖在雪花上)

表 2-2 英国气象局(UK Meteorological Office)采用的降水类型方案(据 Davie, 2002)

降水类型	定 义
雨(rain)	直径为 0.5—7.0 mm 的液态微水滴
细雨(drizzle)	直径＜0.5 mm 微滴的雨
霙(sleet)	正在冻结中的雨滴、雪和雨的混合物
雪(snow)	复杂的集合冰晶
雹(hail)	直径为 5—125 mm 的冰球

表 2-3 以降雨强度为依据对降水所做的分类(据陈志恺等,2004)

分 类	描 述
小雨	24 h 内的降雨量:＜10.0 mm
中雨	24 h 内的降雨量:10.0—24.9 mm
大雨	24 h 内的降雨量:25.0—49.9 mm
暴雨	24 h 内的降雨量:＞50.0 mm

3. 锋面雨

两个温湿特性不同的气团相遇时,在接触处因性质不同来不及混合而形成一个不连续面,称为锋面。暖湿空气在锋面上被抬升,发生冷却,所含的水汽凝结,形成降雨[图 2-1(c)]。降雨的强度小,持续的时间长,范围大。

4. 气旋雨

当某一地区气压低于四周气压而形成低压区时,四周气流即要向低压区辐合汇集。由于地转力的影响,北半球辐合气流是沿逆时针方向流入的。气流汇入后受热再转而上升,上升气流中的水汽冷却凝结,形成降雨[图 2-1(d)]。降雨持续的时间长,范围大;除台风雨之外,强度相对较小。

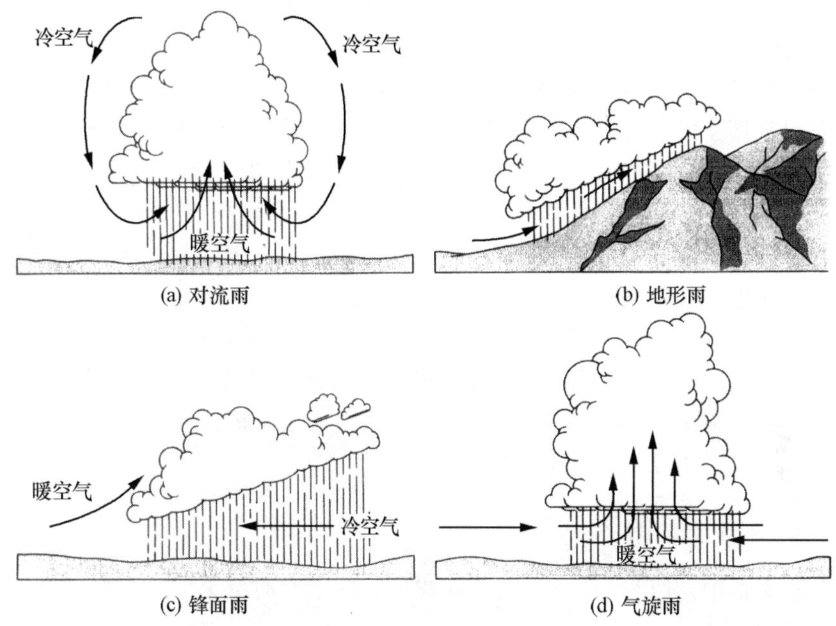

图 2-1　4 类降水示意图(据 McKnight，1990)

第二节　降水特征及表示方法

一、降水的基本要素

1. 降水量

某一时段内降落到地表上一点或一定面积上的水的总量称为降水量，其中前者称为点降水量，后者称为面降水量。点降水量以毫米计，而面降水量则以毫米或立方米计。当以毫米作为单位时，降水量又被称为降水深。

2. 降水历时和降水时间

1）降水历时

在一次降水过程中，从开始到结束所持续的时间称为降水历时。降水历时一般以分、小时或日计。

2）降水时间

对应于某一降水量的时段称为降水时间。例如，某一时段内降水若干毫米，此时段即为此毫米水量的降水时间。

3. 降水强度

单位时间内的降水量称为降水强度，一般以毫米/分(mm/min)或毫米/小时(mm/h)计。降水强度有时段平均降水强度和瞬时降水强度之分。

4. 降水面积

降水笼罩范围的水平投影面积称为降水面积，一般以平方千米计。

人们常用上述要素，尤以降水量、降水历时和降水强度描述降水事件的特征。例如，北京市在 2012 年 7 月 21 日 10 时至 22 日 2 时出现了一次历时 16 h 的大范围大暴雨和局地特大暴雨过程。暴雨中心的房山区河北镇累积降水量达 460 mm，城区最大累积降雨量出现在石景山区模式口，达 328 mm，降水强度最大值出现在平谷挂甲峪，达 100.3 mm/h（据谌芸等，2012）。又如，河南省郑州市在 2021 年 7 月 18 日 8 时至 22 日 8 时遭受了连续时长 96 h 的大暴雨及特大暴雨，全市 107 个气象站所记录到的累积降水量都超过 500 mm，其中最大累积降水量出现在新密白寨，达 985.2 mm，而郑州站记录的降水强度达 26 mm/h（20 日 8 时至 21 日 8 时）（据苏爱芳等，2021）。

二、降水特征的表示方法

在水文学中，常以一些直方图或曲线反映降水在时空上的分布特征和变化。

1. 降水量过程线

以时段为横轴、以时段降水量为纵轴绘制而成的直方图称为降水量过程线。

降水量过程线表示降水量随时间的变化过程。例如，根据每月的降水量绘制的月降水量过程线(图 2-2)表示一年内逐月降水量的分配，年降水量过程线表示历年降水量的变化情况。

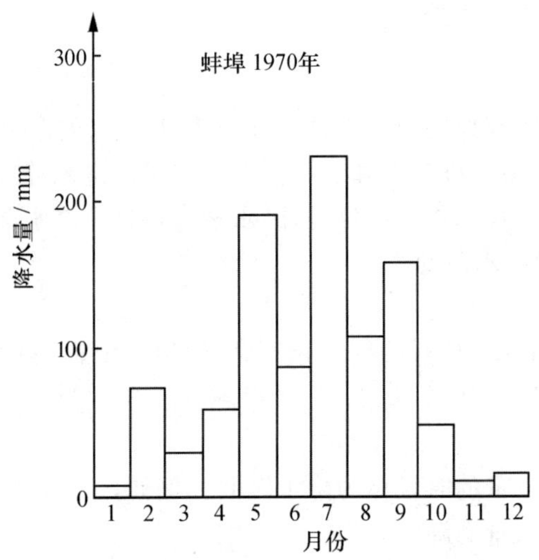

图 2-2 月降水量过程线(据胡方荣和侯宇光，1988)

2. 降雨强度过程线(雨强过程线)

以时间为横轴、以降雨强度为纵轴绘制而成的直方图称为降雨强度过程线(图 2-3)。

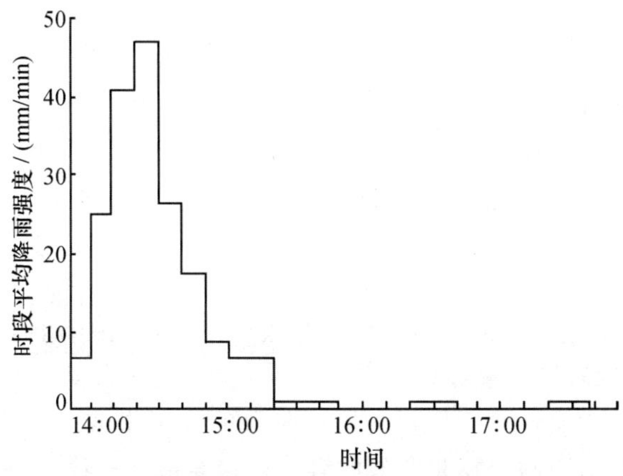

图 2-3 时段平均降雨强度过程线(据芮孝芳,2004)

降雨强度过程线表示降雨强度与相应时间之间的关系。降雨强度既可以是时段平均降雨强度,也可以是瞬时降雨强度,相应地,时间既可以是时段,也可以是某一时刻。

3. 降水累积曲线(降水量累积曲线)

以时间为横轴、以降水开始至各个时刻的累积降水量为纵轴绘制而成的曲线称为降水累积曲线(图 2-4)。

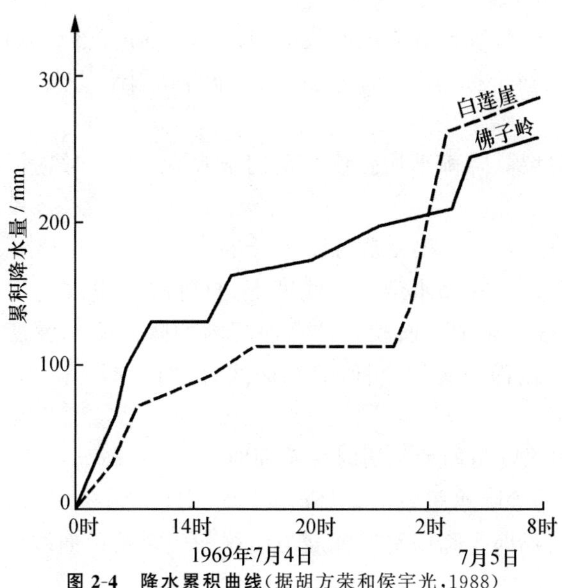

图 2-4 降水累积曲线(据胡方荣和侯宇光,1988)

降水累积曲线表示降水开始后的任一时刻的累积降水量与相应的时刻之间的关系。降水累积曲线上的平均坡度是时段内的平均降水强度($\bar{i}$),即

$$\bar{i}=\frac{\Delta p}{\Delta t} \tag{2-1}$$

在上式中,

Δt:所取的时段(h 或 min);

Δp:Δt 时段内的降水量(mm)。

若所取时段很短,即 $\Delta t\rightarrow 0$,则可得瞬时降水强度 i,即

$$i=\frac{\mathrm{d}p}{\mathrm{d}t} \tag{2-2}$$

故降水累积曲线上任一点的切线斜率即为该点相应时刻的瞬时降水强度。

4. 等降水量线(等雨量线)

在图上,将各雨量站观测所得的同一时段的降雨量或一次降雨的降雨量标注在每站的位置上,再将降雨量相等的各点连接绘成光滑线,这些光滑线称为等降水量线。换言之,图上降水量相等的各点的连线即为等降水量线。

等降水量线可反映某一区域在某一时段内或在某一次降雨中降水量的空间分布情况,其可靠性与雨量站的数目有很大关系。

因降水与地形关系密切,在绘制等降水量线时应考虑地形的影响,否则会导致很大的误差。

5. 降水特征综合曲线

1) 降雨平均强度与历时关系曲线

对一次降雨过程,统计其不同时段的降雨平均强度,然后以降雨平均强度为纵坐标、以时段为横坐标,点绘曲线,此曲线即为降雨平均强度与历时关系曲线(图 2-5)。

对一次降雨过程,降雨平均强度与历时成反比,即历时越短,降雨平均强度越大。

2) 降雨平均深度与面积关系曲线

对一次降雨过程,在降水量等值线图上,自等降水量线的中心起,分别量取不同的等降水量线所包围的面积并计算面积内的降雨平均深度;然后以降雨平均深度为纵坐标、以面积为横坐标,点绘曲线,此曲线即为降雨平均深度与面积关系曲线(图 2-6)。

3) 降雨平均深度与面积和历时关系曲线

对不同历时的等降水量线图,以降雨平均深度为纵坐标、以面积为横坐标,点绘曲线,此组曲线即为降雨平均深度与面积和历时关系曲线(图 2-7)。

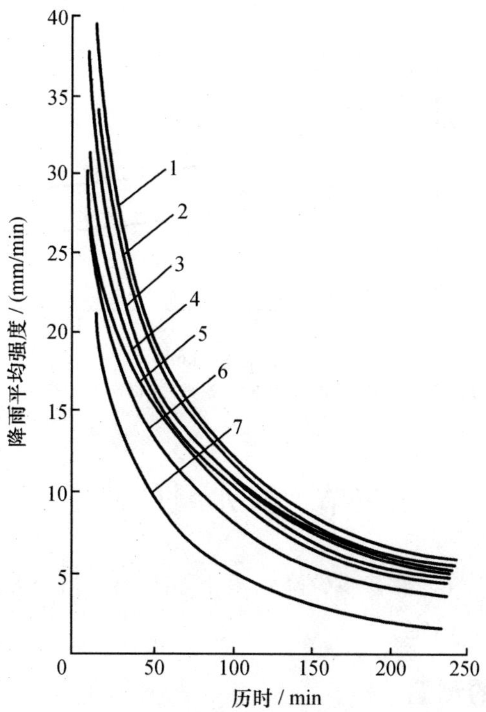

1—东南沿海区；2—华北平原区；3—华中平原区；4—四川盆地区；
5—东北平原区；6—西南高原区；7—西北黄土高原区。

图 2-5　降雨平均强度与历时关系曲线(据胡方荣和侯宇光，1988)

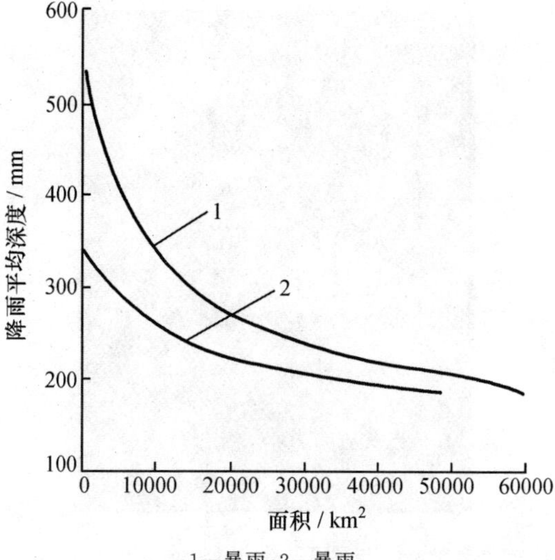

1—暴雨；2—暴雨。

图 2-6　降雨平均深度与面积关系曲线(据芮孝芳，2004)

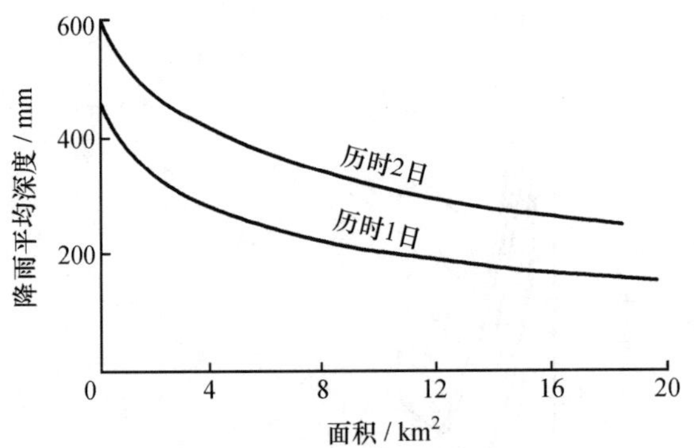

图 2-7 降雨平均深度与面积和历时关系曲线(据胡方荣和侯宇光,1988)

第三节 降水量的确定

对水文分析而言,了解有多少降水落下以及何时落下是重要的。降水量可以通过如下多种途径确定。

一、降水量的测量

在各种形态的降水中,降雨的测量要相对简单一些。在雨量站、气象站或水文站,用于测量降雨的仪器称为雨量器(图 2-8)。雨量器测量落至其边缘划定的水平面上的雨水的体积。将测得的雨水的体积除以雨量器的表面积,便得到了

图 2-8 一种雨量器(据 Davie, 2002)
(雨量器的受雨口高出地表一定距离,以防雨水溅入而影响测量精度)

降雨深度。雨量器测得的仅仅是一个很小面积(其自身的表面积)上的降雨量,而它又常常用于测量比其表面积大得多的范围内的降雨状况,这样一来,测量中的即使是很小的误差也可能会给外推大范围的降水状况带来较大的误差。因此,在设计和安放雨量器时,需要考虑尽可能地减少误差。误差主要来源于:蒸发造成的水量损失,雨量器润水造成的水量损失,周围雨水溅入造成的雨量测值过高,雨量器周围的湍流造成的雨量测值过低。

相对于降雨量的测量,降雪量的测量要更复杂一些。可利用类似雨量器的量器测量降雪量。对标准的雨量器进行改装,加上电加热器。这样,落在雨量器上的雪花便会融化并被作为液态水收集起来,由此可以得到降雪的水当量深。在很多情况下,雪在到达地表后很容易被风再度扬起并在地表重新分布,因此这样测量降雪量会有一定的误差。除此之外,还可以使用雪芯取样器取得积雪柱芯,记录其当时的深度,随后可使积雪柱芯融化,由之推出水当量深。这一方法的主要问题在于,获得的并不是连续的读数。另外,雪降落以后还可能再度飘起,积雪在地表的分布并不均匀,所以恰当地选择取样位置是十分关键的。

二、区域降水量的计算

前已述及,雨量站观测的降水量被称为点降水量,仅表示区域中某点或某一小范围的降水情况。在水文分析中需要了解全区域或全流域的降水情况,这就要求计算全区域或全流域的降水量。

计算区域或流域降水量的常用方法有以下几种。

1. 算术平均法

如果区域或流域面积不大,地形起伏较小,降水分布均匀,测站较多且分布合理,采用这一方法最为简单且计算结果的误差也较小。以这一方法计算区域平均降水量的公式为:

$$\bar{P}=\frac{1}{n}(P_1+P_2+\cdots+P_n) \tag{2-3}$$

在上式中,

$\bar{P}$:区域平均降水量(mm);

n:测站数;

P_1、P_2、…、P_n:各站同期降水量(mm)。

2. 泰森(Thiessen)多边形法

如果区域内雨量站分布不均匀,且有的站偏于一角,采用这一方法便较为优越和合理。以这一方法计算区域平均降水量的步骤如下:

1) 在地图上,将测站位置以线相连,做成若干三角形,进而形成三角网;

2）对每个三角形各边作垂直平分线，再以这些垂直平分线构成若干以不同测站为中心的多边形；

3）假设每个测站的控制面积为该多边形的面积，以下式计算区域平均降水量：

$$\bar{P}=\frac{(a_1P_1+a_2P_2+\cdots+a_nP_n)}{(a_1+a_2+\cdots+a_n)}=\frac{\sum_{i=1}^{n}(a_iP_i)}{A} \tag{2-4}$$

在上式中，

$\bar{P}$：区域平均降水量（mm）；

a_1、a_2、…、a_n：区域内各测站的控制面积（各多边形面积）（km^2）；

P_1、P_2、…、P_n：各测站同期降水量（mm）；

A：区域总面积（km^2）。

此外，还可将公式 2-4 改写为：

$$\begin{aligned}\bar{P}&=\left(\frac{a_1}{A}\right)P_1+\left(\frac{a_2}{A}\right)P_2+\cdots+\left(\frac{a_n}{A}\right)P_n\\&=w_1P_1+w_2P_2+\cdots+w_nP_n\\&=\sum_{i=1}^{n}(w_iP_i)\end{aligned} \tag{2-5}$$

在上式中，$w_1=\frac{a_1}{A}$，$w_2=\frac{a_2}{A}$，…，$w_n=\frac{a_n}{A}$为各测站控制面积与总面积的比值，称为各测站的权重系数，故以此法求得的 $\bar{P}$ 又称为加权平均降水量。

若测站稳定不变，采用这种方法是比较好的，且较方便，并能以计算机迅速运算。若测站经常变化，例如每个时期甚至每次降雨测站数目或位置有所不同，采用这种方法可能较麻烦，因为每次计算的权重均不相同。

3. 等雨量线法

一般来说，等雨量线法是计算区域平均降水量的最好方法，因为其反映了地形变化对降水的影响。因此，如果地形变化较大（一般是大流域），区域内又有足够数量的测站，能够根据降水资料结合地形变化绘制出等雨量线，则应采用这一方法。以这一方法计算区域平均降水量的步骤如下：

1）绘制等雨量线；

2）用求积仪或其他方法量得各相邻等雨量线间的面积 a_i，各面积除以区域总面积，即得各相邻等雨量线间面积权重；

3）以各相邻等雨量线间的雨深平均值乘以相应的权重，即得权雨量；

4）将各相邻等雨量线间面积上的权雨量相加，即得区域平均降水量：

$$\bar{P} = \left(\frac{a_1}{A}\right)P_1 + \left(\frac{a_2}{A}\right)P_2 + \cdots + \left(\frac{a_n}{A}\right)P_n$$

$$= \frac{\sum_{i=1}^{n}(a_i P_i)}{A} \qquad 2\text{-}6$$

在上式中，

$\bar{P}$：区域平均降水量(mm)；

a_1、a_2、…、a_n：各相邻等雨量线间的面积(km^2)；

P_1、P_2、…、P_n：各相邻等雨量线间的雨深平均值(mm)；

A：区域总面积(km^2)。

以点降水量的测量结果推估面降水量仍然存在着很多问题，其中最主要的就是尺度的差异。测量的尺度(即雨量器的表面)要比区域的尺度(即汇水流域的面积)小得多，而汇水流域才是水文研究主要的关注对象。将点上测得的结果简单地推广引申到整个面上真的可行吗？是否存在着某种形式的尺度要素可用于识别二者间这种巨大的差异？对这些问题尚无简单的答案，亦属现在和将来的水文研究需要解决的问题。

三、间接推估区域降水量——雷达测雨和卫星遥感测雨

陆基雷达可被用于追踪雨云和锋面的运动。雷达装置向空中发射电磁能波，波反射量和返回时间被记录下来。云层中的水分越多，反射回到地表并被雷达装置探测到的电磁能就越多。反射波回到地表越快，云层距离地表就越近。根据雷达回波强度，利用一定数学公式——雷达气象方程，可以推算出降雨强度。

应用这一技术的最大困难是确定所使用的电磁辐射的最佳波长。人们已做了相当多的研究工作以确定陆基雷达使用的最佳波长。研究结果表明，这一波长应在微波波段的某一范围(通常为 c 波段)，但是准确的最佳波长取决于研究对象的具体状况。

英国气象局在英国操纵运行着 15 套气象雷达，其中每套有着 5 km 的分辨率、每 15 min 便可提供影像。这比大多数其他国家的覆盖状况都要好，进而为在该国精确地推估区域降水量提供了很大的方便。

除了利用雷达之外，还可利用卫星遥感推估区域降水量。最可能产生降雨的云层的顶部极亮、极冷。LANDSAT、SPOT 和 AVHRR 是被动式传感器的常见卫星平台。这些居于空中的被动式卫星传感器能够探测可见光和红外波段的辐射。因此，它们可探测云层的亮度(可见光)和温度(热红外)。将测得的此

类结果与区域内的点降水量的测量结果结合起来,便可以推测降雨强度。应用这种方法的困难之一是有时很难区分地表积雪的反射光和大气中云层的反射光,而为了准确地判断降雨量,又必须将二者区分开来。此外,地球本身发射微波,一些被动式卫星传感器可以探测到这些来自地球的微波。如果地表和卫星传感器之间存在着液态水(大气中的云层),一些微波可被水分吸收。这样一来,卫星传感器就能发现云层的存在。对雨量器覆盖很差的地区,卫星遥感确实是一种有效工具。几乎世界的所有地区都被卫星影像所覆盖,所以对那些少有雨量器安放设置的地区,可应用这一方法。21 世纪初发射的新一代卫星平台载有多个传感器,这样它们就可以同步测量可见光、红外线和微波。这将在很大程度上提高测量精度。

第四节 降水的影响因素

降水是自然地理环境状况综合影响的产物,其时空分布和变化十分复杂,受到地理位置、大气环流、气旋活动、地形和其他因素的影响。

一些研究者将影响降水的因素分为静态的(static)和动态的(dynamic)。静态因素是指坡向、海拔等因素,在任何一次降水事件中,这些因素本身都是固定不变的。动态因素则是指那些不断变化的因素,其大多与气象条件有关,而这些因素的变化主要是由天气的变化引起的。

一、地理位置的影响

事实上,地理位置对降水的影响在很大程度上反映了与地理位置密切相关的气候状况对降水的影响。

全球的平均年降水量约为 1 130 mm,呈纬度地带性分布。低纬度地区气温高,蒸发大,空气中水汽含量大,因此 2/3 的降水出现在南、北 30°之间,其中以赤道附近为最多。中纬度地区的降水量次之,亚热带沙漠地区和两极附近的降水则很少。

陆地上不同地区与海洋距离的远近也会影响这些地区的降水量。中国的多年平均降水量约为 648 mm,呈自东南向西北逐渐减少的分布趋势(据刘凯等,2020)。沿海地区,空气中水汽含量大,故一般雨量较大,向内地递减。在临海的青岛,年降水量可高达 646 mm;在济南,年降水量降至 612 mm;在距海更远的内陆城市西安和兰州,年降水量分别为 566 mm 和 325 mm。

由于气候状况的不同,在很小的范围内,年降水量就会有很大的变化。在中国东部,半湿润气候区和半干旱气候区之间的过渡带位于内蒙古高原的东南边缘。半湿润气候出现在这一边缘的东南，半干旱气候则出现在西北。达里诺尔地区恰好在这一过渡带上，在这一狭小的地区内，年降水量自东南向西北急剧减少，由 450 mm 降至 350 mm(据刘鸿雁，1998)。

地理位置除了影响年降水量之外，还可能影响降水的季节性分布；而降水的季节性分布特征又常常是特定类型的气候的表象。在澳大利亚，根据降水的季节性分布特征，可将降水分为“极明显夏聚型降水”(11—4 月降水量：5—10 月降水量＞3：1)、“明显夏聚型降水”(11—4 月降水量：5—10 月降水量＞1.3：1)、“均匀型降水”(11—4 月降水量：5—10 月降水量＜1.3：1)、“明显冬聚型降水”(5—10 月降水量：11—4 月降水量＞1.3：1)和“极明显冬聚型降水”(5—10 月降水量：11—4 月降水量＞3：1)(据 Australian Surveying and Land Information Group，1986)。“极明显夏聚型降水”出现在澳大利亚的北部和东北部沿海地区，是这一地区盛行的热带草原气候和热带季风气候的反映；“明显夏聚型降水”出现在东部沿海地区，是这一地区盛行的湿润亚热带气候的反映；“均匀型降水”主要集中在东南地区，是这一地区盛行的温带海洋性气候的反映；而“明显冬聚型降水”和“极明显冬聚型降水”则局限在东南角的一小块地区和西南角，在这些地区，地中海气候盛行。

二、气旋、台风途径等气象因素的影响

中国的青藏高原使西风环流受阻而分成南、北两支，在中国西南最易产生波动，故而导致气旋东移，在春、夏之间经江淮平原入海，形成梅雨。七、八月间，峰面北移，气旋在渭河上游一带形成，经华北平原入海；气旋所经地区，雨量较大。

中国的东南沿海地区经常受到台风的侵袭。台风在东南登陆，可深入江汉平原，然后北上，经华北向东入海。台风常经过的地区，如广东、福建、浙江、台湾，雨量较大；而浙江温州以北，台风登陆机会较少，故雨量相对较小。

在美国西北部的华盛顿州和俄勒冈州，降水较多；这与来自北太平洋的湿润气旋有关，而此类天气系统很难到达加利福尼亚州南部，因此在那里降水较少。在美国东南部的佛罗里达州，降水量较大，这与加勒比海的暖水团及其对天气的影响有关。一些研究者将这些视为动态因素影响降水分布的典型实例。在不同的降水事件中，这些因素的影响程度和范围等可能有所不同。

三、地形的影响

在水文学所涉及的时间尺度上和时间范围内，地形可被看作是“固定不变”的，因此它被认为是降水的影响因素中的“静态”者。

坡向对降水的影响是非常明显的。气流在运动中遇到凸起的地形而被抬

升，其中的水汽凝结下降，因此一般在迎风坡，降水较多，而在背风坡，降水较少。位于中国南方的南岭为一大致东西向的山脉。夏季风来自南方，在夏季，岭南为迎风坡，因此在7月份，岭南的降水明显多于岭北的降水；冬季风来自北方，在冬季，岭北为迎风坡，因此在1月份，岭北的降水明显多于岭南的降水（表2-4）。

表2-4 中国南岭的岭南和岭北的降雨量（据胡方荣和候宇光，1988）

地 区	雨量站	7月份降雨量/mm	1月份降雨量/mm
岭北	赣县	81.5	64.1
	零陵	66.5	75.1
	衡阳	88.2	64.2
岭南	连州	165.2	45.4
	南雄	134.1	49.1
	乐昌	168.6	32.2

在新西兰的南岛（South Island），南阿尔卑斯山（Southern Alps）沿北东—南西向展布约700 km，其最高峰库克山（Mt. Cook）超过了3 000 m（图2-9）。在南阿尔卑斯山的西坡，来自塔斯曼海（Tasman Sea）的气流受到山体的阻挡抬升，所含的大部分水汽受冷后凝为雨、雪降下。气流越过山体到达东坡后，携带的水汽残存无几，顺势下降、受热，成为焚风。因此，南岛西岸的降水明显多于东岸的降水（图2-9和表2-5）。

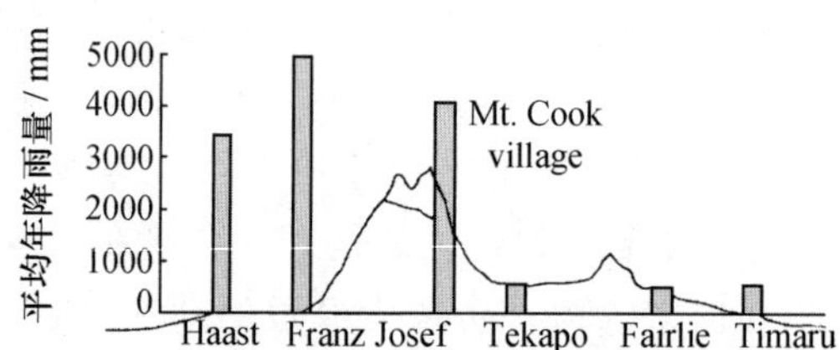

图2-9 新西兰南岛上的南阿尔卑斯山两侧的降水分布情况（据Davie，2002）

表2-5 新西兰南岛（South Island）两岸的平均年降雨量（据Davie，2002）

地 区	气象站	海拔高度/m	平均年降雨量/mm
西岸	Haast	30	5 840
	Mt. Cook village	770	4 293
东岸	Tekapo	762	604
	Timaru	25	541

高程对降水也有明显的影响。温度是决定空气所能保持的水汽量的一个关键性因素。空气越冷，所能保持的水汽就越少。温度通常随高程的增加而降低，因此降水一般随高程的增加而增加。降水随高程增加的程度与空气中的水汽含

量有关。中国的东南沿海地区的降水随高程的增率高于西北内陆地区(图 2-10 和表 2-6),这显然是由东南地区的空气中的水汽含量较高、西北地区的水汽含量较低造成的。在一些山区,降水随高程增加而达到极大值后,随高程的增加,降水不仅不再增加,反而呈现出减少的趋势(图 2-11)。这是因为,在近山顶处,地形的阻挡作用趋于减弱,气流的运动又趋畅通。

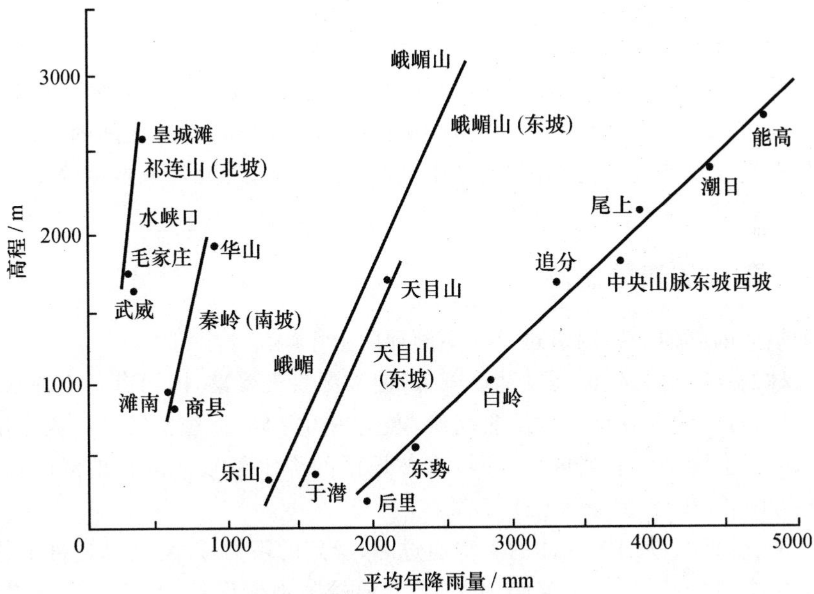

图 2-10　中国若干地区地面高程与平均年降雨量的关系(据胡方荣和侯宇光,1988)

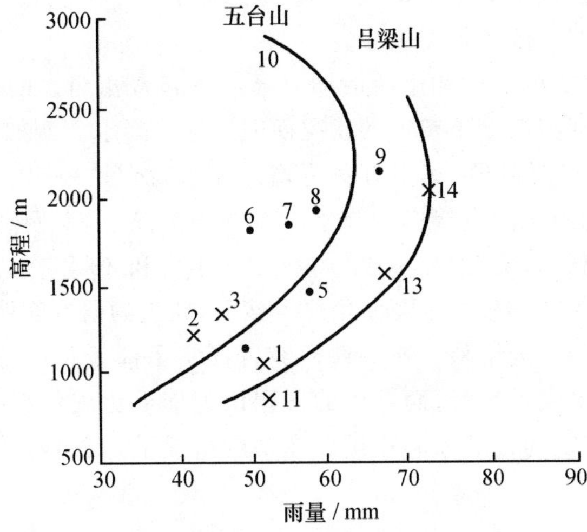

图 2-11　山区高程与雨量关系曲线(据胡方荣和侯宇光,1988)

表 2-6 中国部分山区的年降雨量随高程的增率(据胡方荣和侯宇光,1988;芮孝芳,2004)

山 区	年降雨量增率/(mm/100 m)
台湾中央山脉两侧	105.0
浙江天目山	44.0
四川峨眉山	42.0
陕西秦岭	20.0
甘肃祁连山	7.5

山脉的缺口和海峡常常是气流的通道。在这些地方,气流运动速度加快,水汽难以停留,故降水机会减少。中国的阴山山脉和贺兰山山脉之间的大缺口,使得鄂尔多斯和陕北高原的降雨减少;中国的台湾海峡、琼州海峡两侧的雨量减少很多。

四、其他因素的影响

下垫面的其他一些因素也可在不同程度上影响降水。

森林的存在可使气流运动速度降低,使潮湿空气聚集,因而有利于降水的发生。此外,森林的存在可加大地表起伏,产生热力差异,促进空气的对流作用,故使降水的机会增加。有研究称,一些森林地区的降水量较非森林地区的降水量高 1%—10%,甚至 20%以上。

气流在海洋、湖泊等水体的上空通过时,受到的阻力较小,运动速度加快,故降水的机会减少。另外,在温暖的季节,水温较陆地温度低,水体上空可出现逆温现象,以致水体上空的气团较稳定,不易形成降水。近海洋暖流所经海域的地区,地表温度升高,故地表上空的气团不稳定,降水易于发生;近寒流所经海域的地区,情况恰恰相反,降水不易发生。

除此之外,人类的生产和生活活动对降水也起着相当大的影响。人类对降水的影响一般是通过改变下垫面的状况而间接影响降水。例如,植树造林、砍伐森林、修建水库、围湖造田,其中有些可增加降水,而另一些则可减少降水。同时,人类也在自觉地试图直接影响降水。在一些情况下,人们利用飞机、火箭等在空中播撒凝结核、催云化雨。在 20 世纪 50 年代和 60 年代,人们一度认为碘化银颗粒适宜作为凝结核并主要使用之。然而,新近的研究表明,一些诸如氯化钾的盐类是更适用的凝结核。有一些研究者证实了催云化雨的效用,另有一些研究者对这些结果表示怀疑,而其他的人则认为催云化雨仅在一些特定的大气状况下、对一些特定的云层才起作用。在某些情况下,人们则试图驱散雷雨云,消除雷雹等。

第三章　蒸　　发

水由液态转化为气态并逸入大气称为蒸发(evaporation)。

水分可通过水体的表面、从土壤或植物中逸出而进入大气,因此蒸发可分为水面蒸发(water surface evaporation)、土壤蒸发(soil evaporation)和植物散发(或蒸腾)(transpiration)。土壤蒸发和植物散发合称为陆面蒸发,而流域或区域内的各种蒸发和散发统称为流域或区域总蒸发。

蒸发是水循环的另一重要环节,是地表水、土壤水乃至地下水的主要支出。大气中的水分主要来源于蒸发。水分在蒸发的过程中可以调节气温。

研究蒸发对整治国土、合理开发利用水资源、估算各种农作物的灌溉用水量、确定灌溉定额、防治土壤盐渍化以及编制区域或流域规划都具有重要意义。在干旱地区,蒸发通常较强烈,因而会使水库中积蓄的水量损失较大,降低水库的效能,甚至使水库不能供水。所以,研究蒸发以减少水量损失对干旱地区的水资源开发利用尤为重要。

第一节　蒸发过程及其机制

在自然界,凡有水分存在的地方,几乎均有蒸发发生。

一定时间内液态水转化为水汽的净逸出量称为蒸发量,以毫米计。单位时间内净逸出的水汽量称为蒸发率。

一、水面蒸发过程及其机制

水面蒸发系指自由水面水分子汽化逸入大气的过程(图 3-1),可分为两个阶段。

1. 汽化

水体内部的水分子总是处在不停的运动之中,其运动速度的方向和大小各不相同。水面的某些分子,在得到足够的运动能量时,便可挣脱分子间内聚力的束缚,突破水面而跃入紧靠水面的空气层中,此过程即汽化[图 3-1(b)]。

2. 扩散

逸出水面的水分子开始聚集在紧靠水面的上空[图 3-1(c)],随后自水汽压

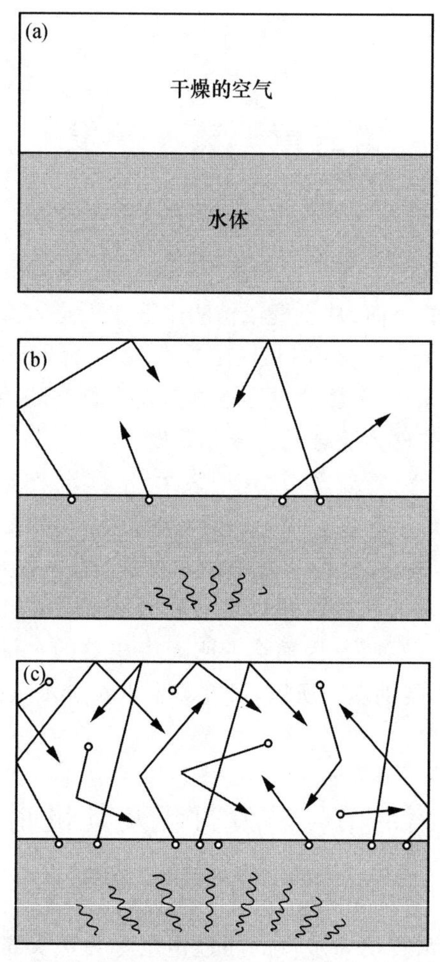

图 3-1 水面蒸发示意图(据 McKight, 1990)
[(a) 温度相对较低,无水分子逸出水面进入空气中;
(b) 温度升高,水体受热,一些水分子逸出水面进入空气中;
(c) 温度进一步升高,水体更热,更多的水分子逸出进入空气中,致使水面附近的空气一度为水饱和]

高处向水汽压低处运移,空出的位置再由新的自水面跃出的水分子充填,此即扩散现象。当接近水面的气温高于上层气温时,下层暖湿空气上升,上层的冷干空气下沉,此即对流扩散现象。刮风时,空气中的水汽、热量发生运移,水面附近空气中将要饱和的水汽减少,此即紊动扩散现象且为主要的扩散过程。

在上述过程中,也有一些逸出的水分子因与空气中的水分子碰撞或受水面水分子吸引,又从空气中返回水体,此即凝结现象。因此,所谓蒸发量系指自水面逸出的水分子的数量与返回水体的水分子的数量之差。

二、土壤蒸发过程及其机制

土壤蒸发系指土壤中的水分通过土壤孔隙以水汽的形式逸入大气的过程。

在太阳辐射、风、温度等因素的作用下，表层土壤的水分子，在得到足够的能量时，便可挣脱分子间内聚力和土壤颗粒的吸引力，开始进入大气中。表层土壤的水分逸出后，下层土壤中的水分必须被不断地输送至表层土壤，蒸发才能继续进行。

如果土壤中的水分饱和或接近饱和，水分通过毛管输向表层土壤，蒸发所耗水分得到充分补充。蒸发的强、弱取决于质量交换系数和土壤表层水汽压力与土壤表面大气中水汽压力之差。在这种情况下，即土壤充分湿润的情况下，蒸发量接近相同气象条件下的水面蒸发量。随着蒸发的进行，土壤中的水分不断减少，液态水向表层土壤的运移减弱，而气态水的运移增强。在这种情况下，蒸发的强、弱取决于土壤含水量，土壤含水量越小，蒸发越弱。如果土壤表面相当干燥，土壤中的液态水便已不能被输送至干化的土壤表层，土壤中的水分汽化，以分子扩散的形式通过干化的土壤表层逸入大气。此时，蒸发很弱，也很稳定，随着干化层的逐渐加厚，蒸发更弱。因此，事实上，土壤蒸发可分为三个阶段(图 3-2)。

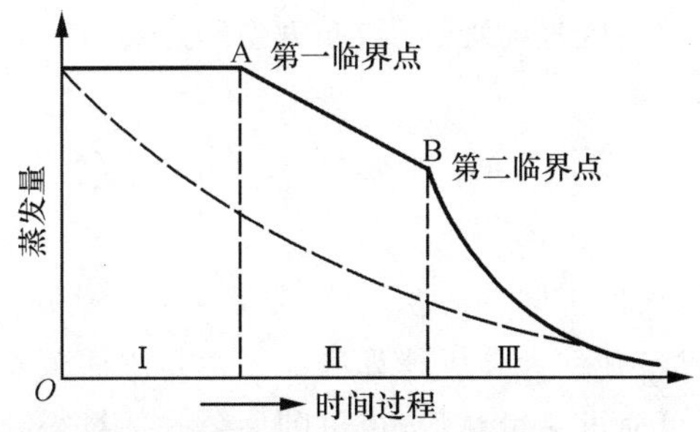

图 3-2　土壤蒸发的三个阶段(据黄锡全等，1993)

1. 第Ⅰ阶段(定常蒸发率阶段)

土壤含水量很高，土壤中的水分饱和或接近饱和，水分供给充分，土壤蒸发率稳定，其大小接近相同气象条件下的水面蒸发率，蒸发量接近相同气象条件下的水面蒸发量。

2. 第Ⅱ阶段(蒸发率下降阶段)

随着蒸发的不断进行，土壤含水量逐渐降低，当土壤中的水分降至某一临界值(其大小相当于土壤田间持水量)时，土壤蒸发便进入了第二阶段。在这一阶段，毛管的连续状态不断受到破坏，自土层内部通过毛管上升至土壤表面的水分逐渐减少；蒸发率与土壤的含水量有关，土壤中的水分越来越少，供给土壤表层的水分也随之减少，蒸发率也就越来越低。

3. 第Ⅲ阶段(蒸发率微弱阶段)

随着蒸发的进一步进行,土壤含水量更低,当土壤中的水分降至另一临界值(其大小相当于凋萎系数,即毛管断裂含水量)时,上升的毛管水达不到地表,土壤表层形成干化的硬壳,土壤蒸发便进入了这一阶段。在这一阶段,蒸发在较深的土层中进行,水分汽化并以分子扩散的形式通过土壤表面的干化层进入大气,完全无毛管水,蒸发率极低。

与水面蒸发的情形相似,在土壤蒸发过程中,也有一部分逸出的水分子又以凝结的形式回到土层。因此,土壤蒸发量也指水分子的净逸出量。

三、植物散发(蒸腾)过程及其机制

植物散发系指土壤水分通过植物向大气逸散的过程。

植物通过根系自土壤吸取水分并通过茎、干将之输送至叶片,随后通过自身的叶片细胞间隙气孔将这些水分以水汽的形式逸散至大气中。植物叶片细胞失水之后,细胞液浓度相对增大,水势降低,故水分自邻近的水势较高的细胞向水势较低的细胞移动,因此在植物内部,存在着由根、茎、叶组成的水分吸收和输导系统,使得水分的逸散不断进行。

由此看来,植物散发既是物理过程,亦为生理过程。

第二节　蒸发量的确定

蒸发量的确定可根据不同的方法。以仪器等测量获得蒸发量称为器测法,以公式估算得到蒸发量则称为分析计算法。无论是水面蒸发量、土壤蒸发量,还是植物散发量,均既可通过测量获得,也可利用公式估算得到。

在很多情况下,人们还可以确定流域或区域的总蒸发量。

一、水面蒸发量的确定

1. 器测法

可利用陆上蒸发器(图 3-3)、漂浮蒸发器和蒸发池测定水面蒸发量。

蒸发器的表面高出地表一定距离,以防止雨滴溅击进入蒸发器进而影响测量精度;蒸发器内壁标有刻度,用于度量器内水面变化。

陆上蒸发器可分为埋入式和地面式。中国通用的 E-601 蒸发器和苏联的 ГГИ-3000 蒸发器即为埋入式陆上蒸发器,在使用时,需埋入土中。中国的 20 cm 口径蒸发器、80 cm 口径套盆式蒸发器和美国的 A 级蒸发器均为地面式陆

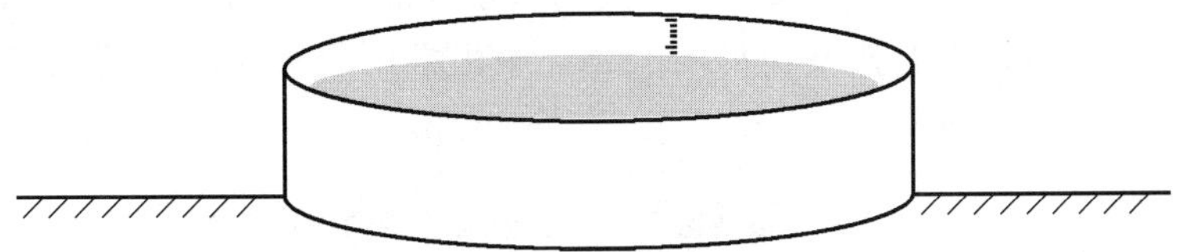

图 3-3　一种陆上蒸发器示意图(据 Davie，2002)

上蒸发器，其中 A 级蒸发器为国际通用的标准仪器。地面式陆上蒸发器在使用时被安放在地表。在水面上测量蒸发时，则常使用漂浮蒸发器。蒸发器以测针计量器内的水位高差。一日的蒸发量为该日 8 时和次日 8 时的实测水位之差，如遇雨日，还需加上该日的降水量。

故有：

$$E' = W_1 - W_2 + P \tag{3-1}$$

在上式中，

E'：由蒸发器测得的蒸发量（mm）；

W_1：测量开始时蒸发器内的水位（mm）；

W_2：测量结束时蒸发器内的水位（mm）；

P：测量时段内的降水量（mm）。

使用蒸发器的假设前提是，蒸发器中的水的蒸发率与天然水体的蒸发率相等，故可以蒸发器中的水的蒸发率代替天然水体的蒸发率。但事实上，无论是在陆上蒸发器中，还是在漂浮蒸发器中，水的体积均很小，其自身的热力条件、动力条件及其与周围的联系同天然水体相比均有差异，故由蒸发器测得的蒸发量一般比天然水体的蒸发量高。所以，还需对由蒸发器测得的蒸发量做一折算，以得到更接近天然水体的实际蒸发量。

故有：

$$E = \varphi E' \tag{3-2}$$

在上式中，

E：折算后的蒸发量（mm）；

φ：折算系数；

E'：由蒸发器测得的、未经折算的蒸发量（mm）。

折算系数随蒸发器、季节和气候等条件的不同而不同(表 3-1)。

蒸发池为用较厚的钢板焊制成的平底的、深为 2 m 的大圆柱桶，水平埋入观测场的土中；池口边缘高出地面 7.5 cm，池内储水面与地表齐平；在池壁内侧静水器的基点上以测针计量蒸发量。在设有蒸发池的实验站，除测量蒸发量外，还常测量水温及一定高度上的气温、湿度、风速和风向等一些被认为与蒸发有关的要素。建造并利用蒸发池测量水面蒸发的国家首推苏联。中国自 20 世纪 50 年代起开始建立一批设有蒸发池的实验站。中国常用的蒸发池的面积有 10 m^2、20 m^2 和 100 m^2 三种。

表 3-1 中国各地区不同类型的蒸发器的折算系数

(据南京大学地理系和中山大学地理系,1978)

地区	蒸发器	月份												年
		1	2	3	4	5	6	7	8	9	10	11	12	
东北区	套盆式 80 cm					0.66	0.70	0.75	0.82	0.90	0.96			
	20 cm					0.51	0.56	0.62	0.71	0.81	0.75			
	ГГИ-3000					0.74	0.82	0.91	0.98	1.02	1.02			
华北区	套盆式 80 cm			0.84	0.72	0.67	0.71	0.74	0.77	0.84	0.87	0.94		
	20 cm			0.51	0.52	0.54	0.54	0.56	0.59	0.68	0.73	0.71		
	ГГИ-3000			0.95	0.83	0.82	0.82	0.84	0.91	0.95	0.97	1.06		
西北区	套盆式 80 cm				0.56	0.59	0.61	0.63	0.65	0.71	0.77	0.80		
	20 cm			0.49	0.48	0.52	0.53	0.54	0.56	0.62	0.67	0.68		
	ГГИ-3000				0.81	0.83	0.82	0.83	0.82	0.85	0.92			
长江流域	套盆式 80 cm	0.99	0.78	0.72	0.68	0.66	0.68	0.71	0.76	0.82	0.97	1.09	1.15	0.83
	20 cm	0.69	0.60	0.52	0.51	0.56	0.54	0.57	0.63	0.65	0.82	0.83	0.83	0.65
	ГГИ-3000	0.94	0.92	0.92	0.91	0.88	0.95	0.96	0.97	0.98	1.00	1.00	0.98	0.95
东南区	套盆式 80 cm	1.11	0.95	0.82	0.78	0.73	0.80	0.83	0.89	0.99	1.11	1.15	1.15	0.94
	20 cm	0.82	0.68	0.59	0.58	0.59	0.64	0.65	0.71	0.78	0.82	0.85	0.87	0.71
	ГГИ-3000	0.99	0.96	0.94	0.95	0.91	0.94	0.96	0.99	1.02	1.04	1.02	1.02	0.98

实验表明,面积大于 10 m^2 的蒸发池中水的蒸发率受蒸发面积的影响已很小,所以由此类蒸发池测得的蒸发量可视为天然水体的蒸发量。由此可见,使用蒸发池尤其是大型蒸发池,可在一定程度上解决蒸发器测得的水面蒸发量偏高的问题。

事实上,对蒸发器测得的蒸发量做折算时所使用的折算系数(表 3-1)是由蒸发池测得的结果推算而来:

$$\varphi = \frac{E_{et}}{E_{em}} \tag{3-3}$$

在上式中,

φ:折算系数;

E_{et}:以蒸发池(evaporation tank) 测得的蒸发量 (mm);

E_{em}:以蒸发器(evaporimeter)测得的蒸发量 (mm)。

2. 分析计算法

1) 水面蒸发模型法

这一方法又称为经验公式法。

道尔顿(J. Dalton)提出,蒸发量与水汽压差存在着密切的关系。根据这一原理，利用蒸发实验获得的资料数据，建立蒸发与水汽压差等若干气象要素间的经验公式。这些公式仅考虑影响蒸发的一些主要的气象要素，如水面温度下的饱和水汽压、风速等，而其他次要因素的影响则在公式的系数中得以体现。

这类公式的一般形式为：

$$E=k(e_0-e_z)f(w) \quad 3\text{-}4$$

在上式中，

E：蒸发率；

k：系数；

e_0：水面温度下的饱和水汽压；

e_z：水面上空 z m 处的空气水汽压；

$f(w)$：蒸发与风速 w 的关系函数。

$f(w)$通常为直线关系，即 $f(w)=A+Bw$，也可为幂函数，即 $f(w)=w^n$，还可以是其他形式。k、A、B 和 n 均随研究区域的条件而异。

1966 年，华东水利学院（现河海大学）利用全国大型蒸发池的资料数据，建立了以下经验公式：

$$E=0.22(e_0-e_{200})(1+0.17w_{200}^{1.5}) \quad 3\text{-}5$$

或

$$E=0.22(e_0-e_{200})\sqrt{1+0.31w_{200}^2} \quad 3\text{-}6$$

在以上两式中，

E：蒸发率；

e_0：水面温度下的饱和水汽压；

e_{200}：水面上空 200 m 处的空气水汽压；

w_{200}：水面上空 200 m 处的风速。

重庆蒸发实验站建立的经验公式为：

$$E_m=0.14n(e_0-e_{200})(1+0.64w_{200}) \quad 3\text{-}7$$

在上式中，

E_m：月蒸发量；

n：某月的天数；

其他各项符号的含义与公式 3-5 和公式 3-6 中的相同。

在其他国家，也有此类经验公式，如：

$$E_P=0.35(e_0-e_2)(1+0.2w_2)\ (\text{Penman 公式}) \quad 3\text{-}8$$

$$E_k=6.0(e_0-e_8)(1+0.2w_8)\ (\text{Kuzmin 公式}) \quad 3\text{-}9$$

在公式 3-8 和公式 3-9 中，

e_2 和 e_8 分别为水面上空 2 m 和 8 m 处的空气水汽压；

w_2 和 w_8 分别为水面上空 2 m 和 8 m 处的风速；

其他各项符号的含义与公式 3-5 和公式 3-6 中的相同。

经验公式的类型较多，但各有一定的适用条件。在一些国家或地区，蒸发站较少，而基本气象站较多，气象观测资料数据系列较长，因此利用这些资料数据可建立气象要素的水面蒸发经验公式以推算大水体的蒸发量。

2）水量平衡法

这一方法属于理论推求法。

水量平衡原理指出，蒸发与水量平衡中的其他要素存在一定的数量关系。因此，以已知的或通过测量与计算的其他要素，并利用水量平衡方程，计算蒸发量。

水体在任意时段内的水量平衡方程为公式 1-2，将该公式改写即可得到计算蒸发量的公式，即：

$$E = P + (R_{sI} - R_{sO}) + (R_{gI} - R_{gO}) + (q_I - q_O) + \Delta S \qquad 3\text{-}10$$

在上式中，q_I 和 q_O 分别为时段内工农业生产和生活的引水量和排水量；其他各项符号的含义与公式 1-2 中的相同。

根据水量平衡原理计算蒸发量，必须首先测定或算得上述水量平衡方程中蒸发量以外的所有其他要素。所有这些要素的确定均有误差，有些情况下误差甚至很大，以此法计算的蒸发量的精度取决于测定或算得的这些要素的精度。在水量平衡分析中，地下水的流进量和流出量的确定特别复杂；对大多数水体来说，其相对不大，故可略去不计。

3）乱流扩散法

这一方法也属理论推求法。

对水汽的组织结构的分析表明，蒸发率完全由蒸发面上气层中水汽涡动交流，也即乱流扩散决定；而乱流扩散的速率，取决于垂直涡动和垂直水汽压梯度的大小。风力越大，地表涡动层越厚，温度垂直梯度大，蒸发就越快。事实上，可将整个蒸发过程视为近地表大气层中的涡动乱流作用将蒸发面水汽吹走的过程。以这种方法计算蒸发量的公式如下：

$$E = -\rho_B K \frac{\partial p}{\partial z} \qquad 3\text{-}11$$

在上式中，

E：蒸发量；

ρ_B：空气密度，为 1.25×10^{-3} g/cm^3；

K：乱流交换系数；

$\frac{\partial p}{\partial z}$：空气比湿的垂直梯度。

以上式计算蒸发量的关键在于确定乱流交换系数 K。确定 K 值的方法可参阅有关书籍。

4）热量平衡法

这一方法仍属理论推求法。

有关水体内热能守恒的理论指出，任意给定水体吸收的太阳辐射能转化为热能之后，一方面增加水体热储量，另一方面消耗于蒸发水分和通过乱流交换传递到空中，因此有以下公式：

$$\theta = B_T + LE + P \qquad 3\text{-}12$$

在上式中，

θ：辐射平衡值；

B_T：单位面积水体热储量变化；

L：蒸发潜热；

E：蒸发量；

LE：单位面积上的蒸发潜热；

P：单位面积上乱流交换的热量。

对于如一年等较长的时间，单位面积水体热储量的变化很小，故 B_T 可忽略不计，公式 3-12 可改写为：

$$\theta = LE + P$$

或

$$E = \frac{\theta - P}{L} \qquad 3\text{-}13$$

利用公式 3-12 或公式 3-13，便可计算蒸发量。

以乱流扩散法和热量平衡法计算蒸发量时，仍常常不太容易获得或确定所需的参数，因此运用这些方法并不十分方便。为此，彭曼（H. L. Penman）于 1948 年将这两种方法相结合，提出了计算蒸发的综合法（又称混合法）。这一方法几经修正，已成为具有一定理论基础且又较为实用的方法。综合法可表述为如下公式：

$$E_0 = \frac{\frac{\Delta}{\gamma}\theta + E_a}{1 + \frac{\Delta}{\gamma}} \qquad 3\text{-}14$$

在上式中，

E_0：潜在蒸发率或蒸发能力（mm/d）；

Δ：饱和水汽压差随气温的增率；

γ：湿度计算常数或干湿球湿度公式常数。

此外，

$$\theta = \left[0.95R_A\left(0.18 + 0.55\frac{n}{N}\right)\right] - \left[\sigma T_a^4(0.56 - 0.092\sqrt{e_a})\left(0.10 + 0.90\frac{n}{N}\right)\right] \quad 3\text{-}15$$

在上式中，

θ:净辐射或辐射平衡值(mm/d)；

R_A:大气顶层的太阳辐射(mm/d)；

n:实际日照时数(h/d)；

N:大气顶层的理论日照时数(h/d)；

σ:斯蒂芬-玻尔兹曼(Stefan-Boltzman)常数，5.67×10^{-8} W/($\mathrm{m}^2\cdot\mathrm{K}^4$)；

T_a:平均气温(K)；

e_a:平均气温 T_a 下的实际水汽压(mmHg)(1 mmHg=133.32 Pa)。

$$E_a = 0.35(e_s - e_a)\left(0.5 + \frac{w}{100}\right) \quad 3\text{-}16$$

在上式中，

E_a:干燥力(mm/d)；

e_s:平均气温 T_a 下的饱和水汽压(mmHg)；

w:2 m 高处的日平均风速(m/d)。

公式 3-14 称为彭曼公式。在以上三式中，R_A 和 N 取决于纬度和月份，可由表中查得；Δ/γ 和 e_s 与大气温度有关，也可由表中查得；而 n、T_a、e_a、w 为常规的气象观测要素，一般容易获得。因此，彭曼公式相对便于应用。

二、土壤蒸发量的确定

1. 器测法

可利用土壤蒸发器或蒸渗仪(图 3-4)测定土壤蒸发量。

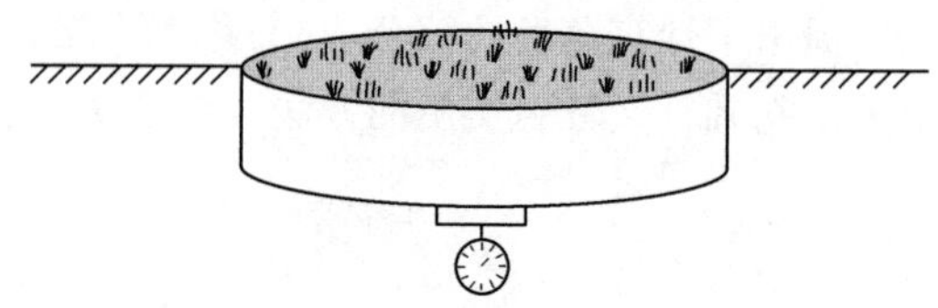

图 3-4 一种蒸渗仪示意图(据 Davie，2002)
(圆筒中装填了与周围土壤相似的土壤的样柱；圆筒中的土壤表面栽种了与周围植物相似的植物；圆筒的表面与地表齐平，可定期对筒中土柱称重以测定土壤蒸发量)

苏联广泛使用的土壤蒸发器为 ГГИ-500 型称重式蒸发器(器口面积为 500 cm^2，深为 0.5 m 或 1.0 m)和小型水力式蒸发器(器口面积为 0.2 cm^2，深为 1.25—1.50 m)。中国的一些水文站也使用此类土壤蒸发器。美国多使用器口面积为 0.05—0.50 m^2、深度不等的土壤蒸发器和蒸渗仪。

土壤蒸发器通过直接称重或静水浮力称重测出土体质量的变化，据此计算出土壤的蒸发量。

在使用土壤蒸发器时，将整段土柱放在其铁筒中，将铁筒安放在测量地点挖土柱的孔中，使铁筒中的土壤与周围土壤在同一环境条件下。通过计算土柱的质量，来计算土壤的蒸发量，同时还需考虑降水和渗漏的水量。器壁的存在破坏了土柱与周围土壤正常的水、热交换，此外，在挖土柱时难免要破坏土壤的原结构，因此这样测得的结果有一定的误差。

为了减小使用称重式土壤蒸发器测量土壤蒸发量时造成的此类误差，可使用以静水浮力称重为基础的水力蒸发器。使用这种仪器可使土柱的水、热状况与周围环境更为接近，测得结果的精度较高。但是，此类仪器较精密、造价较高、安装较复杂，难以推广至一般观测站，仅能在专门的实验站使用。

蒸渗仪一般设在室外空旷的观测场或有控制装置的室内，可单个或成组、成套设置。将按不同的土壤类别剖取的一定深度的原状土柱或人工配置填装的土体，装入四周和底部封闭但装有特制排水、供水系统的圆柱筒内，在筒底须事先垫以一定厚度的反滤层，再吊装安放在观测场内。圆筒内所盛土样表面须与场内地表齐平。根据实验的目的，可将同一类土壤用不同深度的圆筒分装；或用同一深度的圆筒分别装入不同类别的土壤；土体表面可以栽培不同的作物或裸露，以便进行比测。将圆筒一侧的排水和供水系统引入地下室，以便进行观测。观测时，可以称重和直接量取水量。

2. 分析计算法

1）经验公式法

此类经验公式的原理与计算水面蒸发的经验公式的原理相同，故其一般形式也与之相同：

$$E_{soil} = A_s(e'_0 - e_a) \qquad 3\text{-}17$$

在上式中，

E_{soil}：土壤蒸发量；

A_s：反映气温、湿度和风等外界条件的质量交换系数；

e'_0：土壤表面水汽压；表土饱和时，其为饱和水汽压；

e_a：大气水汽压。

2）水量平衡法

当土壤含水量 W 大于临界值 W_k 时，蒸发量 E_{soil} 取决于气象因素，其大小等于蒸发能力 E_0。

当土壤含水量 W 小于临界值 W_k 时，蒸发量 E_{soil} 小于蒸发能力 E_0，且与土壤含水量成正比，即：

$$E_{soil}=\alpha W \quad 3\text{-}18$$

显然 $\alpha=\dfrac{E_0}{W_k}$

又土壤的水量平衡方程如下：

$$P=E_{soil}+R+W_2-W_1 \quad 3\text{-}19$$

在上式中，

P：时段内降水量；

R：时段内径流量；

W_1：时段开始时的土壤含水量；

W_2：时段结束时的土壤含水量。

时段内土壤平均含水量 $W=\dfrac{W_1+W_2}{2}$

根据公式 3-18，有：

$$E_{soil}=\frac{(W_1+W_2)E_0}{2W_k} \quad 3\text{-}20$$

根据公式 3-19 和公式 3-20 可得：

$$W_2=\frac{1}{1+\dfrac{E_0}{2W_k}}\left[\left(1-\frac{E_0}{2W_k}\right)W_1+P-R\right] \quad 3\text{-}21$$

在上式中，W_k 可根据实验确定。

三、植物散发量的确定

1. 单点实测法

由于很难在天然条件下对大面积的植物散发进行测定，通常只能在实验站条件下对小样本的散发做近似的测定。

1）器测法

在大多数情况下，可利用植物散发器。植物散发器为圆筒等大容器。在容器中填满土壤，种上一棵以上的植物；将土壤表面密封（如将土面封以石蜡）以防蒸发，水分只能通过植物散发逸出；视植物的生长需要而随时浇水，定期对植物和容器称重，求出实验时段始、末的质量之差，即可确定散发率或散发量。

2）坑测法

选用两个试坑，在其中之一种上植物，另一个则不种植物，两试坑的底部均不透水，每一试坑的坑底的一端均装有出水口，定期测量土壤含水量，两试坑中的土壤含水量之差即为散发量。

3）棵枝称重法

将整棵植物自土中拔出，或剪下其部分枝叶，即刻在根系上涂蜡，定期称重，即可确定散发量。

2. 分析计算法

在分析计算法中，以水量平衡法最为常用。此外，还可利用热量平衡法和多种散发模型法（如林冠散发模型法）等。

1）水量平衡法

选定某一植物群落，确定其生长始、末的土壤含水量，土壤蒸发量，渗漏量以及径流量的数值；再根据水量平衡方程，确定散发量。

2）林冠散发模型法

林冠覆盖的水平面积（A_h）的散发量等于较大的总叶面面积（A_s）各部分水汽通量的总和。A_h/A_s 称为树叶面积指数。若各个树叶的平均散发率为 E_{t0}，则林冠的综合散发率 E_t 为：

$$E_t = E_{t0}\frac{A_h}{A_s} \tag{3-22}$$

上式就是林冠散发模型的基本形式。

四、流域总蒸发量的确定

在确定流域总蒸发量时，当然可以尝试分别计算流域内的各种水面蒸发量、土壤蒸发量和散发量等，然后再加权求得总蒸发量。但在大多数情况下，这样十分困难，几乎无法做到。因此，通常的做法是，首先对整个流域的状况进行综合分析，在此基础上应用水量平衡法、经验公式法，以便一次求出总蒸发量。

1. 水量平衡法

对于一个流域，除蒸散发量之外，蓄水量及所有的入流量和出流量均可以测定，因此可以列出选定时段内的水量平衡方程，进而推算出蒸散发量的总和，即得流域总蒸发量。

以这种方法计算的结果的可靠性主要取决于所选用的时段。一般来说，可以根据多年平均降水量与多年平均径流量之差确定多年平均总蒸发量，这是因为在较长时期内，如在多年间，平均来看，流域内蓄水量的变化很小。但对于一年的总蒸发量计算来说，由于一年的蓄水量的变化较大，误差则可能较大，除非流域内的蓄水量在每年一定日期大致相等。对于较短的时段，也可以应用水量平衡法，如两次降雨停止时，土壤的含水量都接近饱和，则在此期间的总蒸发量可根据第一次降雨与第二次降雨所产生的径流之差求出而不致有很大的误差。但对于时间短到一周以内，误差就可能相当大。

2. 经验公式法

一些研究者以分析流域蒸发的影响因素为基础，应用热量平衡和水量平衡原理，推出了一些计算流域总蒸发量的经验公式。

$$ET = x(1 - e^{-\frac{\theta}{xL}})$$ ［史拉别尔（P. Schreiber）公式］ 3-23

$$ET = ET_0 \operatorname{th} \frac{x}{ET_0}$$ ［奥里杰科普（Э. М. Ольдекоп）公式］ 3-24

$$ET = \sqrt{\frac{Rx}{L} \operatorname{th} \frac{xL}{R} \left(1 - \operatorname{ch} \frac{R}{xL} + \operatorname{sh} \frac{R}{xL}\right)}$$

［布德科（М. И. Будыко）公式］ 3-25

在以上三式中，

ET：年总蒸发量（mm/a）；

x：年降水量；

ET_0：蒸散发能力，而 $ET_0 = \frac{R}{L}$；

R：太阳辐射平均值；

L：蒸发潜热；

th、ch、sh：双曲正切、双曲余弦、双曲正弦函数。

公式 3-23、3-24、3-25 均是在特定的条件下用于计算国外一些地区的长时段流域总蒸发量或多年总蒸发量平均值的经验公式。此外，还有一些其他类型的公式，如类似于公式 3-4，主要是利用气象要素推算总蒸发量或进一步考虑蒸发过程中温度梯度和风速梯度的影响，其基本形式为：

$$ET = Kf(T, w)f(w)(e_0 - e_a)$$ 3-26

在上式中，

$f(T, w)$：考虑温度梯度和风速梯度的经验函数；

其余各项符号的含义与公式 3-4 中的相同。

第三节 影响蒸发的因素和流域总蒸发的分布

一、影响水面蒸发的因素

相对于影响土壤蒸发和植物散发的因素，影响水面蒸发的因素要少一些，其大体上可归纳为以下两个方面。

1. 气象因素

影响水面蒸发的主要气象因素包括太阳辐射、温度、湿度、风、气压、降水。

1）太阳辐射

水分汽化时需热能，太阳辐射是水分汽化的主要能源，故蒸发过程中太阳辐射是极重要的；对于自由水面，太阳辐射基本上用于蒸发。

如图 3-5 所示，月总蒸发量与月太阳辐射总量的关系很密切。

因太阳辐射是影响蒸发的主要因素，蒸发随每天的时刻、季节、纬度及天气条件而变化。

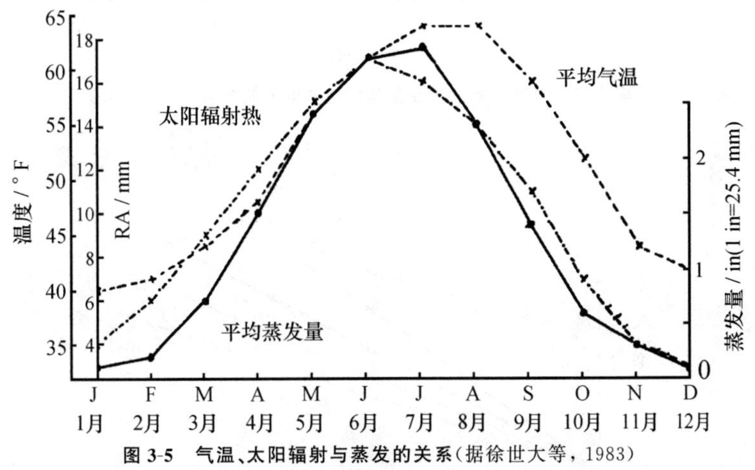

图 3-5　气温、太阳辐射与蒸发的关系（据徐世大等，1983）

2）温度

水温升高，水分子运动加快，因而易于逸出水面而跃入空气中，换言之，水温的高低决定着水分子活跃的程度。因此，水面蒸发量随水温的升高而增加。

气温是影响水温的主要因素，故气温升高也间接地促进蒸发。但气温不像水温影响水面蒸发那样直接，故蒸发与水温的关系比与气温的关系更密切。如图 3-5 所示，虽然 9 月份的平均气温高于 4 月份，但 4 月份和 9 月份的水面蒸发量却大体相同。此外，气温还决定着空气的饱和水汽压和水汽传播速率，进而从另一个途径影响蒸发。

温度与其他环境因素相结合时对蒸发的影响更为显著。

3）湿度

空气湿度越大，水面蒸发量越小。例如，在中国新疆的南疆平原地区，水面蒸发量明显随着相对湿度的增大而减小（图 3-6）。空气湿度常用饱和水汽压差表示，饱和水汽压差越大，空气湿度越小，反之，空气湿度越大。在相同的气温下，空气湿度小时（即饱和水汽压差大时）的水面蒸发量要比空气湿度大时（即饱和水汽压差小时）的水面蒸发量大（图 3-7）。此外，空气的湿度与气温有关，气温降低，相对湿度增大，蒸发减弱，故天气冷时，蒸发量小。

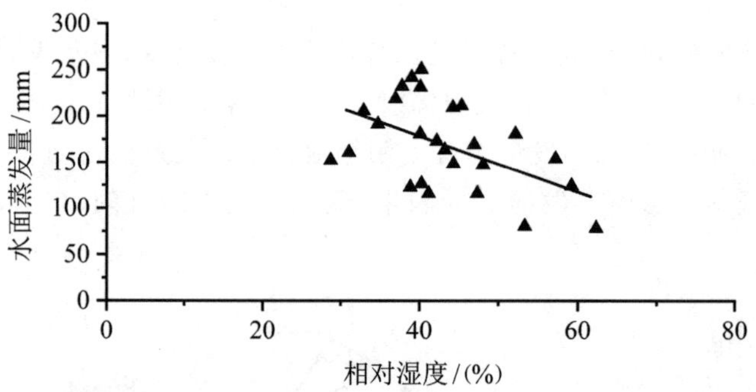

图 3-6 中国新疆南疆平原地区水面蒸发量与相对湿度的关系(据胡安焱和郭西万,2006)

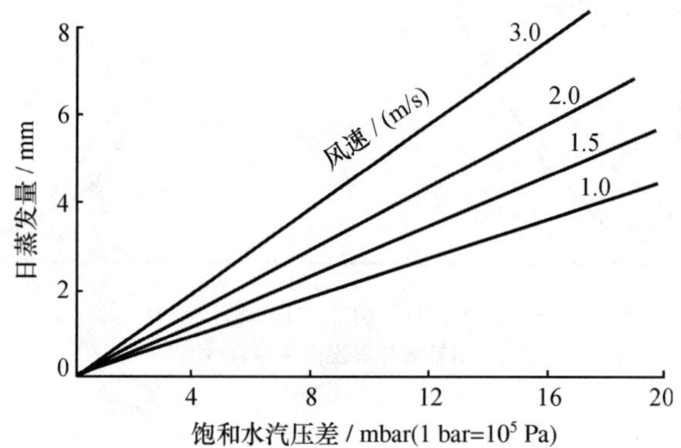

图 3-7 日蒸发量与饱和水汽压差及风速的关系(据天津师范大学地理系等,1986)

4) 风

风能移走水面上空的水汽,有利于增加水面水分子的逸出量。因此,蒸发受风速影响。一般来说,风速越大,水面蒸发量就越大(图 3-7)。

风对蒸发的影响有一定的限度,超过此限度时水分子随时被风完全吹走,风速再加大也不会影响蒸发。相反地,冷空气会使蒸发减弱而导致凝结。例如,在中国新疆的南疆平原地区,水面蒸发量随风速的增大而增大;但当风速超过 3 m/s 后,随着风速的进一步增大,水面蒸发量不仅不再增大,反而趋于减小(图 3-8)。

5) 气压

空气密度增大,气压就增高。气压增高将压制水分子自水面逸出,故蒸发随气压的增高而减弱;但气压升高时,空气湿度就会降低,这又会有利于水面蒸发。因此,气压变化对蒸发的增强和减弱效应会抵消一部分。

6) 降水

降水会干扰水分子的逸出和破坏水面结构,因此降水总量、强度、分布都会

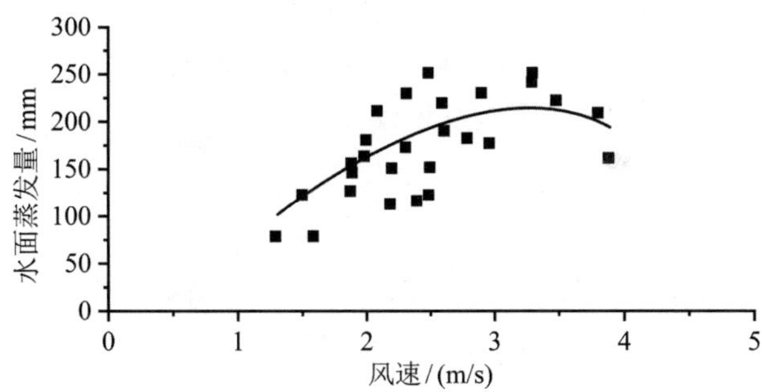

图 3-8　中国新疆南疆平原地区水面蒸发量与风速的关系(据胡安焱和郭西万,2006)

影响蒸发。

2. 水的状况

此处水的状况指的是水本身的成分状况和存在形式,更确切地说,指的是水质、水深、水面的大小和形状。

1) 水质

含有盐类的水溶液常在水面形成一层薄膜,起着抑制蒸发的作用。因此,水中溶解质的存在会使蒸发减弱,如含盐度增加 1%,蒸发量会减少 1%,故平均含盐度为 3.5‰的海水蒸发量比淡水要少 2%—3%。

高矿化度的工业废水,多为浓度大的无机盐溶液,蒸发一般不及淡水。如矿化度>10 g/L,透明度<1 m,污水浓度达 1.10—1.12 g/cm^3 时,蒸发量不高于淡水蒸发量的 25%。

浑浊度(含沙量)影响反射率,故影响水对热量的吸收和水温,间接影响蒸发。在相同的热量条件下,浑水的温度较高,蒸发相对为强。

2) 水深

对浅水而言,因水深小,水体的上、下部分交换相对容易,混合充分,故上、下部分的水温几乎相同;整个水体的温度变化显著,与气温关系密切,对蒸发的影响比较显著。夏季气温高,水温也高,故蒸发量大;冬季则相反。

深水因其表面受冷热影响,会产生对流,使整个水体的温度变化缓慢,在较长一段时间内落后于气温变化。此外,深水水体中蕴藏热能较多,对水温起一定的调节作用,故蒸发量随时间的变化比较慢。

总的来看,春、夏两季浅水比深水蒸发量大;秋、冬两季浅水比深水蒸发量小。

3) 水面的大小和形状

若水面面积大,其上空大量的水汽不易很快被风吹散,故水汽含量高,不利于蒸发。反之,则有利于蒸发。

水面形状是通过风向影响蒸发的。如图 3-9 所示，若风向为 C—D 方向，即风向与水面的延伸方向大体垂直，则蒸发率较高；若风向为 A—B 方向，即风向与水面的延伸方向大体平行，则蒸发率较低。

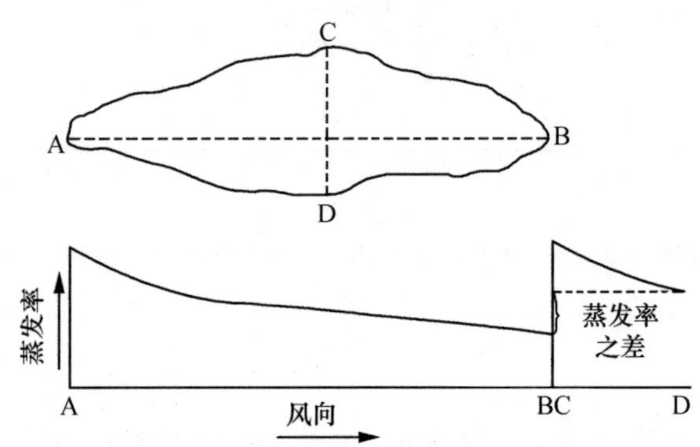

图 3-9 蒸发率与水面形状的关系（据徐世大等，1983）

二、影响土壤蒸发的因素

与水面蒸发比较，土壤蒸发要复杂一些，因为涉及的因素又多了一大类，即土壤的状况，所以实际影响土壤蒸发的因素有三大类，即气象因素、水的状况及土壤的状况。

影响土壤蒸发的气象因素包括太阳辐射、温度、湿度、风、气压等。它们对土壤蒸发的影响与对水面蒸发的影响十分相似，故不再赘述。在此，仅论及水的状况和土壤的状况对土壤蒸发的影响。

1. 水的状况

1）土壤含水量

土壤中的水分是土壤蒸发的直接补给来源，因此土壤含水量对土壤蒸发的影响十分明显。

若土壤含水量较大、大于田间持水量，土壤蒸发与水面蒸发相似；在这种情况下，气象因素尤为饱和水汽压差对土壤蒸发的影响是主要的。又因水的热容量大于土壤的热容量，以致在相同气温下，土壤增温较水体为快，故土壤蒸发量甚至可能要比在相同气候条件下的水面蒸发量略大一些，此时土壤蒸发量与土壤蒸发能力一致。

若土壤含水量减小、小于田间持水量但仍大于毛管断裂含水量，土壤蒸发量则变小，与饱和水汽压差的关系也就不那么明确。

若土壤含水量进一步减小、小于毛管断裂含水量，土壤蒸发量更小，与饱和水汽压差的关系便更不明确。

图 3-10 展示了土壤含水量与土壤蒸发比(土壤蒸发量/土壤蒸发能力)之间的这种关系。该图表明,对这三种土壤中的每一种,含水量与蒸发比的关系线均有一转折点,对应于这一点的土壤含水量称为临界土壤含水量;若土壤含水量大于临界土壤含水量,蒸发比近于 1,即土壤蒸发量近于土壤蒸发能力,且蒸发比与含水量无关;若土壤含水量小于临界土壤含水量,含水量与蒸发比呈正相关关系。

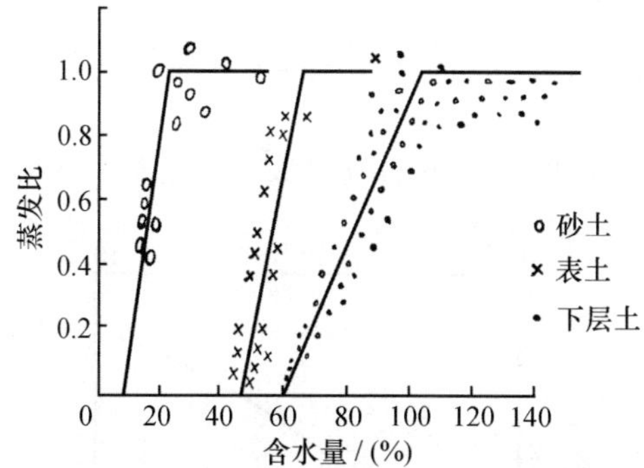

图 3-10　不同土壤的含水量与蒸发比的关系(日本,爱知县吉良)(据胡方荣和侯宇光,1988)

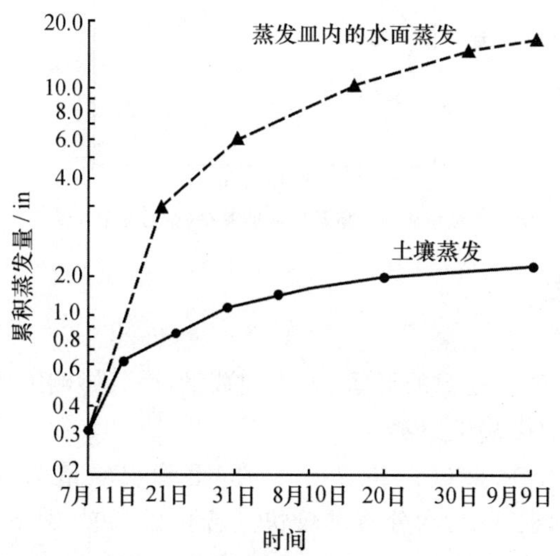

图 3-11　灌溉后的土壤累积蒸发量(据徐世大等, 1983)

图 3-11 展示了某地自由水面(蒸发皿)和土壤在干旱季节灌溉以后(7 月 11 日—9 月 9 日)的累积蒸发量。该图表明,最初几天,土壤累积蒸发量很大,与水面累积蒸发量相差并不很大;但随后土壤累积蒸发量增速变慢;到最后水面累积蒸发量竟然超过土壤累积蒸发量约 15 in(1 in=25.4 mm),这是随着蒸发的进行

土壤含水量渐减而不足的缘故。

2）地下水位

地下水位的高低对地下水位以上土层的土壤含水量的分布有很大影响，故而对土壤蒸发的影响非常显著。

若地下水位较高，即埋深较小，地下水位以上的整个土层均处于毛管水活动区以内，水分的弯月面相互联系，能以液态的形式迅速向土壤表面运行，蒸发量就较大。反之，若地下水位较低，即埋深较大，地下水位以上土层的上部处于毛管水活动区以上，水分不能以液态的形式运动，或参加运动的数量较小，则蒸发量较小。

图 3-12 和图 3-13 说明了地下水位埋深与土壤蒸发的关系。

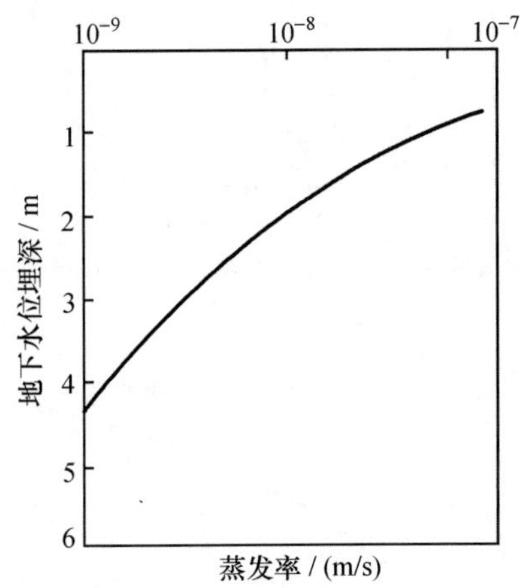

图 3-12 地下水位埋深与土壤蒸发率的关系（据胡方荣和侯宇光，1988）

2. 土壤的状况

1）土壤孔隙性

土壤孔隙性一般指孔隙的形状、大小和数量，因其影响土壤水分的形态和土壤水分的连续性，故影响土壤蒸发。

一般认为，孔径为 0.001—0.1 mm 时，毛管现象最为显著，故在孔径为 0.001—0.1 mm 的土壤中，水分蒸发较快。若孔径＜0.001 mm，水分大部分为结合水，不受毛管力的影响。

土壤的孔隙与土壤质地、土壤结构、土壤层次等均有密切的关系，故研究土壤孔隙性对土壤蒸发的影响，应从土壤质地、土壤结构和土壤层次等方面进行分析。例如，砂粒土和团聚性强的黏土的蒸发较砂土、重壤土和团聚性弱的黏土为弱。又如，黄土型黏壤土的毛管孔隙很发育，故蒸发很强。再如，在层次性土壤中，土层交界处的孔隙状况与均质土壤中的状况明显不同；若土壤质地上轻下

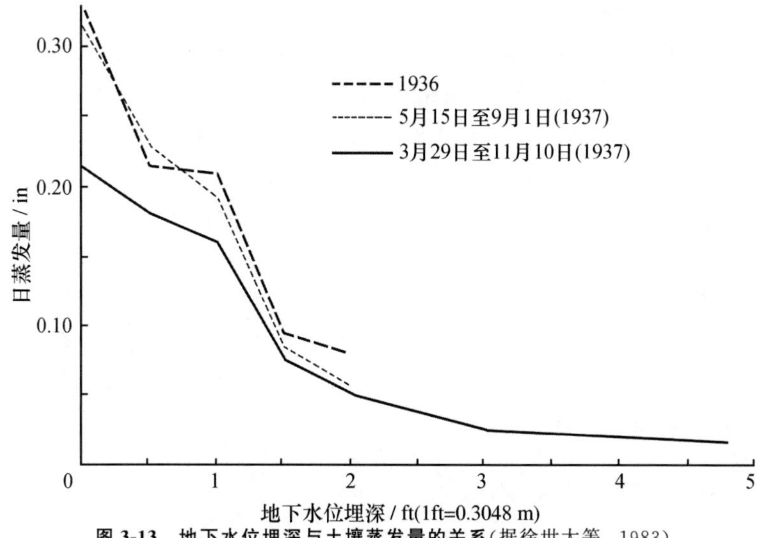

图 3-13 地下水位埋深与土壤蒸发量的关系(据徐世大等，1983)

重,交界附近的孔隙呈“酒杯”状,反之,则呈“倒酒杯”状(图 3-14);毛管力总是使土壤水自大孔隙向小孔隙运移,故“酒杯”状孔隙不利于土壤蒸发,而“倒酒杯”状孔隙有利于土壤蒸发。

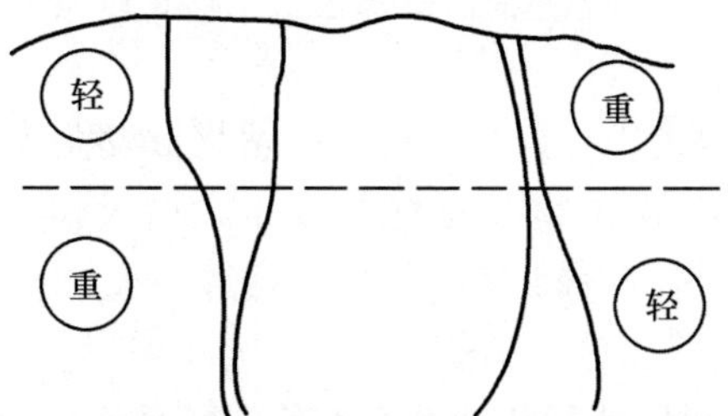

图 3-14 土壤层次与孔隙形态(据胡方荣和侯宇光,1988)

2）土壤颜色

土壤颜色也影响蒸发,深色土壤较浅色土壤多吸收热量,故深色土壤的蒸发较强，而浅色土壤的蒸发则较弱(表 3-2)。

表 3-2 土壤颜色与蒸发(据徐世大等,1983)

土壤颜色	相对蒸发
白	1.00
黄	1.01
褐	1.19
灰	1.25
黑	1.32

3）土壤温度梯度

土壤温度梯度可影响土壤水分运行方向。温度高的地方水汽压大，表面张力小，反之，温度低，水汽压小，表面张力大。气态水总是自水汽压大的地方向水汽压小的地方运行，液态水总是自表面张力小的地方向表面张力大的地方运行。因此，土壤水分一般自温度高的地方向温度低的地方运行。然而，参与运行的水分的多少与初始土壤含水量有关。若土壤含水量太大或太小，参与运行的水分都会较少；只有土壤含水量中等，参与运行的水分才较多，这一土壤含水量大体上相当于毛管断裂含水量。土层中含水量较大的区域的形成也与温度梯度有关，这是因为温度梯度的存在，在蒸发层下面发生水汽浓集。若土壤中存在冻土层，土壤水分也是向冻土层运行，在冻土层底部形成高含水量带，而在冻土层以下土壤含水量则相对较低。

三、影响植物散发的因素

相对于水面蒸发和土壤蒸发，植物散发要更复杂一些，因为影响植物散发的因素除了气象因素、水的状况和土壤的状况之外，又多了一大类，即植物本身的状况。在此，仅论及气象因素、水的状况和植物的状况中的主要者。

1. 气象因素

影响植物散发的气象因素包括日照、温度、湿度和风等。

1）日照

日照有利于植物散发。在白昼，日照强，植物散发尤为强烈。土壤蒸发约有75%—90%发生在白天，而植物散发 95%发生在白天，且植物散发强度常以中午为最大。

2）温度

当气温低于 1.5℃时，植物几乎停止生长，散发极小。当气温高于 1.5℃时，散发率随气温的升高而增大。此外，气温还可通过影响土壤的温度来影响植物散发。土温对植物散发的影响十分明显：土温较高时，植物根系自土壤中吸收的水分较多，故散发较强；土温较低时，情况相反，散发较弱。

3）湿度

除了极度湿润或干燥之外，散发有随湿度的增加而减弱的趋势。

4）风

风可促进植物散发，但强风会使植物的气孔关闭而使散发暂停。

2. 水的状况

此处水的状况系指土壤中水的状况，即土壤含水量和地下水位的高低。

1）土壤含水量

植物散发的水分来自土壤。不同的土壤有着不同的最大含水量。因此，不同土壤上植物的散发量也有所不同，但无论怎样，植物的散发量不可能超过其所在土壤的最大含水量。

在土壤得以充分供水和为植被完全覆盖的情况下，散发率与植物类型关系不大。当土壤中的水分较多、土壤含水量大于一定值时，植物根系就可以从周围的土壤中吸取尽可能多的水分以满足散发的需要，此时，植物散发可达到散发能力。当土壤含水量减少时，植物散发也随之减弱。当土壤含水量减至凋萎系数时，植物就会因为不能从土壤中吸取水分来维持正常的生长而逐渐枯死，植物散发也因而趋于停止。

2）地下水位

植物吸收的主要土壤水为毛管水，而地下水位的高低在很大程度上决定了植物根系能否吸取毛管水，进而影响散发。有研究表明，若地下水位距地表 5 in (1 in=25.4 mm)，植物根系便总可以取得毛管水；若地下水位上升，植物根系取得的水分便会过多；若地下水位下降，植物根系则取水不足。

3. 植物的状况

在论及植物本身的状况对散发的影响时，主要考虑的是植物生理条件的影响。此处所谓植物生理条件仅指植物的种类和植物生长阶段在生理上的差别。

不同种类的植物的生理结构不完全相同，故在相同的气象和土壤水分条件下，散发量是不同的。例如，针叶树的散发要比阔叶树弱。又如，有资料表明，若草原的散发为 100%，则针叶林带的散发为 80%—90%，而半沙漠及苔藓地带的散发仅为 70%。同一种植物在不同的生长阶段，特点也不一样，故散发也不一样。例如，度过冬天的老针叶树的散发量仅为幼针叶树的 $\frac{2}{7}$—$\frac{1}{3}$。又如，水稻在不同的生长阶段的散发率有很大的差别(表 3-3)。

表 3-3　江苏珥陵灌溉实验站 1957 年水稻在各生长阶段的平均田间蒸散发(mm/d) (据芮孝芳，2004)

水稻种类	稻苗复青期	分蘖期	拔节-抽穗期	成熟期
早稻	5.1	6.2	7.7	6.2
中稻	4.2	5.4	5.8	4.6
晚稻	3.8	5.2	5.9	4.0

四、流域总蒸发的分布

前已述及，流域总蒸发是流域内各种形式的蒸发(水面蒸发、土壤蒸发和植物散发)的总和,因此流域总蒸发的时空分布是这些蒸发的影响因素综合作用造成的。

从较大尺度上看,流域总蒸发受流域总蒸发能力和供水条件的影响非常明显。而流域总蒸发能力事实上主要是由气象因素决定的,供水条件则主要取决于降水状况。因此,气象因素是流域总蒸发的最重要的影响因素。

根据中等面积流域(500—3 000 km^2)的资料分析,中国的流域总蒸发呈现自东南向西北递减的趋势。在西藏东南隅至云南高黎贡山以西和滇南、两广沿海以及台湾东、西海岸一带,年总蒸发量为 800—1 000 mm,为高值区;在中国大部分地区,年总蒸发量为 400—800 mm;在西北的塔里木盆地和柴达木盆地一带,年总蒸发量为最低,不及 25 mm。这一趋势与中国年降水量自东南向西北递减的趋势是大体一致的。有研究机构曾应用水量平衡原理进行计算,绘制了中国年总蒸发量等值线图。该图表明,在中国北方,年平均总蒸发量一般仅为 50—500 mm;而在南方地区,年平均总蒸发量却高达 400—900 mm,在部分地区如台湾,年平均总蒸发量竟达 1 000 mm。这是因为,在北方,降水少、温度低;在南方,情况则正好相反,降水多、温度高。

地形坡度也可影响流域总蒸发。在不同的地区,虽然年降水量相同或接近,年总蒸发量却可能不同。在山区,雨水降落后不易停留,迅速形成径流,故蒸发机会较少;而在平原地区,情况则正好相反。例如,在中国的豫西山区和淮北平原,年降水量同为 750 mm,在豫西山区,年总蒸发量仅为 550 mm 左右,而在淮北平原,年总蒸发量却可达 700 mm 左右。在地形变化较大的流域内,高程对总蒸发的影响也是不可忽视的。随着高程的增加,在一方面,气温下降,空气饱和水汽压差减小,使流域总蒸发能力降低;但在另一方面,风速一般又会增大,故有利于蒸发。许多观测数据显示,随着高程的增加,流域总蒸发能力常常是降低的。这说明,气温是造成流域总蒸发随高程变化的主要原因。

此外,在不同的地区,虽然降水量和地形相同或相似,但由于地质因素和土壤因素的影响,流域的年平均总蒸发量仍然可能不同。例如,在中国,陕北无定河上游地区多为沙土覆盖,在这一地区,水分不易保存在表层土壤中,故流域的年平均总蒸发量比较小;而在陕北黄土覆盖的地区,年平均总蒸发量就相对较大。

第四章 下 渗

水自地表渗入土壤和地下的运动过程称为下渗或入渗(infiltration)。下渗是水循环的另一环节。

下渗是径流形成的重要因素之一,它不仅直接决定地表径流量的大小,还影响土壤水分和地下水的增减以及壤中流和地下径流的形成。

河川径流一部分由地表径流供给,另一部分则由地下径流供给。若河川径流主要来源于地表径流,其流量变化较大;若河川径流主要来源于地下径流,则其流量变化很小。在下渗较强烈的流域,大部分水流入地下,因此河川径流大部分来源于地下水;在这种情况下,河川的枯水期流量相对较大,而洪水期流量相对较小,换言之,河川径流的洪、枯水期的流量相差相对较小,这对防洪和水资源开发利用均较有利。

土壤水分主要靠雨水下渗补充。在下渗强烈的地区,土壤含水量较大,植物因可获得充足的水分而繁茂。

第一节 下渗的物理过程

从时间角度看,水分的下渗过程可划分为三个阶段;而从空间角度看,遭受下渗的土体或土层可划分为四个水分带。

一、下渗过程的阶段

水分在下渗的过程中受到分子力、毛管力和重力的影响,其运动过程即为在各种力的综合作用下寻求平衡的过程。分子力和毛管力随着下渗的进行和土壤水分的增加而减弱,当毛管孔隙充水达到饱和时,水分主要在重力的作用下运动。

依据水分在下渗中所受的作用力和运动特征的差异,可将这一过程划分为三个阶段。

1. 渗润阶段

下渗水分主要在分子力的作用下,被土壤颗粒吸附首先成为吸湿水而后成为薄膜水。在土壤干燥的情况下,这一阶段非常明显。随着下渗的进行,土壤水分逐渐增多，当土壤含水量大于最大分子持水量时，这一阶段便结束。

2. 渗漏阶段

下渗水分主要在毛管力和重力的作用下，在土壤孔隙中做不稳定流动并逐渐充填土壤孔隙。当全部孔隙为水充满而饱和时，这一阶段即结束。

通常也将以上两个阶段统称为渗漏阶段。

3. 渗透阶段

在土壤孔隙被水充满而饱和的情况下，水分在重力的作用下做稳定运动。

渗漏是非饱和水流运动，而渗透则属饱和水流运动。在实际下渗过程中，两个阶段并无十分明显的界限，有时是相互交错的。

二、下渗水分的垂向分布

1943年，包德曼(G. B. Bodman)和考尔曼(E. A. Colman)在保持土体表面积水5 mm的条件下，观察了下渗水分在均质土壤中沿垂向的运动及含水量的分布。这一实验表明，在垂直方向上，土壤含水量有着明显的差异，它们反映了下渗水分垂向运动特征。因此，包德曼和考尔曼将遭受下渗的土体沿垂直方向划分为四个水分带(图4-1)。

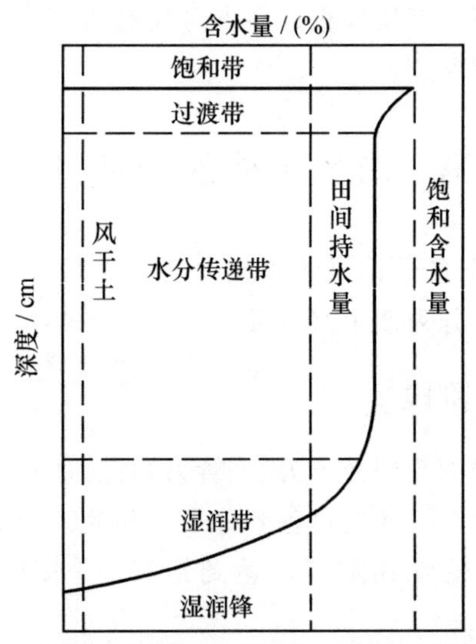

图4-1 下渗过程中水分分布带(据胡方荣和侯宇光，1988)

1. 饱和带

这一水分带位于土壤的表层。当下渗水分浸润至土层10 cm深处时，两种实验土壤(沙壤土和粉沙壤土)表面1 cm内的含水量都接近于饱和含水量，即形成饱和带。无论浸润深度怎样增大，该带厚度均不超过1.5 cm。

2. 过渡带

这一水分带在饱和带之下。在该带内，含水量随深度急剧减少，厚度一般约为 5 cm。

3. 水分传递带

这一水分带在过渡带之下。在该带内，含水量基本保持在饱和含水量与田间持水量之间，大致为饱和含水量的 60%—80%，沿垂向均匀分布；毛管势梯度极小，水分运行主要靠重力。

4. 湿润带

这一水分带在水分传递带之下。在该带内，含水量随深度急剧减少；末端为湿润锋面，锋面两侧含水量突变，此锋面为上部湿土与下层干土之间的界面。

三、土壤水分的再分布

在降雨或供水停止之后，土体表面的水分下渗也趋停止。但在土体内部，水分沿垂向的下渗却并未结束。水分的这种继续运行造成的土壤含水量沿垂向的变化，称为水分的再分布。一般来说，当土体无外来水分补给或无水分损耗（蒸发等）时，水分的再分布只是水分在土体内部的运行和再分配，不同深度上的含水量有所变化，但土体中水的总量并无变化。土壤水分的再分布的快慢与土壤特性有关。如图 4-2 所示，在颗粒较粗的土壤中，水分的再分布要快些；而在颗

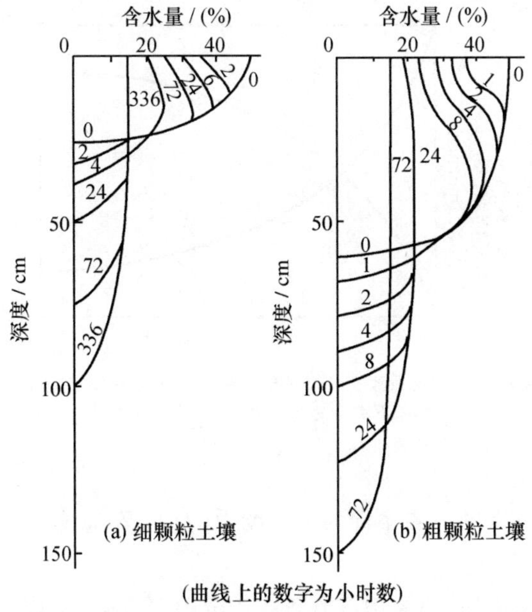

图 4-2　土壤水分的再分布示意图（据胡方荣和侯宇光，1988）

粒较细的土壤中,水分的再分布则慢些。此外,在下渗量较大的土壤中,水分的再分布要快些;而在下渗量较小的土壤中,水分的再分布则慢些。土壤水分的再分布,对以后降雨或供水造成的下渗以及降雨或供水停止之后的蒸发,均有明显的影响。

四、下渗要素

用于表述下渗过程的特征的水文学变量称为下渗要素。

1. 下渗率

单位面积上、单位时间内渗入土壤中的水量称为下渗率(f),又称下渗强度,以 mm/min、mm/h 计。

图 4-3 展示的为累积下渗曲线和下渗率曲线,其中累积下渗曲线表示下渗量随时间的增长过程。累积下渗曲线上任一点的坡度,即为该时刻的下渗率:

$$\frac{\mathrm{d}F}{\mathrm{d}t}=f \tag{4-1}$$

在上式中,

F:累积下渗量;

t:时间;

f:下渗率。

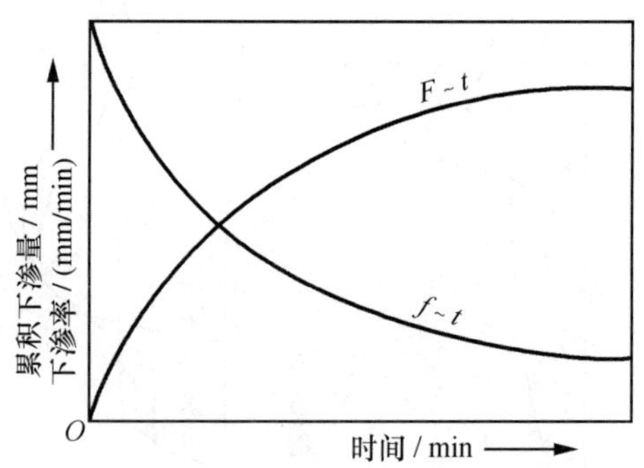

图 4-3 下渗率曲线及累积下渗曲线(据胡方荣和侯宇光,1988)
($F\sim t$ 累积下渗量变化过程;$f\sim t$ 下渗率变化过程)

2. 下渗能力

充分供水条件下的下渗率称为下渗能力(f_p),又称下渗容量。

3. 稳定下渗率

在下渗的最初阶段,下渗率具有较大的数值,但随着下渗水量的增加迅速递减;之后随着水量不断增加及下渗锋面的延伸,下渗率缓慢递减;当下渗锋面推进到一定深度时，下渗率趋于稳定，此时的下渗率称为稳定下渗率(f_c)(图4-4)，又称稳渗、水力传导度或渗透系数(k)。

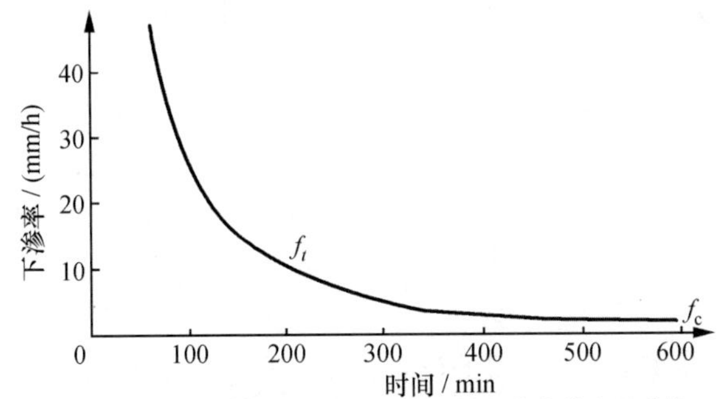

图4-4　下渗曲线(淮河瓦屋刘径流站)(据天津师范大学地理系等，1986)

第二节　下渗的确定

既可以在野外实测下渗过程，也可以利用不同的公式计算下渗量或下渗率。

一、下渗的测定

可在流域内选择若干具有代表性的场地，直接测定下渗过程，进而得到这些单点的下渗能力曲线。这一方法称为直接测定法，一般仅用于很小的土体表面。

直接测定法的结果反映一定条件下的单点下渗，对了解一定土壤和植被条件下的下渗特征、流域内各种条件下的下渗特征及下渗的分区很有帮助。

按供水方式的不同，这一方法又可分为注水法和人工降雨法两种。

1. 注水法

在以这种方法进行测定时，通常采用单管下渗仪或同心环下渗仪(图4-5)。

图4-5　一种使用中的同心环下渗仪(据来剑斌等，2010)

单管下渗仪的管径为 20 cm，长为 45—60 cm。实验时，首先将单管打入土中，但其上缘应露出地表约 3—5 cm；随后向管中注水，使水面保持一固定的高度，一般要淹没管内相当于地表的高度；记录各时刻的注水量，即可计算出各时刻的下渗量和下渗率。

同心环下渗仪是由直径为 20 cm 和 30 cm 的内、外环组成的，环高为 10—15 cm。实验时，首先将两环打入土中；随后向两环中注水，内、外环中的水位需保持相同并维持一固定水头，内环控制实验面积，外环的作用则是防止内环中下渗水流的旁渗；记录各时刻对内环的注水量，即可计算出各时刻的下渗量和下渗率。

注水法的优点是易行、所需的设备简单，可较准确地测得下渗过程。它的缺点是：首先，仅能反映实验场地一定的土壤和植被条件下的单点下渗；其次，由其测得的结果只可反映地表积水条件下的下渗，这与天然降雨条件下的下渗有所不同；再次，实验时发生的旁渗也对结果有所影响。

一般来说，由注水法测得的结果较由人工降雨法测得的结果偏大。

2. 人工降雨法

在以这种方法进行测定时，需要模拟降雨的专门设备和小型实验场地。

人工降雨设备需能模拟不同强度的降雨、使雨滴分布均匀且雨滴能量与天然雨滴相似。实验场地要与周围隔离且要防止其旁渗。在国外，常设置实验面积为$(1.85\times3.69)\,\mathrm{m}^2$或$(0.3\times0.8)\,\mathrm{m}^2$的场地。此外，还可利用一种便携式的人工降雨下渗仪，设置实验面积为直径 14 cm 的圆形场地。

实验时，将人工降雨控制在一定的强度，连续记录出流过程；当流量稳定后，即可停止供水，但对流量的观测记录应保持至出流停止时为止。如实验时发生填洼，则需进行一次填洼分析实验，求出填洼水量。

若场地的实验面积较小（$<1\ \mathrm{m}^2$），一般坡面滞蓄量和填洼水量均不大且可忽略，则下渗量可以下式求出：

$$\sum_0^t f=\sum_0^t p-\sum_0^t r \qquad 4\text{-}2$$

在上式中，

f：单位时间下渗量；

p：单位时间降雨量；

r：单位时间径流量。

二、下渗率或下渗量的计算

可利用经验公式计算下渗率或下渗量。此类公式颇多，但大都具有下渗率随时间递减的函数形式。

1. 霍顿公式

1940 年，霍顿(R. E. Horton)建立了一公式，其形式如下：

$$f_t = f_c + (f_0 - f_c)e^{-\beta t} = a + be^{-\beta t} \quad 4\text{-}3$$

在上式中，

f_t：t 时刻的下渗率(mm/h)；

f_c：稳定下渗率；

f_0：初始下渗率；

β：常数，下渗曲线的递减参数。

f_0 和 f_c 可由实测资料直接求出，即可用小面积人工降雨法求出。

β 则需根据实测资料作图推求。由于 $f_t - f_c = (f_0 - f_c)e^{-\beta t}$，即有 $\ln(f_t - f_c) = \ln(f_0 - f_c) - \beta t$。点绘 $\ln(f_t - f_c) \sim t$ 图，其直线斜率便为 β；但通常是在对数纸上作图，故需以公式 $\beta = 2.303X$ 坡度做换算。

将公式 4-3 积分，便可得：

$$F_t = f_c t + \left(\frac{1}{\beta}\right)(f_0 - f_c)(1 - e^{-\beta t}) \quad 4\text{-}4$$

在上式中，

F_t：t 时间的累积下渗量；

其余各项的含义与在公式 4-3 中相同。

霍顿公式的结构简单，在充分供水条件下，与实测资料吻合较好，至今仍被广泛使用。

中国安徽省瓦屋刘径流站根据历年实测资料，参照霍顿公式得出以下经验公式：

$$f_t = 2.0 + 79.1e^{-0.729t} \quad 4\text{-}5$$

在上式中，各项的含义与在公式 4-3 中相同。

这一公式的主要缺点是未考虑前期土壤含水量。

2. 考斯加柯夫公式

1932 年，考斯加柯夫(A. H. Kocrякoв)建立了一公式，其形式如下：

$$F = at^n \quad 4\text{-}6$$

在上式中，

F：累积下渗量；

t：时间；

a、n：参数。

a 和 n 可根据实测资料配线求出。由于 $F = at^n$，即有 $\lg F = \lg a + n\lg t$。点绘 $\lg F \sim \lg t$ 得一直线，直线的截距就是 $\lg a$，$n = \dfrac{\Delta \lg F}{\Delta \lg t}$。

下渗率 $f=\frac{dF}{dt}=ant^{n-1}$ 可写成：

$$f=ct^{-b} \tag{4-7}$$

在上式中，$c=an$，$b=1-n$，$0<b<1$。

公式 4-7 的缺点是当 $t\to\infty$ 时，$f=0$，而实际上 $f\to$稳定值(f_c)。

3. 霍尔坦公式

1961 年，美国农业部的霍尔坦(H. N. Holtan)建立了一个概念模型，其形式如下：

$$f=f_c+\mathrm{GI}\times A\times S_a^{1.4} \tag{4-8}$$

在上式中，

f：下渗率(in/h)(1 in=25.4 mm)；

f_c：稳定下渗率(in/h)；

GI：作物生长指数(growth index)；

A：待定参数，其数值与土壤孔隙率和植物根系密度有关，根据土地利用或土地覆被情况可取 0.10—1.00；

S_a：表层土壤的缺水量(in)，对于农耕土壤，为地表以下约 6 in 厚的土层的缺水量。

霍尔坦公式的基本思想是，下渗率 f 是土壤缺水量 S_a 的函数。土壤缺水量常被表述为土壤的可能最大含水量 S 与土壤某一时刻的累积下渗量或含水量 F 之差，即 $S_a=S-F$。因此，霍尔坦公式表明，在降雨期间，随着累积下渗量 F 的增大，土壤缺水量 S_a 不断减小，下渗率 f 趋近 f_c。

这一公式的优点是便于考虑前期含水量对下渗的影响。

第三节 影响下渗的因素

影响下渗的因素很多，而且这些因素又常常相互影响、互为因果，使得这些因素与下渗过程的关系更为复杂。

一、降水

降水强度直接影响下渗率和下渗量。当降水强度小于下渗率时，雨水全部渗入土壤，地表无水流，下渗率与降水强度成比例。当降水强度大于下渗率时，则会形成径流。在相同的土壤水分条件下，下渗率随降水强度的增大而增大(图 4-6)；对有草皮覆盖的地表，这种情况更为明显，此与地表滞水和积水有关。但在另一方面，降水强度增大，雨滴也相应增大，雨滴以较大的能量击溅地表土壤颗粒，土壤颗粒落下时，常充填阻塞土壤孔隙，或将地表打实，故使下渗率减小；

对于裸露无植被、结构松散的土壤，这种雨滴打击的影响最为明显；此外，其对细粒的土壤的影响也较对粗粒土壤明显。

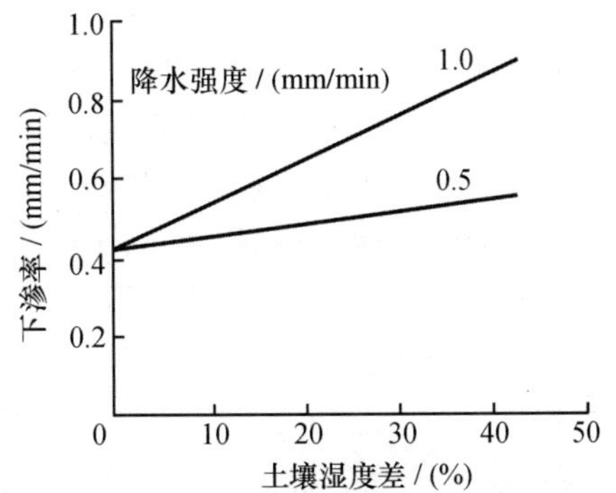

图 4-6　降水强度对下渗率的影响(据黄锡荃等,1993)

降水的时程分布对下渗也有一定的影响。如在相同的条件下，连续性降水的下渗率要小于间歇性降水的下渗率。这是因为在降水间歇期间，土壤水分仍在继续运动、分布，一部分渗入下层，一部分耗于蒸发，故土壤表层的下渗能力得以不同程度的恢复。

二、土壤

土壤的粒径越大，其中含砂百分数(粒径为 0.05—0.25 mm 的颗粒)越大，孔隙便越大，下渗率也便越大；相反，土壤的粒径越小，其中含砂百分数越小，孔隙便越小，下渗率也便越小(图 4-7)。

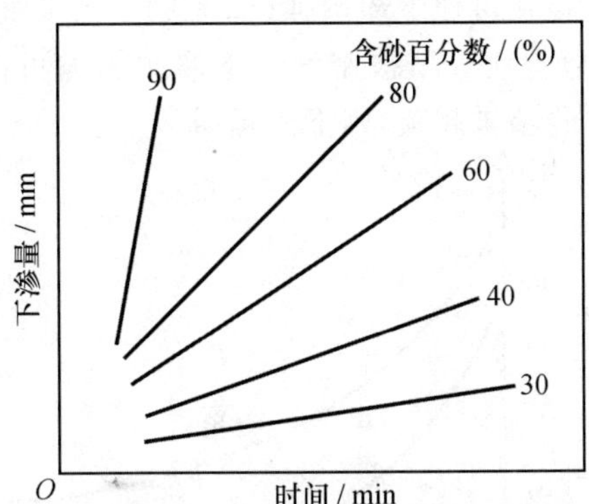

图 4-7　不同含砂比的土壤中的下渗量(据胡方荣和侯宇光,1988)

土壤中的胶质对下渗也有影响。土壤中均或多或少地含有胶质。土壤越细，其中所含的胶质便越多。胶质为极细的颗粒，具有很大的比表面积。胶质遇水膨胀，干燥则收缩。在干燥时，胶质收缩，致使田土龟裂，出现裂隙，故下渗率增大。土壤遇水湿润后，胶质膨胀，阻塞裂隙乃至孔隙，故下渗率减小。在下渗开始时，黏土的下渗率较大，但至最后，下渗率可能会很小，这是黏土中含胶质相对较多、胶质随下渗的进行不断膨胀的缘故。

土壤中的矿物质也会影响下渗。若土壤中的矿物质是可溶性的，遇水后即被溶解，则有利于下渗；反之，若土壤中的矿物质遇水凝结，则不利于下渗。

土壤含水量是影响下渗的另一重要因素。土壤越干燥，即含水量越小，下渗率便越大；反之，较湿润的土壤的下渗率较低(图 4-8)。

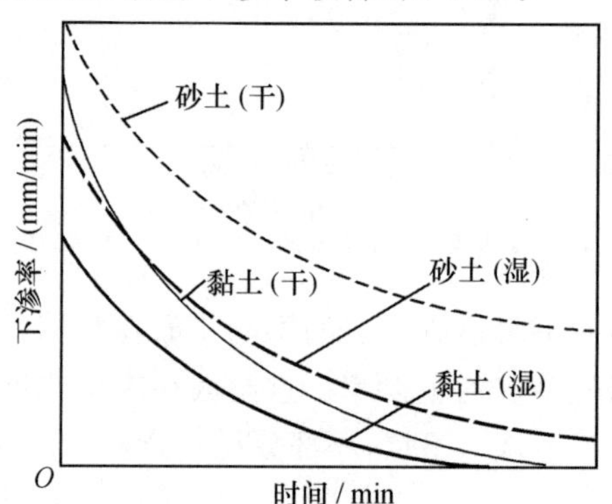

图 4-8 不同含水量的土壤的下渗曲线(据胡方荣和侯宇光，1988)

三、植被

植被可延缓地表径流流速、使水分有更长的时间停留以利于下渗。植被还可减弱雨滴的击溅效果以增强下渗。此外，植物根系也可增加土壤孔隙进而利于下渗。因此，植被的存在可使下渗增强(图 4-9)。有实验表明，水分在森林土壤中的下渗率大于草地土壤。植被密度对下渗的影响可能较植被种类更为显著，植被越密，下渗越强；植被越疏，则下渗越弱。

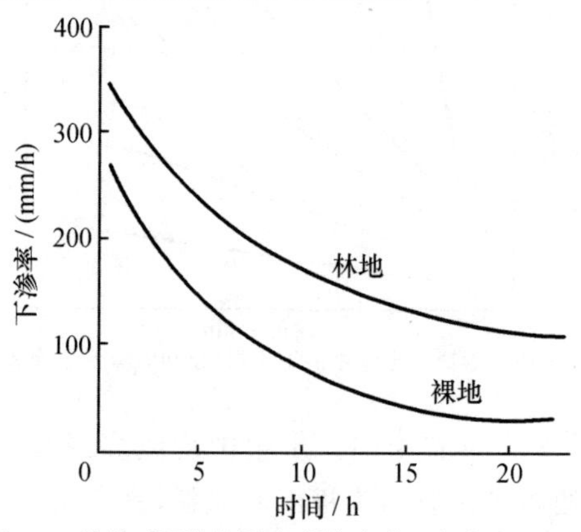

图 4-9 植被对下渗的影响(据胡方荣和侯宇光，1988)

四、地形

坡度对于下渗有着明显的影响。坡度越大，径流运动越快，水分下渗的机会也就越小。反之，在坡度较小、较为平坦的地表，下渗率则相对较大(图 4-10)。

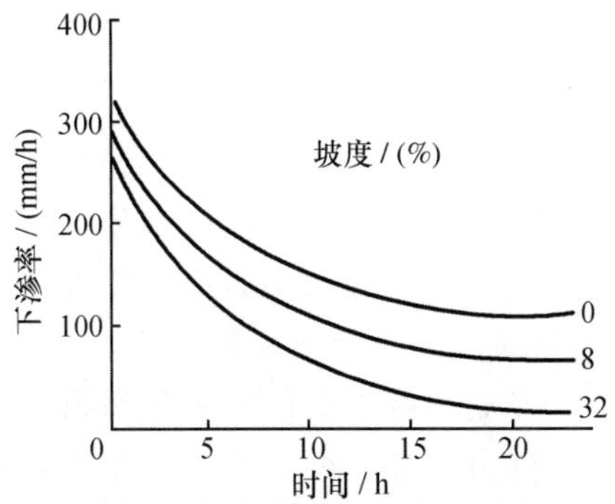

图 4-10　坡度对下渗的影响(据胡方荣和侯宇光，1988)

地表平整度是影响下渗的另一重要的地形因素。若地表凹凸、起伏较大，且积水无出口流出，则下渗较强。这也是在一些地区降雨虽已停止但下渗仍在进行的原因之一。

五、人类活动

人类的生产和生活活动也强烈地影响着下渗。

耕作后的土壤中孔隙会增多，故有利于下渗。有研究表明，耕作深度越大，下渗率越大(图 4-11)。

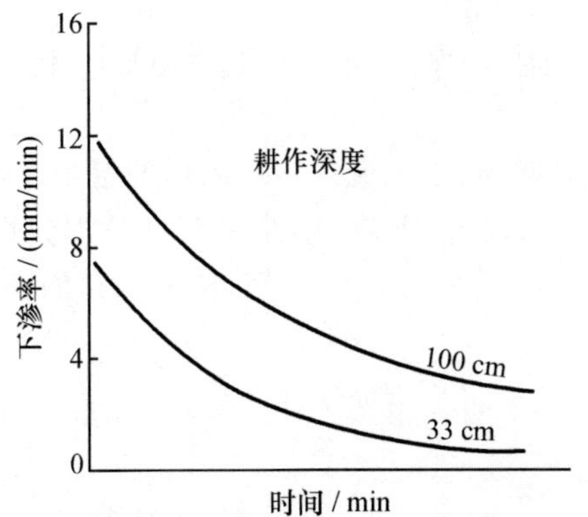

图 4-11　耕作深度对下渗的影响(据胡方荣和侯宇光，1988)

此外，在流域内开展的农、林及水利等建设，如植树造林、开挖鱼鳞坑、开挖水平沟、造梯田、平整土地、排水、灌溉等，也会在一定程度上影响下渗。

第五章 径　　流

自地表、土层或地下含水层汇入河网并向流域的出口汇聚的水流称为径流或河川径流(runoff)。根据水流汇入的途径,可将径流划分为地表径流、壤中径流和地下径流。自地表进入河网中的水流为地表径流;自土层进入的为壤中径流或壤中流;自地下含水层进入的为地下径流。根据水分来源,又可将径流分别称为降雨径流和冰雪融水径流。由雨水作为水分来源的径流为降雨径流;由冰雪融水作为水分来源的径流为冰雪融水径流。本章主要论及降雨径流。

径流是水循环的一个基本环节。径流是引起河流、湖泊及沼泽等陆地表面水体发生变化的直接原因。在防洪和水资源开发利用(如发电、灌溉、航运及城市供水等)中,人们都需要了解径流的情况。特别地,一个地区的河川径流量常被视为该地区的水资源量,尤其是地表水资源量,可为水资源的开发、利用和保护等提供基本依据或参考。地表径流在沿坡地运动的过程中,常对土壤等坡地组成物质进行侵蚀,并将之携带至槽道中;这些侵蚀产物又随着汇集在槽道中的水流通过出口断面并进一步运动。这样一来,地表径流的数量及时空分布等就在很大程度上决定了侵蚀和搬运等过程的强度和分布。因此,径流是人们十分关心的水文现象之一。

第一节 径流的形成过程

由降水到达地表时起,到水流流经出口断面的整个过程,称为径流的形成过程。详言之,降雨经植物截流、下渗、填洼及蒸发等损失后,在流域内形成地表径流、壤中流和地下径流,再经过河槽汇聚,流经出口断面的过程即为径流的形成过程(图 5-1)。

径流形成的过程,大致可分为如下几个阶段。

一、流域蓄渗阶段

降雨初期,除了小部分雨水落在河槽水面上,称为槽上降水之外,大部分雨水均落在流域表面。这部分雨水在满足植物截留、下渗和填洼之后才能产生径流。因此,植物截留、下渗和填洼造成降雨的水量损失。在降雨开始之后、径流

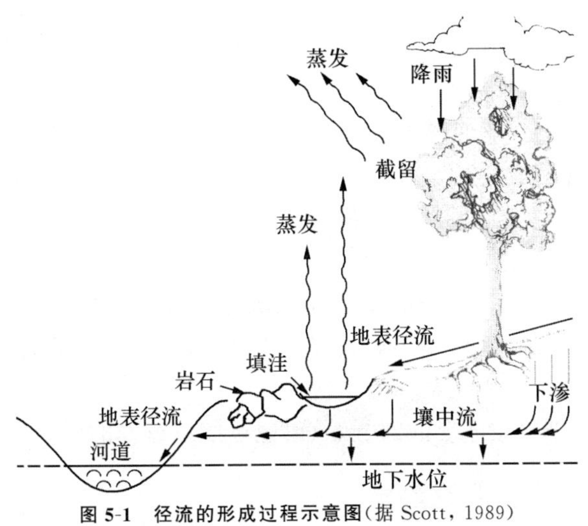

图 5-1　径流的形成过程示意图(据 Scott，1989)

产生之前，降雨的水量损失过程称为蓄渗阶段。

1. 植物截留

降雨被植物茎叶拦截的现象称为植物截留。被截留的雨水包括滞留在茎叶表面上的水分和降雨期间茎叶上蒸发的水分。

降雨开始后，一部分雨水可通过植物株间空隙或同株植物叶片之间的空隙落至地表。由此可见，这部分雨水并未被植物截获，常称为穿透降雨(throughfall)。另一部分降雨虽被植物暂时截获，但很快即沿着植物的干、茎向下流动，到达地表，这部分降雨称为干茎流(stemflow)。显然，这一部分雨水也不可算在截留量内。整个降雨期间，植物截留都在进行。降雨停止后，被截留的水分消耗于蒸发，回归大气之中。

植物截留量与降雨量和降雨历时等降雨的特征有关，一般情况下，若降雨量相同，降雨历时越长，植物截留量就越大。此外，截留量还与植物茎叶的郁闭程度和表面积等植被的特征有关，植物茎叶的郁闭程度和表面积越大，植物截留量也越大。植被的这些特征又与植物类型和年龄有关。不同种类的植物，截留量显著不同；年龄不同的同种植物的茎叶郁闭程度和表面积等有所不同，故其截留量也有差异。在茎叶充分湿润后，叶面开始滴水，枝茎上出现水流，此时，植物的截留量达到最大值。后续的雨水便可全部透过茎叶落至地表。

植物在一次降雨中的截流量对于暴雨洪水来说影响不大。但在一年之中，若小雨的次数多，每次均有一定的截留，全年累积的截流量就相当大。

2. 下渗

雨水降落至地表,在分子力、毛管力和重力的作用下,渗入土壤并继续向下运动的过程称为下渗。

如果降雨强度小于下渗率,则经植物截留后剩余的全部雨水均渗入地下。下渗的水流,首先满足土壤最大持水量,使土壤水分达到饱和;多余的水分,在重力作用下沿着土壤孔隙向下运动,最后达到地下水面,补给地下水。

3. 填洼

流域表面常有许多大小不一的闭合洼地。如果下渗使土壤水分达到饱和或降雨强度大于下渗率,雨水便不再全部渗入地下,未渗入地下的雨水会在地表蓄积,充填这些洼地。这一现象称为填洼。

渗入地下和滞留在地表的部分水分,也可能以蒸发的形式回到大气。

二、坡地产流和汇流阶段

降雨满足了流域蓄渗或其强度大于下渗率之后,地表径流、壤中流和地下径流便开始出现,这一现象称为产流。

在土壤水分达到饱和且地表洼地为水充填之后,或当降雨强度大于下渗率时,到达地表的雨水便沿着坡面流动,这一现象称为坡面漫流,而运动着的水流即为地表径流(图 5-2)。

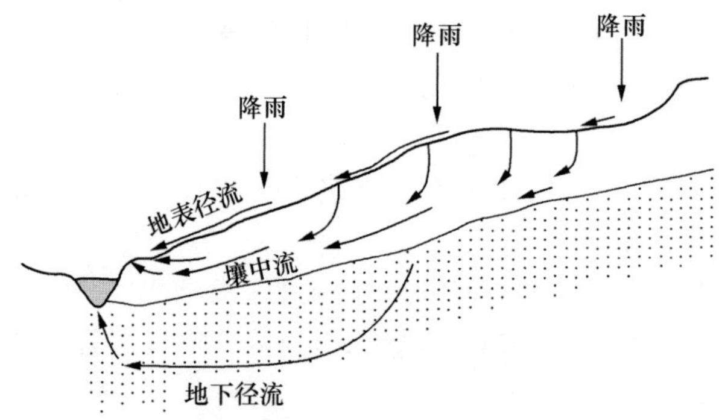

图 5-2 坡地产流和汇流示意图(据 Davie, 2002)

在流域内各处,坡面漫流开始的时间并不一样。在渗水性较低的地段、降雨前土壤较湿润的地段或坡度较大的地段,蓄渗量较易得到满足,故坡面漫流最先开始。随着蓄渗量得到满足的地段的面积的增大,坡面漫流的范围也逐渐扩大直至扩展至整个流域。在坡面漫流中,无数股细小的水流彼此时合时分,一般没有明显固定的槽形;只有当坡度较大及降雨强度较大时,水流才可能在坡面上冲出很小的侵蚀沟;在大暴雨的情况下,水流也可能发展成片流。一般来说,地表径流是侵蚀和溶蚀地表、塑造地貌形态的重要地质营力；其对陆地表面的这种改造，是一种常见的地表过程。

在水分已达饱和的土壤中，一部分水分侧向流动，便形成了壤中流(图 5-2)。入渗至地下水面的水分在地下含水层中侧向运动，便形成了地下径流(图 5-2)。壤中流的运动较地表径流要慢，但要明显快于地下径流。

在自然界，存在着两种不同机制的产流，即蓄满产流和超渗产流。

1. 蓄满产流

蓄满产流又称饱和产流或超蓄产流。

降雨在补足了饱气带中的水分缺亏之后，所余的水量全部形成地表径流和地下径流，此即蓄满产流。

在湿润地区，地下水位较高，饱气带较薄；在饱气带的上部，由于蒸发而使水分不饱和；但在其下部，常因含结合水和毛管水使水分达到田间持水量而饱和。因此，整个饱气带缺亏的水分并不大，降雨很容易使饱气带的水分达到饱和。降雨发生后，雨水渗入土壤，饱气带中的水分很快达到饱和；饱气带饱和之后，下渗趋于稳定；稳定下渗的水分 P_c 抵达地下潜水位，在地下含水层中形成地下径流 R_g；因饱气带饱和而未渗入土壤的水分则形成地表径流 R_s(图 5-3)。

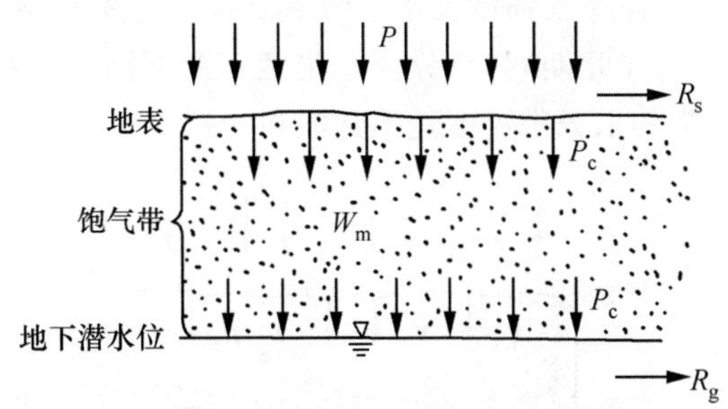

图 5-3　蓄满产流示意图(据邓绶林等，1979)

若降雨量为 P，饱气带的最大蓄水量为 W_m，降雨前饱气带的含水量为 W_0，则雨水因下渗而损失的水量为 W_m-W_0，而产流的条件为 $P>(W_m-W_0)$。对一个流域而言，饱气带的最大蓄水量 W_m 是基本不变的，因此 P 和 W_0 是产流的决定因素。换言之，蓄满产流能否发生与降雨量有关，与降雨强度无关。

发生蓄满产流的流域的水量平衡方程可写为：

$$R=P-(W_m-W_0)-E \qquad 5\text{-}1$$

在上式中，

R：一次降雨中形成的径流，包括地表径流、壤中流和浅层地下径流(mm)；

E：降雨期间的蒸发量(mm)；

P、W_m 和 W_0 的含义与前述相同。

休利特(J. D. Hewlett)和希伯特(A. R. Hibbert)曾在美国东部对径流进行了广泛和深入的研究,在此基础之上,阐述了蓄满产流机制下地表径流的生成过程。他们认为,在一次降雨事件中,降下的雨水可全部渗入土壤中,由于下渗水分与壤中流的混合,地下水位不断上升,在流域内的一些部分可达邻近地表。这样一来,在流域内这些土壤为水所饱和的部分,就会出现地表径流。这样形成的地表径流常被称为饱和地表径流(saturated overland flow)。休利特和希伯特还认为,在流域内紧邻槽道的部分及坡地基部,地下水位距地表最近,故可能最快上升至地表,而造成出口断面之外的槽道内最大流量的水分便主要来自流域内的这些饱水地段。然而,在不同的降雨事件及相应的产流过程中,饱水地段可能不尽相同。这就是所谓变化源地概念(variable source areas concept)。

2. 超渗产流

超渗产流又称非饱和产流。

当降雨强度超过下渗率时,未渗入土壤的水分便形成地表径流,此即超渗产流。

在一些干旱和半干旱地区,地下水位较低,饱气带较厚。因此,整个饱气带缺亏的水分较大,降雨很难使饱气带的水分达到饱和。降雨发生后,尽管饱气带的水分未达到饱和,但若降雨强度大于下渗率或有暴雨发生,雨水不会全部下渗,即会出现地表径流 R_s;在此期间,部分雨水仍然不断下渗,下渗锋面不断下移;在整个降雨期间,饱气带的水分都可能达不到饱和(图 5-4)。

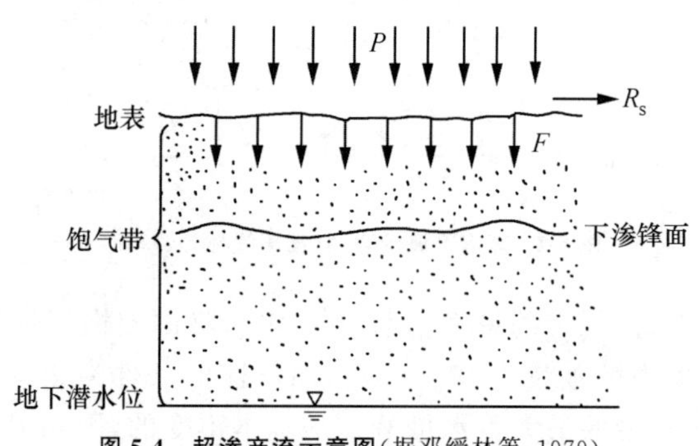

图 5-4 超渗产流示意图(据邓绶林等,1979)

若降雨量为 P,降雨强度为 I,下渗率为 f,下渗量为 F,产流的条件为 $I>f$。换言之,超渗产流能否发生与降雨强度 I 有关,与降雨量 P 无关。

故有:

$$R_s = (I - f)\Delta t \quad 5\text{-}2$$

在上式中,

Δt:降雨时段;

R_s、I 和 f 的含义与前述相同。

长期在美国中西部开展研究工作的霍顿(R. E. Horton)最早提出了近似超渗产流的概念。他认为,当降雨强度超过了土壤下渗率时,便会出现地表径流;如果土壤的下渗率低,地表径流很容易产生。霍顿还认为,在这种情况下,降至地表、但未渗入地下的雨水(即地表径流),是以薄层水膜的形式沿坡面向着槽道汇集的。以这种机制产生的地表径流也常称为下渗盈余地表径流(infiltration excess overland flow)或霍顿地表径流(Hortonian overland flow)。后来,一些研究者在对径流的观测中发现,正常降雨的强度一般低于常见的、有代表性的土壤类型的下渗率,故对霍顿的假说做了修正。贝晨(R. P. Betson)提出,在一个流域内,只是在其有限的部分,正常降雨的强度可能超过土壤的下渗率,故向槽道汇聚的地表径流只是来自流域内的这些部分,这就是所谓部分源地概念(partial source areas concept)。贝晨在观测中还发现,地表径流在向槽道汇聚的过程中,很少以薄层水膜的形式存在,故对霍顿的相关说法提出了质疑。

一般来说,在湿润地区,以蓄满产流为主;在干旱地区,则以超渗产流为主。在美国东部,地表径流的产生机制与蓄满产流非常类似,而在美国中西部,地表径流则以与超渗产流十分相像的机制产出。在中国,淮河流域及其以南大部分地区和东北的东部,即大体上相当于年降水量 700 mm 以上,年径流系数 0.5 以上的湿润地区,是以蓄满产流为主;黄河流域和西北地区,以超渗产流为主;华北和东北的部分地区,情况比较复杂,表现出蓄满产流、超渗产流过渡的特点。

以蓄满产流和超渗产流这两种不同的机制形成的径流的特征和过程明显不同。

中国安徽省的东坑流域处在较为湿润的多林山区,以蓄满产流为主;而陕西省北部的驼耳巷流域处在较为干旱的黄土地区,以超渗产流为主。表 5-1 和图 5-5 表明,在这两个面积相差不大的流域内,降雨形成的洪水径流的特征和过程却有着显著的差别。东坑的洪水总量约为驼耳巷的 5 倍,但东坑的洪峰流量却不到驼耳巷的 1/7(表 5-1)。东坑的流量过程线(详见第六章第三节)很不对称,但峰形平缓;驼耳巷的流量过程线基本对称,但峰形尖瘦(图 5-5)。造成这些差别的主要原因是这两个流域内地表径流和地下径流在径流总量中的比例不同。在以蓄满产流为主的东坑,地下径流在径流总量中占有相当大的比例,而在以超渗产流为主的驼耳巷,径流几乎全部为地表径流所贡献。

地表径流、壤中流及地下径流沿着坡面、在饱气带的土层中及地下含水层中向河槽汇聚称为汇流。这三种不同路径的水流向河槽汇聚的速率和历时一般相差较大。在山区丘陵地区,地表径流汇入邻近河槽仅需数十分钟,壤中流需要数小时,而地下径流则需要数日甚至数月。

表 5-1 蓄满产流和超渗产流的实例(据天津师范大学地理系等,1986)

流域名称及其地点	安徽东坑	陕北驼耳巷
自然地理环境概况	湿润多林山区	干旱黄土地区
产流机制	蓄满产流	超渗产流
降雨量/mm	38.70	24.60
最大 1 h 降雨量/mm	23.30	22.10
洪水总量/mm	38.20	7.90
洪峰流量/(m^3/s)	3.50	26.10
主要洪水历时/h	30	3

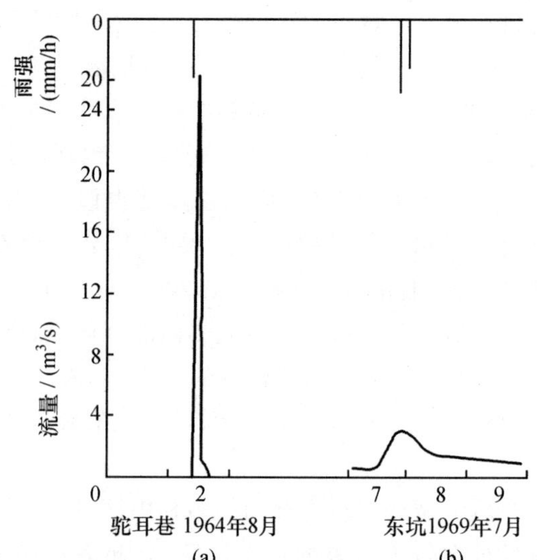

图 5-5 超渗产流(a)和蓄满产流(b)的两个实例(据天津师范大学地理系等,1986)

三、河槽集流阶段

地表径流、壤中流及地下径流汇入附近的河网后,再于河槽中向下游方向流动,最终流出出口断面的过程称为河槽集流阶段(图 5-6)。这一阶段又称河网汇流阶段。

河槽集流阶段是径流形成的最终环节。在这一阶段,随着地表径流和壤中流的汇集,使河槽内水量增加、水位上升、流量增大;由于河槽内水位上升的速度大于河槽两岸中的地下水位的上升速度,致使地表水位高于地下水位,故河槽中的一部分水补给两岸的地下含水层;当降雨停止且地表径流不再汇入时,壤中流

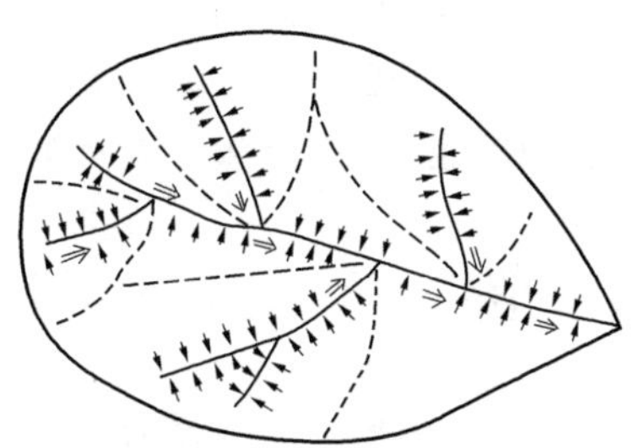

图 5-6 河槽集流示意图(据邓绶林等,1979)

和浅层地下径流却仍在汇入,但水分汇入的速度较前明显为低;当汇入河槽中的水量小于流出出口断面的水量时,河槽中的水位便会降低,致使河槽两岸的地下水位高于槽中水位,此时,两岸的地下含水层中的水分又会补给河槽(图 5-7)。这一现象称为河岸调节。河岸调节使得河水流出出口断面的时间延长、最大流量变小,故出口断面的流量过程线较降雨过程线要平缓得多。

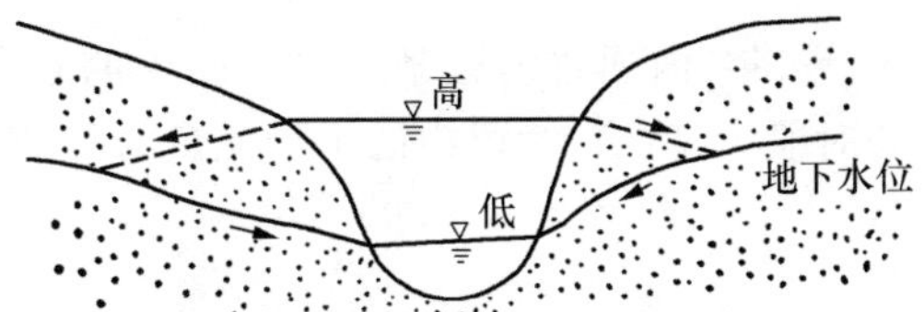

图 5-7 河岸调节示意图(据邓绶林等,1979)

在很多情况下,河槽中的水流都是由地表径流、壤中流和地下径流共同组成的。在不同的自然地理环境状况下,地表径流、壤中流和地下径流在径流总量中所占的比例是不同的。

由于地表径流、壤中流和地下径流的贡献比例不同,汇集在河槽中或通过出口断面的水流的动态特征就有所不同。地表径流向槽道中汇集较快,因此由地表径流贡献的水流通过出口断面时也迅速、集中,在流量过程线上表现为峰值显著。地下径流向槽道汇集相对较慢,故由地下径流贡献的水流通过出口断面时相对缓慢、分散,在流量过程线上无峰值。在自然界,最为常见的情况是,通过出口断面的水流是由地表径流和地下径流共同汇集而成的,所以其兼有地表径流和地下径流的特征,但又与二者不同。例如,在流量过程线上,如此产生的径流有一峰值,这与单由地下径流生成的径流不同,然而,这一峰值又不及由地表径流生成的径流的峰值明显、突出,因此在动态特征上,这种"合成"的径流又有别于单由地表径流生成的径流。这种"合成"性的径流通过出口断面的快慢、所用时间的长短、在流量过程线上显现的峰值的大小,取决于地表径流和地下径流各自的贡献比例。

上述径流形成的各个阶段并非可以截然划分开来。事实上，在一个流域的不同地段，径流的形成常常处在不同的阶段；即使在同一个地段，也并非一个阶段结束之后，下一个阶段再开始，蓄渗、产流和汇流及集流常常交替进行。

第二节 径流的表示方法

在径流的研究和计算中，常用一些特征值表示之。

一、流量

某一时刻或单位时间内通过河道某一过水断面的水量称为流量(Q)，常以 m^3/s 或 L/s 计；可有瞬时流量、日平均流量、月平均流量及年平均流量等。瞬时流量为某一时刻的流量，而日、月及年平均流量则为相应时段内的平均流量。

二、径流总量

一定时段(时、日、月、年)内通过河道某一过水断面的总水量称为径流总量(W)，常以 m^3 计。若时段为 T(s)，时段内的平均流量为 Q，则：

$$W = QT \tag{5-3}$$

三、径流模数

流域内单位面积上的平均流量称为径流模数(M)，常以 $m^3/(s \cdot m^2)$ 或 $L/(s \cdot km^2)$计。若流域的面积为 $F(km^2)$，时段内的平均流量为 $Q(m^3/s)$，则：

$$M = \frac{Q}{F} \times 10^3 \text{［此公式中 } M \text{ 单位为 } L/(s \cdot km^2)\text{］} \tag{5-4}$$

四、径流深

一定时段内径流总量均匀地平铺在流域表面所成的水层厚度称为径流深(R)，常以 mm 计。若时段为 T(s)，流域的面积为 $F(km^2)$，径流总量为 $W(m^3)$，流域内的径流模数为 $M[L/(s \cdot km^2)]$，则：

$$R = \frac{W \times 10^9}{F \times 10^{12}} = \frac{W}{F \times 10^3} \tag{5-5}$$

或

$$R = \frac{M \times T}{10^6} \tag{5-6}$$

五、径流系数

一定时段内的径流深与同一时段内降水量之比称为径流系数(α)。若时段

内的降水量为 P(mm),相应的径流深为 R(mm),则:

$$\alpha = \frac{R}{P} \tag{5-7}$$

径流系数说明了流域内的降水量转化为径流量的比例,综合反映了流域内自然地理环境要素对降水和径流的影响。径流系数一般为 0—1,若其趋于 1,说明降水大部分转化为径流;若其趋于 0,则说明降水的很大部分消耗于蒸发。

前已述及,可将上述各径流特征值相互换算,其关系式见表 5-2。

表 5-2　各径流特征值的换算关系式(据南京大学地理系和中山大学地理系,1978)

	$Q/(m^3/s)$	W/m^3	R/mm	$M/[L/(s \cdot km^2)]$
W	$Q \cdot T$		$R \cdot F \cdot 10^3$	$\frac{M \cdot T \cdot F}{10^3}$
M	$\frac{Q}{F} \cdot 10^3$	$\frac{W}{T \cdot F} \cdot 10^3$	$\frac{R}{T} \cdot 10^6$	
R	$\frac{Q \cdot T}{F \cdot 10^3}$	$\frac{W}{F \cdot 10^3}$		$\frac{M \cdot T}{10^6}$
Q		$\frac{W}{T}$	$\frac{R \cdot F}{T} \cdot 10^3$	$\frac{M \cdot F}{10^3}$

可以在一定的已知条件下,利用这些公式计算径流的特征值。

例如,已知中国永定河官厅水文观测站控制的流域面积 F 为 43 402 km^2,1950—1972 年 23 年间的多年平均降水量 $\bar{P}$ 为 420 mm 和多年平均流量 $\bar{Q}$ 为 66.2 m^3/s,利用表 5-2 中的一些公式和径流系数的表达式,可以计算若干径流特征值。

多年平均径流总量:$\bar{W} = \bar{Q} \cdot T = 66.2\ m^3/s \times 31.54 \times 10^6\ s = 20.88 \times 10^8\ m^3$

多年平均径流深:$\bar{R} = \frac{\bar{W}}{F \times 10^3} = \frac{20.88 \times 10^8\ m^3}{43\,402\ km^2 \times 10^3} = 48.1\ mm$

多年平均径流模数:$\bar{M} = \frac{\bar{Q}}{F} \times 10^3 = \frac{66.2\ m^3/s}{43\,402\ km^2} \times 10^3 = 1.53\ L/(s \cdot km^2)$

多年平均径流系数:$\alpha = \frac{\bar{R}}{\bar{P}} = \frac{48.1}{420} = 0.1145$

第三节　影响径流的因素

从径流的形成过程不难推断,多种自然地理环境要素都可能在一定程度上影响径流。此外,人类的生产和生活活动也对径流有着不可忽视的影响。在这诸多因素之中,一些在径流形成的整个过程中均发挥影响,另一些则仅在径流形成的一个或几个阶段中发挥影响;一些仅影响径流量的大小,另一些则影响径流的变化过程。另外,同一个因素在径流形成的不同阶段所起的作用也可能有所不同。

一、气象因素

1. 降水

降水是影响径流最重要的气象因素之一。

若其他影响因素相同或相似,降水量越大,径流量越大。图 5-8 展示了全球范围内年蒸发量、年降水量及年径流深沿纬度方向的变化情况。该图表明,年径流深随着年降水量的增大而增大,随着年降水量的减小而减小。图 5-9 为利用美国(不包括阿拉斯加和夏威夷群岛)的 21 个汇水流域的资料数据绘制的几个校正后的不同多年平均年气温下多年平均年降水量-多年平均年径流深关系曲线。该图表明,若年气温相同,年降水量越大,年径流深则越大。图 5-10 和图 5-11 分别为利用芬兰的 30 个和津巴布韦的 100 个汇水流域的资料数据绘制的多年平均年降水量-多年平均年径流深关系曲线。它们也表明,年径流深随着年降水量的增大而增大。在单个流域内,降水与径流的关系也是如此(图 5-12)。

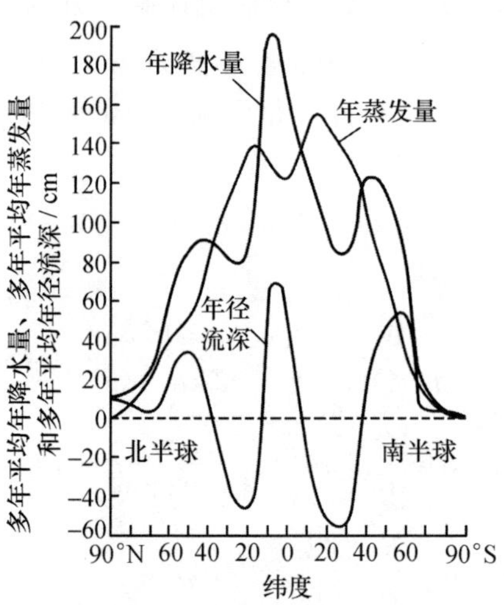

图 5-8 全球范围内多年平均年降水量、多年平均年蒸发量和多年平均年径流深随纬度的变化情况(据 de Blij 和 Muller, 1993)

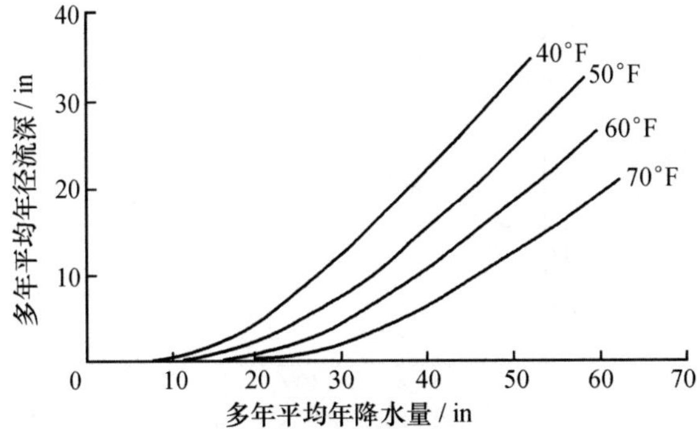

图 5-9　美国大陆不同多年平均年气温下的多年平均年降水量-多年平均年径流深关系曲线(据 Langbein，1949)(1 in＝25.4 mm)

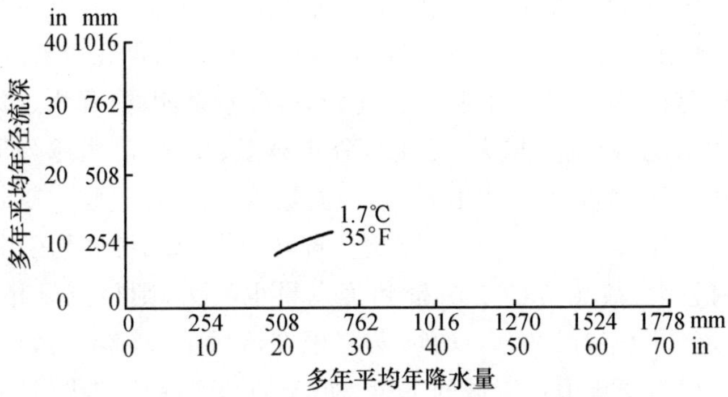

图 5-10　芬兰 1.7℃(35℉)多年平均年气温下的多年平均年降水量-多年平均年径流深关系曲线(据王红亚，1995)

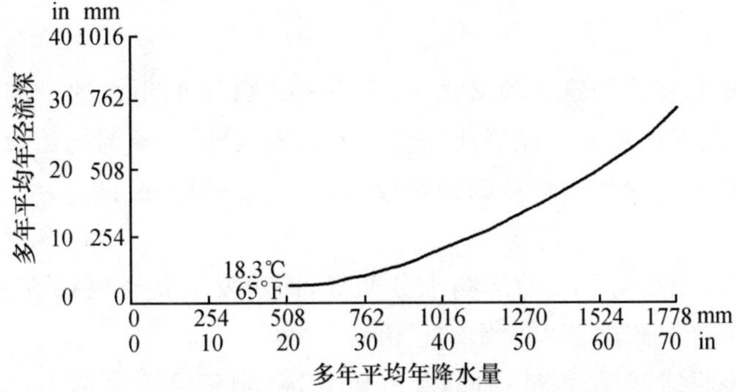

图 5-11　津巴布韦 18.3℃(65℉)多年平均年气温下的多年平均年降水量-多年平均年径流深关系曲线(据王红亚，1995)

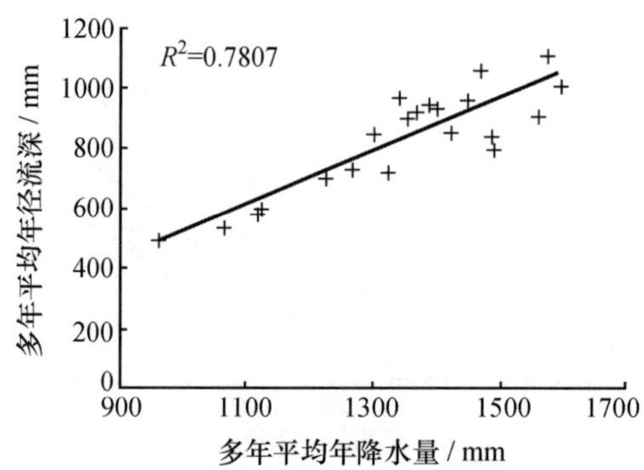

图 5-12 以 1980—2000 年的资料数据绘制的新西兰南岛、Glendhu tussock 流域的多年平均年降水量-多年平均年径流深关系曲线(据 Davie, 2002)

若降水量相同,降水历时越短、降水强度越大,则产流量也就越大;在以超渗产流为主的干旱地区,降水强度对产流的影响尤为显著;但在以蓄满产流为主的湿润地区,降水强度的影响则不明显。此外,若降水量相同,降水越集中,如降水以暴雨的形式出现,径流量越大,径流过程也越短;反之,降水越分散,也即降水历时越长,如降水以淫雨的形式出现,则径流量越小,径流过程也越长。

降水的空间分布对径流也有所影响。若降雨在流域各处均匀分布,水分的汇流面积相对较大,故相应的下渗量和蒸发量也较大,则径流量相对为小。反之,产生的径流量则相对为大。此外,若降雨在流域上分布不均匀,径流过程还会有所不同。如降雨集中在流域的下游,径流的起涨往往较快,且涨洪历时短,洪峰流量大;如降雨集中在流域的上游,则情况正好相反;如暴雨中心顺流向下游移动,常会出现较大的洪水;如暴雨中心逆流向上游移动,出现的洪水一般较小。

2. 蒸发

蒸发是影响径流的重要因素之一(图 5-8)。降下的雨水的一部分主要由蒸发所消耗,而余下的部分才能形成径流。若蒸发强烈,土壤的初始含水量便会很小;降雨过程中,雨水的消耗量则相对较大,产流量则相对为小。

3. 温度

前已述及,温度对蒸发的影响十分明显,而蒸发又是影响径流的重要因素,因此温度主要通过影响蒸发而影响径流。

图 5-9 表明,若年降水量相同,年气温越高,则年径流深越小;反之,年径流深则越大。

然而,在另一些情况下,气温与径流的关系却较为复杂。图 5-13 为利用澳大利亚的 175 个汇水流域的资料数据绘制的几个多年平均年气温下的多年平均年降水量-多年平均年径流深关系曲线。该图表明，当年降水量一定时，年径流深并不一定随着年气温的升高而减小；当年降水量为 432—945 mm 时，26.7℃年气温下的年径流深反而大于 21.1℃年气温下的年径流深，而 15.6℃年气温下的年径流深有时竟小于 21.1℃甚至 26.7℃年气温下的年径流深；当然，10℃年气温下的年径流深仍大于 26.7℃、21.1℃和 15.6℃年气温下的年径流深，而 4.4℃年气温下的年径流深仍大于 10℃年气温下的年径流深。澳大利亚的年径流深随年气温的这种复杂的变化极有可能与年降水的季节性分布有关。在年降水量相同的情况下，即使年气温较高，集中出现在一定季节中的降水比相对均匀分布在全年中的降水可能造成更大的径流。在 26.7℃年气温下，“极明显夏聚型降水”（11—4 月降水量：5—10 月降水量＞3：1）盛行；而在 21.1℃和 15.6℃年气温下，“明显夏聚型降水”（11—4 月降水量：5—10 月降水量＞1.3：1）和“均匀型降水”（11—4 月降水量：5—10 月降水量＜1.3：1）则更占优势。换言之，与 21.1℃和 15.6℃年气温下的情形相比，26.7℃年气温下的年降水更趋集中于夏季。这种集中出现的降水对径流的“增加效应”抵消了较高的气温对径流的“减少效应”，因此 26.7℃年气温下的年径流深有时大于 21.1℃年气温甚至 15.6℃年气温下的年径流深。同样的原因使得 21.1℃年气温下的年径流深有时大于 15.6℃年气温下的年径流深。然而，季节性降水对径流的这种“增加效应”却不及更低的气温对径流的“增加效应”。所以，10℃和 4.4℃年气温下的年径流深仍毫无例外地大于 26.7℃、21.1℃和 15.6℃年气温下的年径流深。

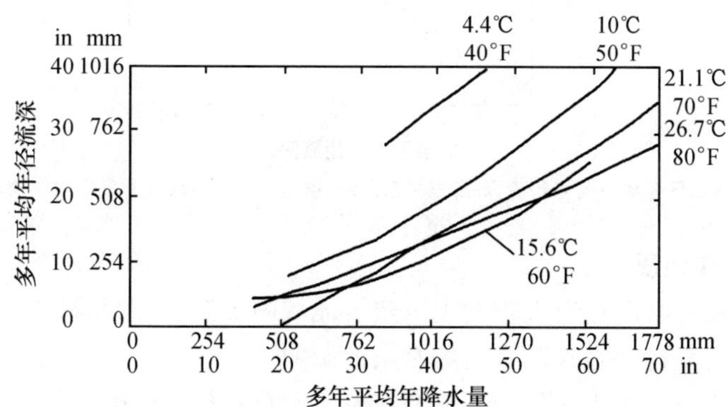

图 5-13　澳大利亚不同多年平均年气温下的多年平均年降水量-多年平均年径流深关系曲线（据王红亚，1995）

此外，风及饱和水汽压差等气象因素也可在一定程度上影响径流，但它们也主要是通过影响蒸发来影响径流的。风速越大、饱和水汽压差越大，蒸发就越强烈，可供形成地表径流的地表水量或下渗进入土层及地下水含水层形成壤中流与地下径流的土壤水量和地下水量就越小。因此，在降水状况大致相同或不变的情况下，风速越大、饱和水汽压差越大，径流量就越小，反之则越大。

二、下垫面因素

1. 地形

流域的地形特征，如坡度、坡向及高程等，都会对径流有所影响。坡度越大，坡地汇流就越快，下渗损失越小，径流就越集中。因此，山区河流的径流变化要比平原河流的变化急剧。坡向和高程主要通过影响降水和蒸发来影响径流。山地可使气流抬升，故在迎风坡常有地形雨降下，因此降水量较背风坡为大，径流量也相应较大。降水量常随高程的增大而增大；气温常随高程的增大而降低，故蒸发常随高程的增大而减弱。因此，在很多情况下，径流量随高程的增大而增大。图 5-14 所示为中国淮南山区的多年平均年径流深-高程关系曲线。该图表明，多年平均年径流深随高程的增大而增大。

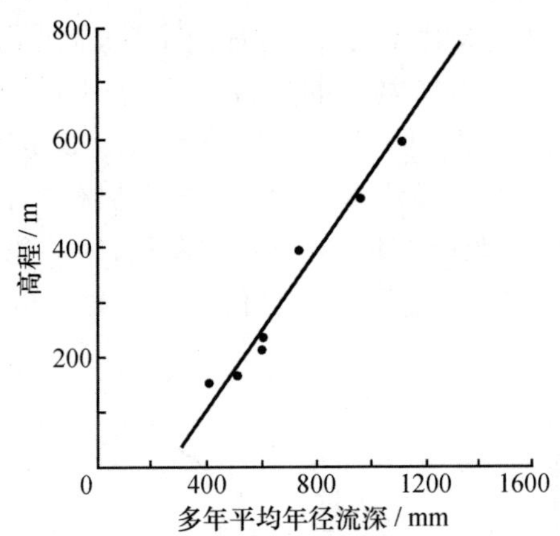

图 5-14 淮南山区多年平均年径流深-高程关系曲线（据南京大学地理系和中山大学地理系，1978）

2. 土壤和地质

土壤和地质状况在很大程度上决定着流域的下渗、蒸发和最大蓄水量，对径流量的大小及变化有着显著和错综复杂的影响。

土壤类型及性质直接影响下渗和蒸发。水分在砂土中的下渗较在黏土中为强、自砂土中的蒸发较在黏土中为弱，因此若其他条件相同，在砂土地区，形成的地表径流较小，而地下径流较大。

地质构造可能形成有利的地下蓄水构造。较发育的断层、节理、裂隙也为蓄存地下水创造了有利条件，使河流在枯水季节能得到较多的地下水补给。

此外，岩石类型及性质对径流也有重要的影响。在一些石灰岩、白云岩及其他碳酸盐类岩石分布的地区，岩溶常较发育，有较大的地下蓄水库，对径流产生较大的调节作用。同时,汇水区常因其地下分水线和地表分水线不一致而成非闭合流域,故可能出现径流总量大于流域平均降水量的现象。

3. 植被

植被特别是森林通过影响蒸发、下渗乃至降水而影响径流。

植物的枝、叶及干等能截留雨水,被截留的这部分雨水在雨后耗于蒸发而不形成径流。植被特别是森林可使其下土壤增温缓慢、近地表的风速减慢,故使土壤水分的蒸发减弱。植被的存在有利于下渗,减少地表径流或延缓其运动的速度。植被尤其是森林的存在有利于降水的发生。

4. 湖泊和沼泽

湖泊是天然蓄水库。在洪水季节,大量的洪水自上游河槽进入湖盆,致使湖内水位升高;在枯水季节,水分自湖盆中流出,进入下游河道,使下游的径流过程变得平缓。由此看来,湖泊可以调节河川径流。湖盆越大,其蓄水就越多,故大的湖泊对河川径流的调节作用大。若湖泊在河流的中、下游,其调节作用比在上游更显著,但如其在河流的尾闾,便没有什么调节作用了。湖泊离干流越近,其对径流的调节就越显著。

前已述及,水面蒸发一般较陆面蒸发强烈。因此,湖泊的存在会使河川径流总量减少,而不能使之增多。在湿润地区,陆面蒸发和水面蒸发相差不大;在干旱地区,水面蒸发相当于陆面蒸发的数倍至数十倍。因此,湖泊水面蒸发损失量在湿润地区对河川径流影响较小、在干旱地区对河川径流的影响较显著。

沼泽对径流的影响与湖泊的影响大致相同。有研究者认为,在水分丰沛的地区,沼泽可以调节径流,减小洪水流量、增大枯水期的流量;在水分不足的地区,沼泽可增大蒸发的损耗而减小径流总量。

5. 流域的形状和面积

流域的形状和面积不仅可影响径流量的大小,还会影响径流的过程。

在狭长形水系的流域内,汇流的时间相对较长,因此流量过程线比较平缓。在扇形水系的流域内,各支流中的水流基本上是同时汇聚至干流中,因此流量过程线往往比较陡峻(图 5-15)。而在羽状水系的流域内,各支流中的水流汇聚至干流中的时间有所不同,因此流量过程线常常比较平缓。

流域的面积对径流的影响是流域内自然地理环境诸多因素的影响及其综合的体现。流域的面积越大,河流切割的地下含水层的个数可能就越多,河流获得的地下水补给就会越多,因此大流域的地下径流均较丰沛。一般来说,流域的面积越大,流域内的气象气候状况和下垫面状况可能就越发多样,多种因素相互影响、相互平衡,使径流变化较小。换言之,大流域的调节作用较强,而使径流较小流域的径流稳定。

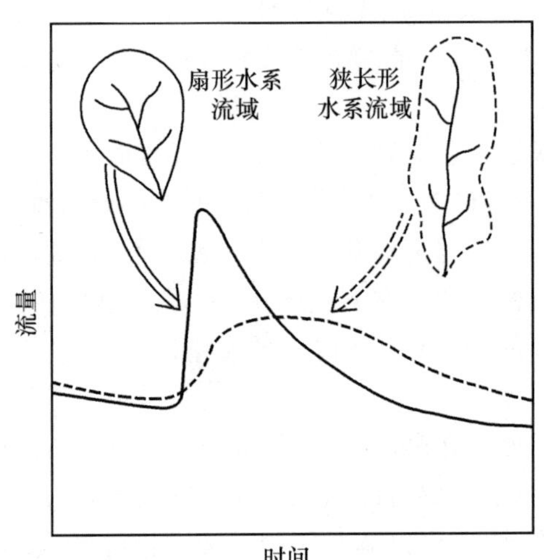

图 5-15 狭长形水系流域和扇形水系流域的流量过程线（据 Derbyshire 等，1979）

三、人类的活动

人类以自身的活动全面而又深刻地影响着径流。可将这些活动归纳为以下几类。

1. 增加河川径流的措施

通过人工降雨、人工融冰化雪、跨流域引水等，可以直接增加某一地区的河川径流。例如，中国建成的“南水北调”工程的中、东线设施，每年分别自汉江丹江口水库和江苏扬州江都水利枢纽将长江之水调引至华北一些地区。自 2012 年 12 月开始通水至 2019 年 12 月的 7 年间，已向华北地区调水累计达 300 亿 m^3。这种大规模的调水不仅对这些地区的河川径流产生巨大的影响，还会使这些地区的自然面貌发生很大的变化。

2. 改变河川径流的时间分配的措施

通过修筑水库、塘坝等各种蓄水工程以及分洪、滞洪工程，可加强地表拦蓄径流的作用，调节径流、改变原来径流的分配过程，达到兴利除害的目的。

3. 减少地表径流的措施

通过修筑水平梯田、人造平原、封山育林、修谷坊、挖鱼鳞坑等，改变坡面和河沟的坡度及糙率，拦蓄和延缓了地表径流、增加了地表水的下渗，变地表径流为壤中流或地下径流，故延缓了洪水过程并防止了水土流失。

第六章　河　　流

地表水沿天然槽道沟谷运动形成的水体称为河流(river)。习惯上,按此类水体的大小将之分别称为江、河、川或溪等。但事实上,对它们并无严格、准确的划定。

流入海洋的河流称为外流河,如中国的黄河、长江、淮河及海河等;流入内陆湖泊或消失于沙漠之中的河流称为内流河,如中国新疆的塔里木河及青海的格尔木河等。

河流是地球上的重要水体之一,在陆地表面广泛分布。世界上一些较长的河流及其概况如表 6-1 所示。与其他地表水体相比,河流的水面面积和水量更小,但它的作用和意义,却是其他水体无可取代的,河流是与人类的关系最为密切的天然水体。河流是自然景观的重要组成部分,是塑造地表的动力,其形成和发展引起自然景观的变化。河流是自然界包括水循环在内的物质循环的重要环节,全世界的河流每年向海洋输送数十万亿立方米的水、数十亿吨泥沙和化学物质。河流是重要的自然资源,它在灌溉、航运、发电、水产养殖及供水等中发挥着巨大的作用。但是,河流也常给人类带来洪涝等灾害。

表 6-1　世界一些较长的河流及其概况

按长度排序	河流	所在大洲	注入海洋	长度/km
1	尼罗河	非洲	地中海	6 600
2	亚马孙河	南美洲	大西洋	6 200
3	密西西比河	北美洲	墨西哥湾	6 000
4	长江	亚洲	中国东海	5 450
5	额尔齐斯河	亚洲	喀拉海	5 450
6	黄河	亚洲	渤海	4 650
7	黑龙江	亚洲	鞑靼海峡	4 500
8	刚果河	非洲	大西洋	4 300
9	勒拿河	亚洲	拉普捷夫海	4 300
10	麦肯齐河	北美洲	波弗特海	4 200
11	湄公河	亚洲	中国南海	4 150

（续表）

按长度排序	河流	所在大洲	注入海洋	长度/km
12	尼日尔河	非洲	几内亚湾	4 150
13	叶尼塞河	亚洲	喀拉海	4 000
14	巴拉那河	南美洲	大西洋	3 900
15	伏尔加河	欧洲	里海	3 700

第一节 水系和流域

一、水系的概念和类型

1. 水系的概念

大小不一、规模不等的槽道沟谷及其中的水流所构成的脉络相通的系统称为水系(fluvial system)或河系。

有研究者认为可将一个理想化的水系划分为三个区，即集水及泥沙生成区、传输区、泥沙堆积区(图 6-1)。

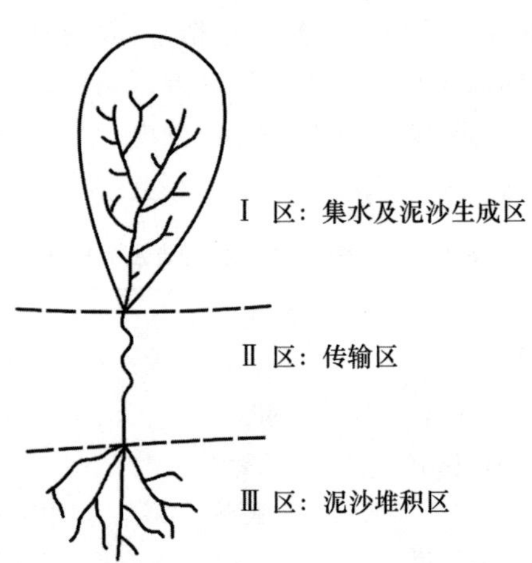

图 6-1 理想化的水系及其三分区(据 Schumm，1977)

在水系中，河流的发源处称为河源，河源既可以是溪涧或泉水，也可以是冰川、湖泊或沼泽。而河流的终结处称为河口，即河流汇入海洋、湖泊或其他河流处；在干旱地区，一些河流可能消逝在沙漠中而无明显的河口，此类河流称为瞎尾河。

通常将一个水系中长度最大或水量最大的槽道沟谷及其中的水流视为干流。直接与干流连通或直接注入干流者称为一级支流，如汉江直接注入长江，故汉江是长江的一级支流，又如渭水直接注入黄河，故渭水是黄河的一级支流；直接与一级支流连通或直接注入一级支流者称为二级支流，如丹江和唐白河注入汉江，二者即为长江的二级支流；直接与二级支流连通或直接注入二级支流者称为三级支流，依此类推。干流和各级支流的划分常根据槽道沟谷的长度、水量的大小等划分，但有时也依习惯而定，例如在长江水系中，大渡河的长度和水量均较岷江为大，但习惯上仍将大渡河视为岷江的支流。

2. 水系的类型

由于水系所在地区的地质和地貌等自然地理环境状况不同，干流和各级支流的展布和组合有所不同，水系的形态也各异。据此，可划分出不同类型的水系（图 6-2）。

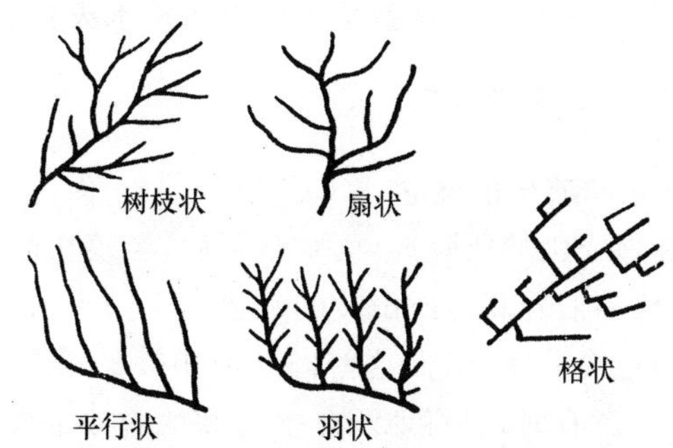

图 6-2　不同类型的水系示意图（据天津师范大学地理系等，1986）

1）树枝状水系

干、支流的分布和组合在平面上形如树枝，大多数水系均属此种类型，如西江与自不同地点汇入其中的支流（柳江、郁江及贵江等）即形成树枝状水系。

2）扇状水系

来自不同方向的各个支流在同一地点汇入干流，致使干、支流的分步和组合在平面上呈扇形，如建溪、富屯溪及沙溪均在同一地点（南平）汇入闽江即形成扇状水系；又如北运河、永定河、大清河、子牙河及南运河均在同一地点（天津）汇入海河即成另一扇状水系。

3）羽状水系

支流自侧翼相间汇入干流，致使干、支流的分布和组合在平面上形如羽毛，如滦河水系和钱塘江水系。

4）格状水系

各支流多以直角注入干流，致使干、支流的分布和组合在平面上形如格子，如闽江水系。

5）平行状水系

若干支流平行排列展布，直至下游或河口附近才汇聚，如淮河左侧的洪河、颍河、西淝河、涡河及浍河等所成的水系即为平行状水系。

在自然界，较大的水系常由两种甚至多种类型的水系组合而成。如在长江水系中，上游的金沙江和雅砻江近于平行排列；而在宜宾以下，干、支流的分布和组合又似羽毛状。

水系的形状对水分的汇集和水情的变化有重要的影响。在扇状水系中，各支流共同汇于一点，若水系所在地区普遍降雨，各支流中的流水几乎同时汇入干流，干流中很易形成陡涨陡落的洪水。历史上，海河水灾多发的缘故即是如此。在羽状水系中，干流较长，流途中接纳各个支流，降雨发生时，流水汇集的时间长，干流中的洪水过程较为和缓。这就是历史上滦河水灾相对罕见的原因。

二、分水岭、分水线和流域

1. 分水岭、分水线和流域的概念

不同的水系为高地或山岭所隔离，雨水落下后，经植物截留、下渗、填洼及蒸发等，余下的部分沿地表依着高地或山岭的地势向不同水系中的槽道沟谷汇聚。这些高地或山岭称为地表分水岭，而这些高地或山岭的最高点或顶脊的连线称为地表分水线（图 6-3）。有时，也将地表分水岭和地表分水线简称为分水岭和分水线。

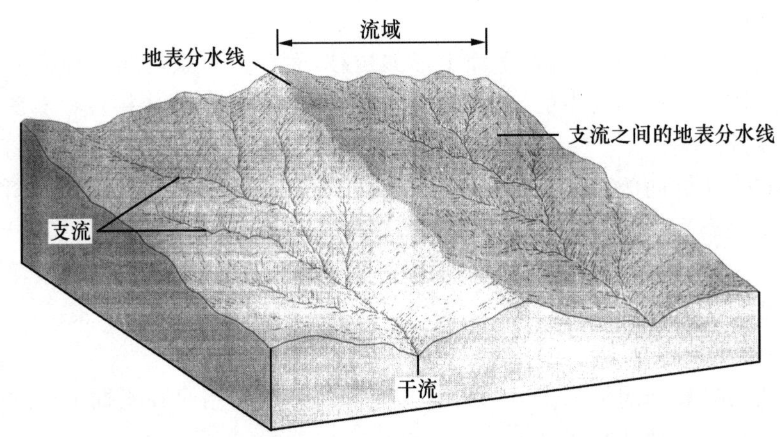

图 6-3　水系的地表分水线和流域示意图（据 Montgomery，1988）

在中国，秦岭为大致沿东西向展布的山脉，其北为黄河水系，其南为长江水系。落至秦岭以北的雨水多汇入黄河，落至秦岭以南的雨水多汇入长江。故秦岭为黄河水系与长江水系之间的地表分水岭，而秦岭的山脊线即为黄河水系与

长江水系之间的地表分水线。

在地形起伏较大的山地丘陵地区，确定地表分水线比较容易，但在地表平坦的平原或沼泽地区，确定地表分水线则比较困难，有时需要根据水的流向或进行精密的水准测量才能判明之。

地表分水线所包围的区域称为流域(图 6-3)。一个水系的流域即为该水系的地表集水区。

水系或河流除自地表获得水分补给之外，还常自地下得到水分补给。因不透水层或地下水面向不同方向倾斜，地下水流向不同的水系或河流汇聚(图 6-4)。不透水层或地下水面的最高点的连线称为地下分水线(图 6-4)。

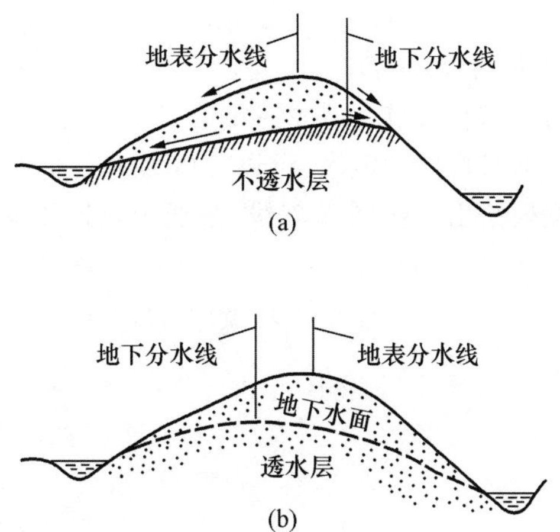

图 6-4　地表分水线与地下分水线(据南京大学地理系和中山大学地理系，1978)

地下分水线主要受岩性和地质构造控制，而地表分水线则受地形控制，因此地表分水线与地下分水线未必重合。地表分水线与地下分水线重合的流域称为闭合流域，而地表分水线与地下分水线不重合的流域则称为非闭合流域。

一般来说，地下分水线较难确定。对于相邻的中、大流域而言，因地表分水线与地下分水线不重合而造成的水分交换量相对于流域总水量很小，甚至可忽略不计，因此多以地表分水线作为流域的界线。但在岩溶发育的地区，地下水对水系或河流的补给量通常较大，所以对于这些地区的流域，应特别注意地表分水线与地下分水线不重合对流域与外界的水分交换的影响，需要通过水文地质调查、枯水调查及泉水调查等确定地下分水线所环绕的范围以估算相邻水系之间的水分交换量。

2. 流域的形态特征

1) 流域面积

地表分水线在水平面上的投影所环绕的范围即为流域面积(F)，常以 km^2

计。可先在地形图上画出地表分水线，再用求积仪或以方格法量得流域面积。量得的流域面积的精度随所用地形图的比例尺而定。地形图的比例尺越大，量得的流域面积的精度越高。一般宜用 1∶50 000 或 1∶100 000 的地形图量测流域面积。

流域面积直接影响河川径流的形成过程和河流的水量。流域面积小的河流，若被强度大的暴雨所笼罩，极易出现严重的洪水灾害。但若河流的流域面积较大，整个流域被暴雨笼罩的机会就会较少，故洪水的危险便相对较小。在枯水季节，流域面积较大的河流可获得较丰富的地下水补给，此外流域内降雨的机会也相对较大，故水量仍相对较大；而流域面积小的河流的水量则很小，甚至可能完全干涸。

2）流域长度和平均宽度

流域的轴长即为流域长度(L)，常以 km 计。一般将河口至河源的直线距离作为流域长度。对于形状弯曲的流域，可以河口为中心作同心圆，在同心圆与流域的地表分水线相交处绘出若干圆弧割线，割线中点连线的长度可被视为流域长度。

流域面积除以流域长度即为流域平均宽度(B)，常以 km 计。即：

$$B=\frac{F}{L} \tag{6-1}$$

在上式中，

B：流域平均宽度；

F：流域面积；

L：流域长度。

流域长度决定了地表径流到达出口断面所需要的时间。流域长度越长，这一时间也越长，河流槽道对洪水的调蓄作用越显著，水情变化也就越和缓。

3）流域平均高度

流域内各处的高度常不相同，各处高度的平均值即为流域平均高度($\bar{H}$)，常以 m 计。

可以方格法计算流域平均高度。其步骤为：首先在地形图上将流域划分为许多(100 个以上)正方格子，然后将每一交点的高程相加求算术平均值，即得流域平均高度。

此外，还可以求积仪法量测和计算，以求得流域平均高度。其步骤为：首先用求积仪在地形图上分别量测相邻等高线之间的面积，然后将量得的面积与该相邻等高线之间的平均高度相乘，将乘积相加并除以流域面积，即得流域平均高度，因此有：

$$\bar{H}=\frac{f_1H_1+f_2H_2+\cdots+f_nH_n}{f_1+f_2+\cdots+f_n}=\frac{\sum_{i=1}^{i=n}f_iH_i}{\sum_{i=1}^{i=n}f_i}=\frac{\sum_{i=1}^{i=n}f_iH_i}{F} \tag{6-2}$$

在上式中，

$\bar{H}$：流域平均高度(m)；

f_1、f_2、…、f_n：相邻等高线之间的面积(km^2)；

H_1、H_2、…、H_n：相邻等高线之间的平均高度(m)；

F：流域面积(km^2)。

在相同自然地理环境状况下，处在不同高度上的水系或河流，因水分补给条件不同，便会在形态、结构及水量等方面有所不同。一般来说，随着流域高度的增大，流域坡度趋于增大且降水量也趋于增大。因此，在山区，水分集流快；河水的运动速度大，水情变化也大。

4) 流域平均坡度

流域内各处的坡度常不相同，各处坡度的平均值即为流域平均坡度($\bar{J}_F$)。

可通过量测和计算求得流域平均坡度。其步骤为：在地形图上量得相邻等高线之间的面积、相邻等高线之间的水平距离及等高线的长度。

令：

f_1、f_2、…、f_n 为相邻等高线之间的面积；

l_1、l_2、…、l_n 为等高线的长度；

b 为相邻等高线之间的水平距离；

ΔH 为相邻等高线之间的高差；

$F=f_1+f_2+\cdots+f_n$ 为流域面积。

则：

$$f_1=\frac{l_0+l_1}{2}\times b,\quad b=\frac{2f_1}{l_0+l_1}$$

又相邻等高线之间的坡度为 J，且 $J=\frac{\Delta H}{b}$，则：

$$J_1=\frac{\Delta H(l_0+l_1)}{2f_1},\quad J_2=\frac{\Delta H(l_1+l_2)}{2f_2},\quad \cdots,\quad J_n=\frac{\Delta H(l_{n-1}+l_n)}{2f_n}$$

$$\bar{J}_F=\frac{J_1f_1+J_2f_2+\cdots+J_nf_n}{f_1+f_2+\cdots+f_n}$$

$$=\frac{\frac{\Delta H(l_0+l_1)}{2f_1}f_1+\frac{\Delta H(l_1+l_2)}{2f_2}f_2+\cdots+\frac{\Delta H(l_{n-1}+l_n)}{2f_n}f_n}{F}$$

$$=\frac{\Delta H(0.5l_0+l_1+l_2+\cdots+l_{n-1}+0.5l_n)}{F} \quad 6\text{-}3$$

在上式中，

ΔH 以 m 计；

l_0、l_1、l_2、…、l_n 以 km 计；

F 以 km^2 计。

流域平均坡度对地表径流的产生与汇集、下渗、土壤水分、地下水、地表侵蚀和河水中的泥沙数量等均有很大的影响。

5）流域形状系数

流域面积与流域长度的平方的比值称为流域形状系数(K_n)，即：

$$K_n=\frac{F}{L^2}=\frac{B}{L} \quad 6\text{-}4$$

在上式中，

K_n：流域形状系数；

F：流域面积(km^2)；

L：流域长度(km)；

B：流域平均宽度(km)。

流域形状系数越大，流域越宽广；流域形状系数越小，则流域越狭长。

6）流域不对称系数

河流的左岸流域面积与右岸流域面积之差与左、右岸流域面积之和的比值即为流域不对称系数(K_a)，即：

$$K_a=\frac{F_A-F_B}{F_A+F_B} \quad 6\text{-}5$$

在上式中，

K_a：流域不对称系数；

F_A：左岸流域面积(km^2)；

F_B：右岸流域面积(km^2)。

河流既可能在流域的中央，也可能偏于一侧，故河流两岸的流域面积既可能相等，也可能不相等。流域的不对称程度对径流过程等有很大的影响。

三、水系的特征值和河流的分段

1. 水系的特征值

1）河流长度

由河源至河口的河道长度称为河流长度(L)，又称河长。可用曲线仪或小分规在大比例尺的地形图上量得河流长度。

2）河网密度

流域中单位面积内的河道长度称为河网密度（D）。

$$D=\frac{\sum L}{F} \qquad 6\text{-}6$$

在上式中，

D：河网密度（km/km^2）；

$\sum L$：河流集水区内干流和各级支流的槽道的长度（km）；

F：流域的面积（km^2）。

河网密度表示河道的疏密程度。河道的疏密程度是诸多自然地理环境要素影响的结果。若降水、蒸发、地质、地貌、土壤及植被等不同，河道的疏密程度便有所不同。一般来说，若降水量大、坡度大及土壤透水性差，河网密度便较大，反之则较小。

3）河流弯曲系数

河流长度与河源至河口的直线距离的比值称为河流弯曲系数（K_p）。

$$K_p=\frac{L}{l} \qquad 6\text{-}7$$

在上式中，

K_p：河流弯曲系数；

L：河流长度（km）；

l：河源至河口的直线距离（km）。

河流弯曲系数表示河道的弯曲程度。一般来说，山区河流的弯曲系数小于平原河流的弯曲系数；上游河段的弯曲系数小于下游河段的弯曲系数。

2. 河流的分段

根据河道的形态、冲刷和淤积的程度以及河水的流速和流量等，可将河流分为上、中、下游三段。

河流的上、中、下游的划分并不是绝对的。对同一条河流，不同的划分方案的根据有所不同，如有的方案主要根据河道的形态特征（如河道的纵比降）和沉积特征（如河道的冲刷和淤积）；另一些主要根据水文特征（如河水的流速和流量）；还有的综合多种因素。因此，同一河流的上、中、下游的划分可能不同。

第二节　河流的纵断面和横断面

一、河流的纵断面

河流的纵断面（图 6-5）可表示河床（河底）或水面的坡度沿河长的变化情况。

河床与水面常常相互平行，在河流水位较低时尤为如此。

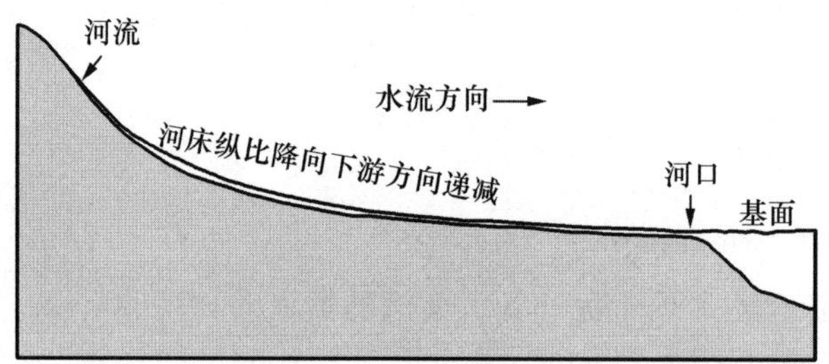

图 6-5　河流纵断面示意图(据 Montgomery，1988)

可首先在大比例尺的地形图上逐段量测河段的长度和各点的高度，随后以长度为横坐标，以高度为纵坐标，连接各点即得河流的纵断面图(图 6-6)。

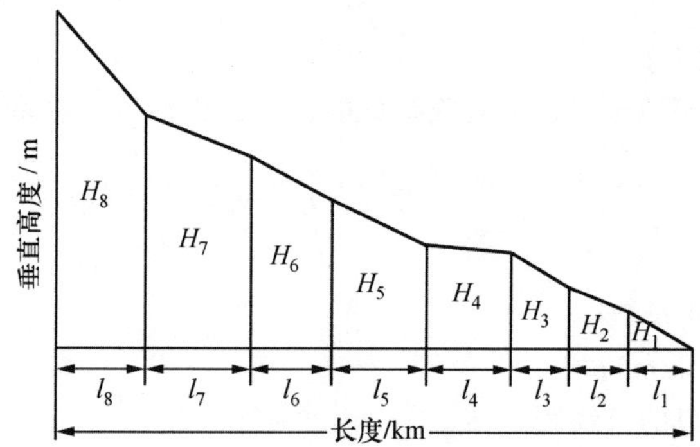

图 6-6　河流纵断面的绘制(据南京大学地理系和中山大学地理系，1978)

此外，还可以在地形图上标出各水文观测站的位置，根据各站同时的水面高程(水位)资料，绘制水面的纵断面图。

通常以河床纵比降和水面纵比降分别表示河床和水面的坡度。河床纵比降为河床两点的海拔高度之差与该两点水平距离的比值，而水面纵比降为水面上两点同时的高程之差与该两点水平距离的比值，故：

$$i=\frac{H_2-H_1}{l} \tag{6-8}$$

在上式中，

i：河床纵比降或水面纵比降；

H_1：河床距河源较近点的高程或水面上距河源较近点的高程 (m)；

H_2：河床距河源较远点的高程或水面上距河源较远点的高程 (km 或 m)；

l：河床该两点或水面上该两点的水平距离(m)。

例如，若河床某两点之间的水平距离为 5 km，两点间的高差为 1 m，则该两点之间的河床纵比降 $i=\frac{1\ \mathrm{m}}{5\ 000\ \mathrm{m}}=0.000\ 2$，有时也可以写成 0.02％或 0.2‰。

二、河流的横断面

1. 河道的横断面

垂直于河流主流方向的水面线与河底线所包围的平面称为河道的横断面。

河道的横断面的形态是多种多样的。在山区，河道深且窄；在平原，河道宽而浅。

在河道中的同一处，水面线的位置常常不同。最大洪水时的水面线与河底线所包围的平面称为大断面；某一时刻的水面线与河底线所包围的平面称为过水断面。

2. 过水断面的形态要素

在描述过水断面的形态特征以及进行水文和水力计算时，常常要用到一些要素。这些要素统称为过水断面的形态要素。

1）过水断面面积

河底线与水面线所围平面的大小称为过水断面面积（F），常以 m^2 计。

过水断面面积大多通过测得的过水断面图量算而得。

2）湿周

过水断面上，河道被水浸湿部分的周长称为湿周（P）（图 6-7），常以 m 计。

湿周通常亦通过测得的过水断面图量算而得。

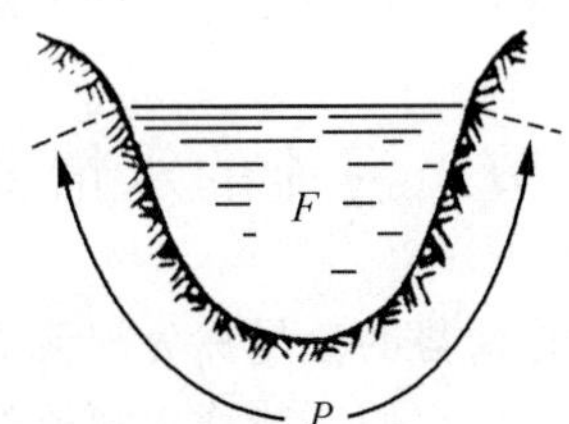

图 6-7　湿周示意图（据南京大学地理系和中山大学地理系，1978）

3）水面宽度

河道两岸水边线之间的距离称为水面宽度（B），常以 m 计。

水面宽度一般也通过测得的过水断面图量算而得。

4）平均水深

过水断面面积除以水面宽度即得平均水深（H），即：

$$H=\frac{F}{B} \tag{6-9}$$

在上式中，

H:平均水深(m);

F:过水断面面积(m^2);

B:水面宽度(m)。

5) 水力半径

过水断面面积除以湿周即得水力半径(R),即:

$$R=\frac{F}{P} \tag{6-10}$$

在上式中,

R:水力半径(m);

F:过水断面面积(m^2);

P:湿周(m)。

在平原地区,河道一般宽而浅;因河宽远大于水深,湿周近似于河宽,故水力半径与平均水深相差很小,即 $R \approx H$,可用平均水深代替水力半径。

6) 糙度

河床上的泥沙、砾石及植物等对水流的阻碍程度称为河床的糙度。

糙度对河水的流速影响很大。若其他条件相同或相似,河床越粗糙,河水的流速就越小。河床的糙度常用粗糙系数表示。河床的糙度,详见后面章节。

河流的上、中、下三段的纵断面和横断面均各具特征。在上游段,河道的纵比降较大,河道的横剖面多呈V形,河底的纵剖面呈不规则的阶梯,河道多为基岩组成,多急流险滩和瀑布。在中游段,河道的纵比降较在上游为小,有河漫滩出现。在下游段,河道的纵比降更小,常有浅滩和沙洲。

第三节 河流的水情要素

用于表述河流的水文变化情势的变量称为河流的水情要素。最常用的水情要素为河流的水位、流速及流量,它们一般称为河流的水情三要素。

一、水位

1. 水位的概念

自由水面超出某一基面的高程称为水位。用于确定水位的基面有绝对基面和测站基面。

绝对基面为河口处的海平面。例如,长江的绝对基面可为吴淞基面;而黄河及华北各河的绝对基面可为大沽基面。在中国,为了便于对比不同河流的水位,还对各河统一采用了青岛基面。

测站基面为水文观测站最低水位以下 0.5—1.0 m 处的假想水平面。采用测站基面可避免由河流不同段落的水位差造成的烦琐计算，便于就地观测和计算水位。在对不同观测站的水位进行对比时，需以各测站基面与绝对基面的关系将各站水位换算。

河流水位的变化，主要是水量增减的结果。在中国北方，若时值春季冰雪融化期或夏季降雨期，河中水量大增，水位上涨；若时值冬季降雨稀少期或夏季久晴不降雨期，则河中水量很小，水位很低。除此之外，其他原因也可造成水位变化，如河床的冲淤、人工疏浚、堤堰的修建、风吹、水坝阻塞、潮汐及干支流的汇合等。

2. 水位过程线

以时间为横坐标、水位为纵坐标的曲线称为水位过程线(图 6-8)。水位过程线表示水位随时间的变化。可按需要绘制日、月、年等的水位过程线。自水位过程线可以查得某一时段内水位的变化过程，如最高水位和最低水位及其出现的时刻。

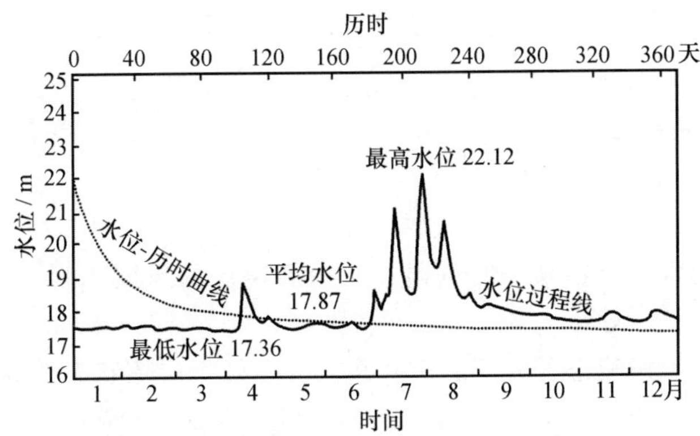

图 6-8　水位过程线与水位-历时曲线(据黄锡荃等，1993)

3. 水位-历时曲线

一年之中水位等于和大于某一数值的天数之和称为这一水位的历时。将一年之中每日的平均水位按递减顺序排列；将水位分成若干等级，统计各级水位出现的天数；根据各级水位的递减顺序，先后分别将某级水位和大于该级水位的天数累积相加；以如此算得的各级水位出现的累积天数(历时)为横坐标、水位为纵坐标绘制的曲线称为水位-历时曲线(图 6-8)。自水位-历时曲线可以查得一年之中某个水位和大于该水位的总天数，这对航运、桥梁、码头及引水工程等的设计和使用均有重要的意义。

4. 水位-过水断面面积曲线

每一水位均有一对应的过水断面。利用不同水位下的过水断面面积资料数据，以过水断面面积为横坐标、水位为纵坐标，可绘制水位-过水断面面积曲线(图 6-9)。根据此类曲线，可以水位值推求过水断面面积。

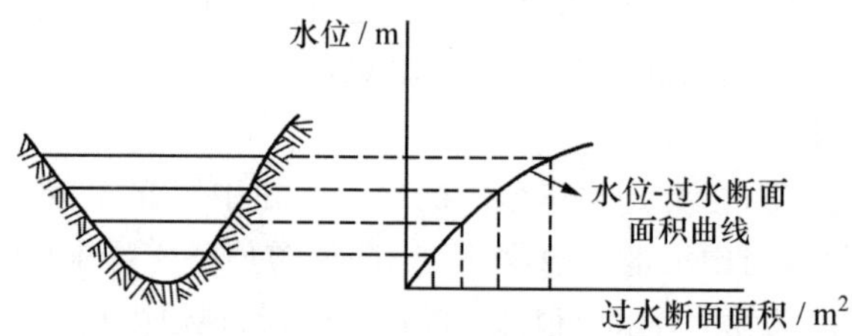

图 6-9 水位-过水断面面积曲线(据邓绶林等,1979)

二、流速

1. 流速的概念

河流中的水质点在单位时间内移动的距离称为流速(V),即:

$$V=\frac{L}{t} \tag{6-11}$$

在上式中,

V:流速(m/s);

L:距离(m);

t:时间(s)。

河流中的水质点在某一时刻通过某一固定点的速度称为该点的瞬时流速(μ)。

液体的运动按流态可分为层流和紊流。在处于层流状态的水流中,各个水质点运动的轨迹线互相平行,运动的方向一致。在处于紊流状态的水流中,各个水质点运动速度的大小和方向随时随地都在发生变化。

1895 年,英国人雷诺(O. Reynolds)用不同直径的管道和不同的液体做了实验,发现液体由从一种流态转变为另一种流态时的临界流速(V_k)与管径(d)和液体的黏滞系数(γ)有关;当 d 和 γ 变化时,V_k 也相应地变化,故 V_k 不便作为判别流态的指标;然而,无论 d 和 γ 怎样变化,$\frac{V_k d}{\gamma}$值却比较固定,适宜作为判别流态的指标。

通常将$\frac{V_k d}{\gamma}$称为临界雷诺数,并以 Re_k 表示。此外,还将流速为 V、黏滞系数为 γ、在直径为 d 的圆管中运动的液体的$\frac{Vd}{\gamma}$称为雷诺数,并以 Re 表示。当液体的流速增大时,其雷诺数也相应地增大。

对于圆管中的水流,临界雷诺数为 2 320,即 $Re_k=2\,320$,故当 $Re<2\,320$ 时,水流处在层流状态,而当 $Re>2\,320$ 时,水流处在紊流状态。对于明渠水流,临界雷诺数约为 300，即 $Re_k \approx 300$，故当 $Re < 300$ 时，水流处在层流状态，而当 $Re > 300$ 时，水流处在紊流状态。

天然河道中的水流几乎均属紊流。处在紊流状态的水流中，各水质点的瞬时流速的大小和方向均随时间不断变化，这一现象称为流速脉动。在某点上，瞬时流速随时间的变化如图 6-10 所示。由该图可见，μ 忽大忽小，且围绕着其平均值 $\bar{\mu}$ 上下跳动；μ 事实上由两个部分构成，即 $\mu = \bar{\mu} + \mu'$。其中，$\bar{\mu}$ 为一个正值的常数，μ'称为流速脉动值，时正时负。在测流速时，为了消除流速脉动引起的误差，就需要一定长的测速时间，一般每点的测速时间要在 100 s 以上。

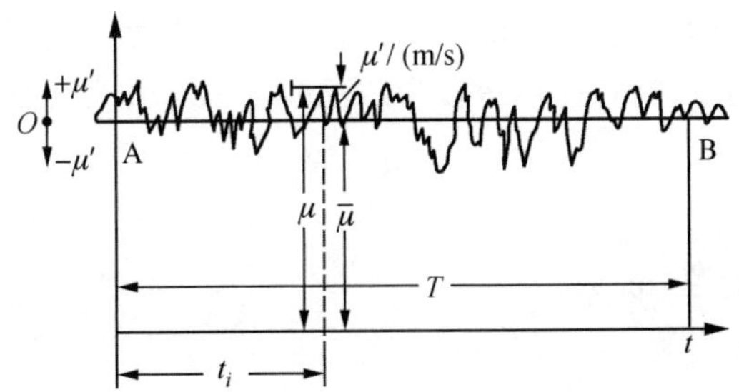

图 6-10　流速脉动现象（据南京大学地理系和中山大学地理系，1978）

$\left(注：\bar{\mu} = \frac{1}{T}\int_0^T \mu \, dt\right)$

由于河床形态、糙度、冰冻及风等的影响和水力条件的变化，天然河道中流速的分布是十分复杂的。流速沿深度的变化称为流速的垂向分布。一般来说，从河底至水面，流速逐渐增大。但最大流速并不出现在水面，而是出现在水面以下一定深度处，最小流速出现在近河底处，平均流速出现在水深（H）的 0.6 倍深度处，即 $0.6H$ 处（图 6-11）。在过水断面上，流速通常由河底向水面、由两岸向河心逐渐增大；最大流速出现在河流中部，最小流速出现在河底及近岸处；若河面封冻，流速由河底和冰下的中部增大（图 6-12）。

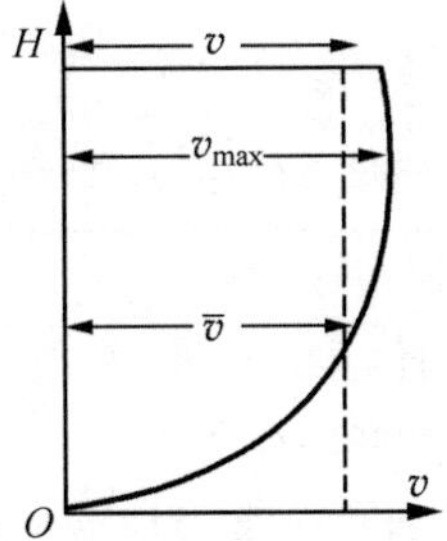

图 6-11　垂线上的流速分布（据南京大学地理系和中山大学地理系，1978）

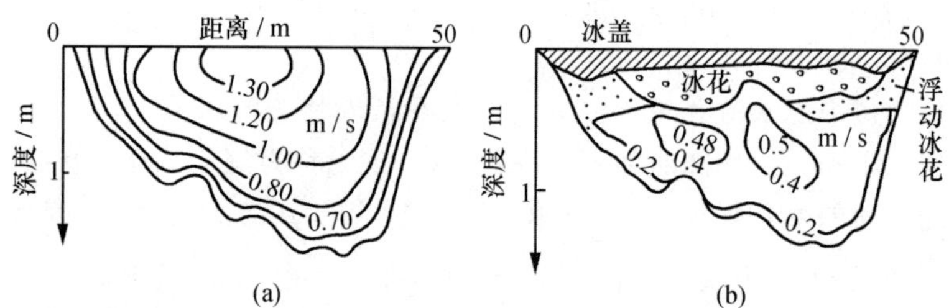

图 6-12 封河之前(a)和之后(b)断面流速分布(据南京大学地理系和中山大学地理系,1978)

2. 谢才公式

对于过水断面的平均流速,除了可用流速仪测得之外,还可计算得到。在计算过水断面的平均流速时,应用得较为广泛的水力学公式为谢才公式:

$$V = C\sqrt{Ri} \tag{6-12}$$

在上式中,

V:断面平均流速(m/s);

C:流速系数;

R:水力半径(m);

i:水面比降。

一般来说,河床比降与水面比降相差很小,故在计算中常用河床比降代替水面比降。

流速系数与河床糙度、水深及过水断面形状等有关,通常用曼宁公式计算,即:

$$C = \frac{1}{n}R^{\frac{1}{6}} \tag{6-13}$$

在上式中,

C:流速系数;

R:水力半径;

n:粗糙系数。

粗糙系数可从表 6-2 中查得。

表 6-2 河道与河滩的粗糙系数(据天津师范大学地理系等,1986)

河道与河滩的特征	粗糙系数
1. 条件很好的天然河道(河道平直且清洁,水流通畅)	0.025
2. 条件一般的河道(河道中有一定数量的石块和水草)	0.035
3. 条件较差的河道(水流方向不甚规则,河道弯曲或河道虽直但河底高低不平,浅滩、深潭、石块和水草较多)	0.040

（续表）

河道与河滩的特征	粗糙系数
4. 淤塞和弯曲的周期性水流的河道；有杂草和灌木的不平整河滩（有深潭和土堆）；水面不平顺的山溪型卵石和块石河道	0.067
5. 杂草丛生、水流缓弱且有多而大的深潭的河道和河滩；水流翻腾、水面带浪花的山溪型块石河道	0.080
6. 沼泽型河流（长有茂密水草、草墩且在多处水不流动等）；具很大的死水区域的多树林的河滩；具深坑的河滩及湖泊河滩等	0.140

三、流量

1. 流量的概念

单位时间内流经过水断面的水量称为流量（Q），常以 m^3/s 计，即：

$$Q = VF \tag{6-14}$$

在上式中，

Q：流量（m^3/s）；

V：过水断面平均流速（m/s）；

F：过水断面面积（m^2）。

前已述及，在过水断面上，每一点的流速均不相同。因此，单位时间内流经过水断面的水的体积为一形状不规则的曲面体。根据流量的定义，若流经过水断面的微分面积 dF 的流量为 dQ，且 $dQ = VdF$，则：

$$Q = \int dQ = \int_0^F VdF \tag{6-15}$$

在上式中，Q、V 及 F 的含义与公式 6-14 中的相同。

2. 流量过程线

以时间为横坐标、流量为纵坐标的曲线称为流量过程线（图 6-13）。流量过程线表示流量随时间的变化。利用流量过程线，可分析汛期洪水涨落的特征和枯水期流量的情况；可计算某一时段内的平均流量；可推测地表径流和地下径流对河水的贡献和补给情况。

3. 流量-历时曲线

以历时为横坐标、流量为纵坐标的曲线称为流量-历时曲线（图 6-13）。利用流量-历时曲线，可知一年之中等于和大于某一流量的天数。

4. 水位-流量曲线

以水位为横坐标、流量为纵坐标的曲线称为水位-流量曲线（图 6-14）。水位的变化主要是由流量的增减造成的，所以水位与流量有着密切的关系。在一定的条件下，水位的变化是流量变化的反映。流量固然可通过实测获得，但测量起

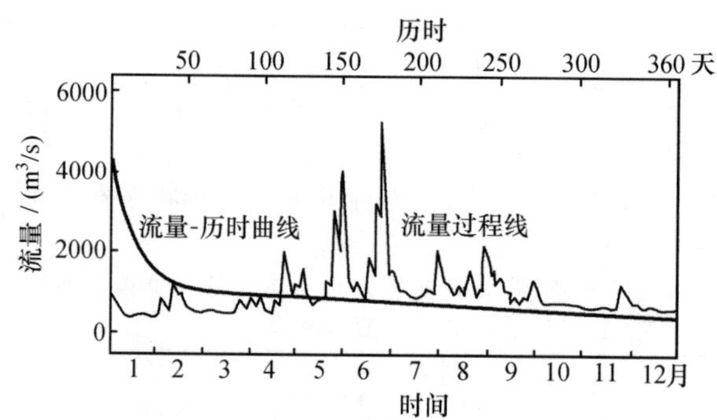

图 6-13 流量过程线与流量-历时曲线(据天津师范大学地理系等,1986)

来十分复杂,很难连续施测,而水位的测量相对简单。所以,可利用水位-流量曲线,以水位推得流量。

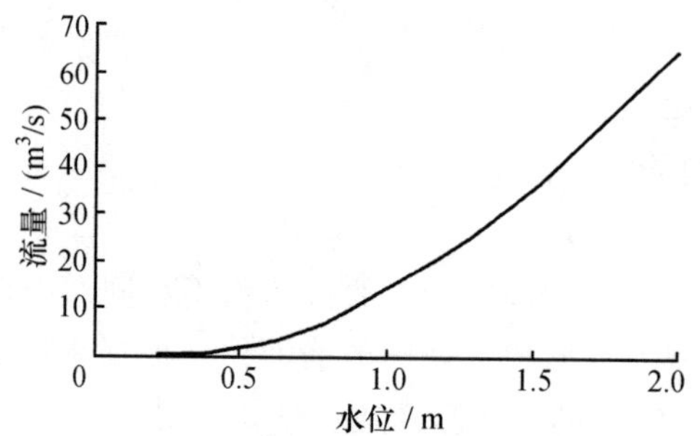

图 6-14 水位-流量曲线(据英国苏格兰 North Esk 河 1963—1990 年的数据绘制;Davie, 2002)

在河流的上、中、下游三段,河水的流速和流量均各具特征。在上游段,河水的流速大、流量小。在中游段,河水的流速较在上游为小、流量较在上游为大。在下游段,河水的流速更小、流量更大。

第四节 河流的正常年径流量

一、河流的正常年径流量的概念

河川径流是以降水为主的诸多自然地理环境要素综合影响的产物,其数量随着降水等影响因素的变化而不断变化。因此,一条河流的各年的径流量可能有所不同,有些年份的可能大一些,另一些年份的则可能小一些。多年径流量的平均值称为多年平均径流量。

多年平均径流量可以用多年平均流量、多年平均径流总量、多年平均径流深或多年平均径流模数来表示。

在气候状况和下垫面状况基本稳定的条件下，随着用于计算多年平均径流量的年数的增多，多年平均径流量便会趋于一个稳定的数值，这一数值便称为正常年径流量。

显而易见，正常年径流量反映了河流的水的基本数量状况。此外，它还是河流的水资源的数量状况的表述，代表着可被开发利用的水资源的极限；在水文和水利计算中，它是一个重要的特征值；在地理-环境综合分析和对比中，它是一个重要的因素。

二、正常年径流量的计算

在计算正常年径流量时，常会遇到三种情况：有长期的实测资料、有短期的实测资料及无任何实测资料。因此，计算正常年径流量的方法和途径也有所不同。

1. 有长期实测资料时正常年径流量的计算

此处的长期实测资料系指年限足够长且具代表性的实测资料。一般来说，实测资料的年份应超过 30 年，且在其中应包括特大丰水年和特小枯水年以及大致相同的丰水年组和枯水年组，这样的资料可被视为具代表性。在这种情况下，可计算年径流量的多年算术平均值并将之视为正常年径流量，即：

$$Q_0 \cong \bar{Q}_n = \frac{1}{n}\sum_{i=1}^{n} Q_i \tag{6-16}$$

在上式中，

Q_0：正常年径流量(m^3/s)；

$\bar{Q}_n$：多年平均径流量(m^3/s)；

n：统计年份；

Q_i：第 i 年的年径流量(m^3/s)。

2. 有短期实测资料时正常年径流量的计算

实测资料的年限较短，一般不超过 20 年，代表性较差。在这种情况下，若直接以这些资料利用公式 6-16 计算正常年径流量，得到的结果可能会有较大的误差。所以，需要延长资料系列，使之更具代表性。通常采用两种方法延长年径流量的资料系列。

1）利用径流资料

在研究流域附近选一流域或在研究测站附近选一测站作为参证流域或参证测站。选定的参证流域或参证测站的径流形成条件应与研究流域或研究测站的径流形成条件十分相似且具有较长的年径流量资料系列。利用参证流域或参证测站的年径流量资料和研究流域或研究测站的相应年份的年径流量资料，建立参证流域或参证测站年径流量与研究流域或研究测站年径流量的相关关系，随后利用这一相关关系和参证流域或参证测站的若干年的年径流量资料，推算研究流域或研究测站的相应年份的年径流量，以求延长研究流域或研究测站的年径流量的资料系列。

2）利用降水量资料

在研究流域内或附近、研究断面处或附近选一雨量站。选定的雨量站的降水与研究流域或研究断面的径流之间的关系密切且具有较长的年降水量资料系列。利用选定的雨量站的年降水量资料和研究流域或研究断面的相应年份的年径流量资料，建立雨量站年降水量与研究流域或研究断面年径流量的相关关系，随后利用这一相关关系和雨量站若干年的年降水量资料，推算研究流域或研究断面的相应年份的年径流量，以求延长研究流域或研究断面的年径流量的资料系列。

计算以上述两种方法延长的年径流量的资料系列的算术平均值，即可得到所求的正常年径流量。

3. 无实测资料时正常年径流量的计算

在完全没有实测资料的情况下，只得以间接的途径计算正常年径流量。

1）等值线图法

水利部门常常根据有限的实测资料，将年径流量的一些特征值的空间分布情况绘制成等值线图，如年径流深等值线图和年径流模数等值线图。利用这些图件，或再配以计算，即可得到正常年径流量。以下论及利用年径流模数等值线图求得正常年径流量的方法。

首先在等值线图上勾绘流域的范围并计算流域的面积。

若流域面积很小或流域内等值线分布均匀，则流域重心的年径流模数等值线的数值便可代表整个流域的正常年径流模数，因此只需根据重心两边的等值线，通过直线内插即得流域的正常年径流模数。

若流域面积相对较大或流域内等值线分布并不均匀，则需用加权平均法计算（图 6-15），即：

$$M_0=\frac{m_1f_1+m_2f_2+\cdots+m_nf_n}{F} \tag{6-17}$$

在上式中，

M_0：整个流域的正常年径流模数；

m_1、m_2、…、m_n：相邻两年径流模数等值线的平均值；

f_1、f_2、…、f_n：相邻两年径流模数等值线之间的面积；

F：流域面积。

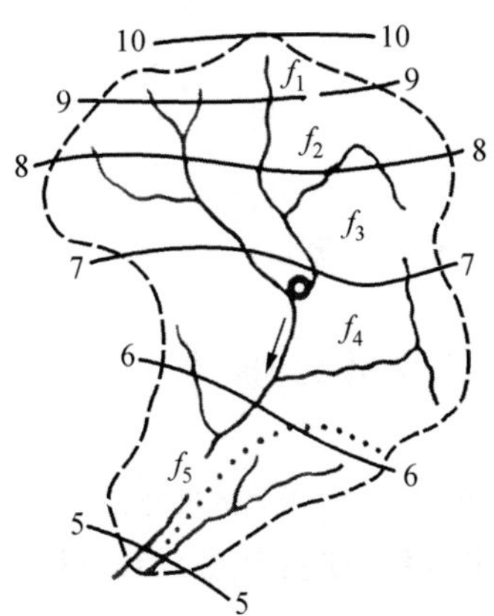

图 6-15 径流模数等值线(据南京大学地理系和中山大学地理系,1978)

2) 水文比拟法

选择一水文现象的发生、发展及变化特点与研究流域者相似且水文资料系列充分长的流域作为参证流域,将参证流域的水文资料移用至研究流域,以推求研究流域的正常年径流量。若参证流域和研究流域的个别因素有所不同,则需以这一因素算得修正系数,并以该系数对年径流量数值做修正。

例如,参证流域和研究流域的其他自然地理环境状况相似,但两个流域的降水量有所不同,则需以年降水量修正系数对参证流域的年径流深做修正,即:

$$R_{0\text{研究}} = \frac{P_{\text{研究}}}{P_{\text{参证}}} R_{0\text{参证}} \tag{6-18}$$

在上式中,

$R_{0\text{研究}}$:研究流域的多年平均径流深;

$P_{\text{研究}}$:研究流域的多年平均降水深;

$P_{\text{参证}}$:参证流域的多年平均降水深;

$\frac{P_{\text{研究}}}{P_{\text{参证}}}$:年降水量修正系数;

$R_{0\text{参证}}$:参证流域的多年平均径流深。

又如,参证流域和研究流域的其他自然地理环境状况相似,但两个流域的面积有所不同,则需以面积修正系数对参证流域的年径流量做修正,即:

$$Q_{0\text{研究}} = \frac{F_{\text{研究}}}{F_{\text{参证}}} Q_{0\text{参证}} \tag{6-19}$$

在上式中,

$Q_{0\text{研究}}$:研究流域的多年平均径流量;

$F_{研究}$:研究流域的面积；

$F_{参证}$:参证流域的面积；

$\frac{F_{研究}}{F_{参证}}$:面积修正系数；

$Q_{0参证}$:参证流域的多年平均径流量。

第五节　河流的补给

河流的补给系指其水分的来源。河流的补给不同,其水文情势便有所不同。河流的补给通常可分为雨水补给、冰雪融水补给及地下水补给。

一、雨水补给

雨水充任河流的水分来源称为雨水补给。以雨水补给为主的河流的水情特点是:流量明显随着雨量的增减而增减(图 6-16)。

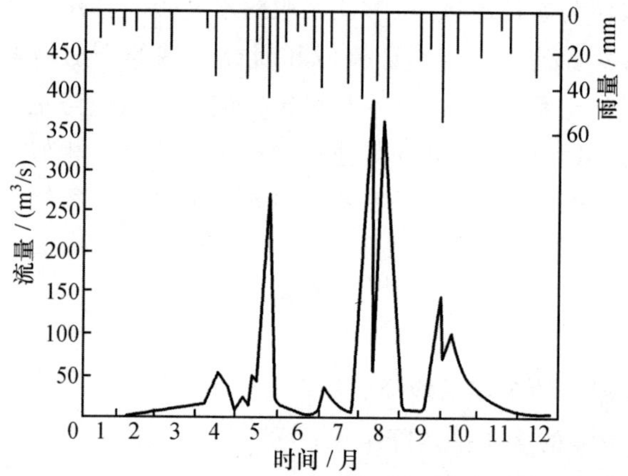

图 6-16　沮水猴子岩站 1974 年雨量过程线和流量过程线(据胡方荣和侯宇光,1988)

在中国的大部分地区,降水多以雨的形式出现,故雨水为河流最普遍和最主要的水分来源。但在不同的地区,雨水补给占年径流量的百分比却相差较大。雨水补给占年径流量的百分比如同降水量的分布,由东南向西北递减。

在淮河-秦岭以南、青藏高原以东的广大地区,雨水充沛,冬季虽有降雪,但大都随降随化,融水渗入土中或耗于蒸发,很少直接补给河流,故雨水补给可占年径流量的 60%以上;在其中的浙闽丘陵地区和四川盆地,雨水补给占年径流量的百分比最高,可达 80%—90%;在其中的云贵高原,因河流常得到较多的地下水补给,雨水补给占年径流量的百分比相对为低,仅为 60%—70%。

在东北和华北一带，河流虽可得到冰雪融水的补给，但融水补给仍较次要，雨水依然为主要补给来源；在其中的黄淮海平原，雨水补给占年径流量的百分比最高，可达80%—90%；在其中的东北和黄土高原地区，雨水补给占年径流量的百分比相对为低，仅为50%—60%。

在西北内陆地区，气候干燥，降雨量很低，故以高山冰雪融水补给为主，雨水补给则退居次要地位，雨水补给占年径流量的百分比似随干旱程度的增强而趋于降低：如在祁连山北坡东部的石羊河水系，雨水补给仍占年径流量的60%—70%；而在西部的疏勒河水系，雨水补给仅占年径流量的30%—40%；在喀喇昆仑山和昆仑山的北坡，亦有类似的情况。

二、冰雪融水补给

冰雪融水充任河流的水分来源称为冰雪融水补给。以冰雪融水补给为主的河流的水情特点是：流量与气温的关系非常密切，流量明显随气温的升降而增减（图6-17）。

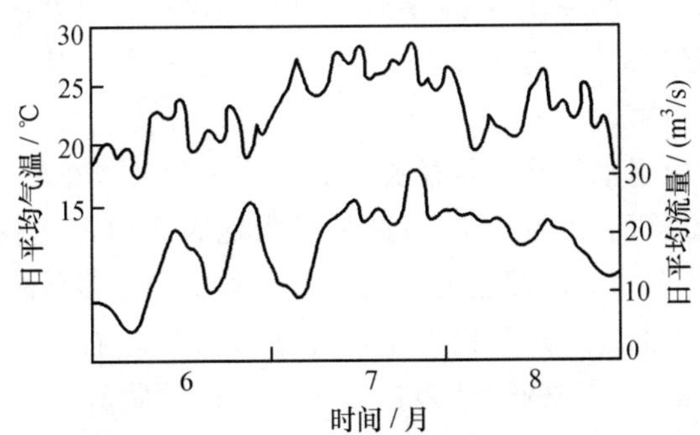

图6-17　浑江桓仁站1953年6—8月气温变化过程与流量过程线（据胡方荣和侯宇光，1988）

在华北地区，季节积雪不多，融水补给在年径流量中所占的百分比很低；但河流在冬季普遍冻结，故春季的融水补给可造成不很明显的春汛。

在东北地区，冰雪融水补给的重要性有所增大，冬季漫长且寒冷，降水全以雪的形式出现。在其中北部的大、小兴安岭一带和东南部的长白山山地，积雪深度在20 cm以上，最大可为40—50 cm，次年春暖时，融水补给可造成春汛，占年径流量的10%—50%。

在西北内陆地区，盆地内十分干燥，而周围面临水汽来向的高山上却相对较为湿润，接受雨、雪较多，不仅存在季节积雪，还有永久积雪和冰川，故高山冰雪融水成为主要的补给。获得高山冰雪融水较多的河流，可流经戈壁或沙漠，达到盆地的中央而聚合成湖。高山冰雪融水补给的多少，占年径流量的百分比随流域的地理位置、气候状况及冰雪储量而异。

三、地下水补给

地下水充任河流的水分来源称为地下水补给。以地下水补给为主的河流的水情特点是:流量在年内的分配十分均匀(图 6-18)。影响地下水补给的最重要的因素是流域所处的气候状况,其次是流域内的地表物质组成和槽道的切割深度。

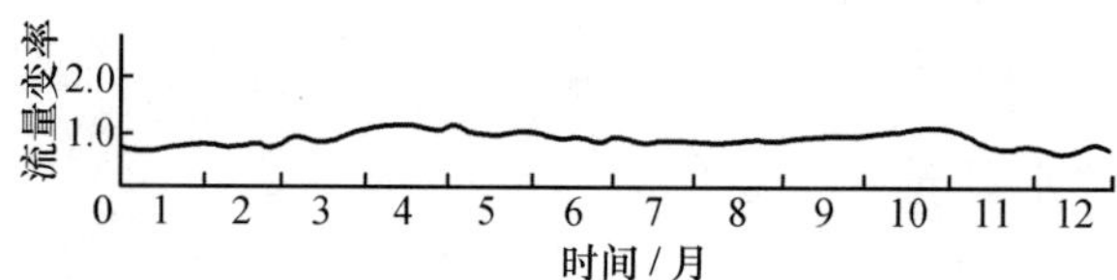

图 6-18 铁木里克河阿拉尔站 1966 年逐日平均相对流量过程线(据胡方荣和侯宇光,1988)

在中国,地下水也是河流普遍的水分来源之一。大多数河流均可获得一定的地下水补给,但在不同地区,地下水补给占年径流量的百分比却相差很大。

在中国东部湿润地区,地下水补给占年径流量的百分比一般不超过 40%;但在西部干旱地区,可超过 40%。

在一些地区,地下水补给占年径流量的百分比较大。在黄土高原沟壑区,地下水补给占年径流量的 40%—50%,这是因为地表系由深厚疏松、透水性强的黄土组成;此外,河道切割幽深也是原因之一。源于鄂尔多斯高原南部边缘的无定河的中、上游获得的地下水补给占年径流量的 80%左右。青藏高原处在高寒地带,寒冬风化严重,岩石破碎,地表还有大量的冰碛物和冰水沉积物分布。因此,有利于融水下渗,地下水丰富,河流可以获得大量的地下水补给,如狮泉河获得的地下水补给占其年径流量的 60%以上。在西南部岩溶地区,有着独特的地貌形态和发达的地下水系,暗河与明流交替出现,地下水对河流的补给十分重要。

在中国,除由暴雨形成的间歇性小河及干旱地区部分泉流河之外,几乎所有的河流均可获得两种或两种以上的补给。

一般来说,河流的补给种类由南向北、由东向西增多。在东部,秦岭-淮河以南的河流仅有雨水和地下水两种补给;而其以北的河流还有季节融水和消冰水补给。在西北和西南,高山上和高原上的河流可获得所有种类的补给,既有雨水和地下水补给,也有季节融水和高山冰雪水补给。

在中国,山区河流的补给种类及其组合常呈垂直分带。随着流域的海拔高程的变化,自然地理环境状况和降水方式有所变化,河流的补给亦异。例如,在新疆，高山地带的河流主要为冰雪融水补给，低山地带的河流主要为雨水补给，而中山地带的河流既为冰雪融水补给又为雨水补给，且各占年径流量一定的百分比。又如，在川西和滇北山地，5 000—5 500 m 为永久积雪带，故这一高度范围内的河流主要为冰雪融水补给；3 000—5 000 m 高度范围内的河流除为季节积雪融水补给之外，还为雨水和地下水补给；而 3 000 m 以下的河流则主要为雨水补给，其次为地下水补给。

在中国，干、湿季节往往非常明显，故在不同季节，同一河流所受的补给也常有不同；降雨主要集中在夏、秋两季，随着纬度的增高，降雨在一年之中越发集中，故从南到北，河流受雨水补给的时间渐短。与之相反，由南至北，河流受地下水补给的时间趋长。在东北地区，雨期到来前的春季，河流尚短暂为季节融水补给，故有明显的春汛出现。在西北和西南的高山地区，情形最为复杂，积雪和冰川在暖季融化，而降雨也在暖季集中降下，故冰雪融水补给和雨水补给或交替发生，或同时到来。

第六节 河流径流的年际变化

河流的不同年份年径流量的差异性称为年径流的年际变化。研究年径流的年际变化规律，不仅可为确定水利工程的规模和效益提供基本依据，而且对中长期水文预报十分重要。

径流的年际变化通常系指年径流量的年际变化幅度和年径流量的多年变化过程。

一、年径流量的年际变化幅度

一般以年径流量的变差系数和年径流量的年际比值表示年径流量的年际变化幅度（表 6-3）。

表 6-3 中国部分水文站年径流量的变差系数(C_v)和年际比值(K_a)

（据水利电力部水文局，1987）

河名	站名	集水面积/km^2	系列年数	多年平均径流量/(亿 m^3)	C_v	最大年径流量/($\times10^8$ m^3)	年份	最小年径流量/($\times10^8$ m^3)	年份	K_a
黑龙江	湖通镇		82	473.7	0.34	944	1958	196	1905	4.8
松花江	哈尔滨	390 526	78	385	0.43	847	1932	123	1920	6.9
嫩江	富拉尔基	123 490	49	146	0.54	397	1932	28.4	1907	14
乌苏里江	饶河		63	222.2	0.27	369	1971	114	1978	3.2
乌苏里江	兴凯湖	22 400	66	19.9	0.42	44.2	1960	7.41	1978	6
鸭绿江	水丰水库	45 860	62	250.3	0.26	395	1922	135	1976	2.9

（续表）

河名	站名	集水面积/km^2	系列年数	多年平均径流量/(亿 m^3)	C_v	最大年径流量		最小年径流量		K_a
						/($\times 10^8$ m^3)	年份	/($\times 10^8$ m^3)	年份	
浑河	沈阳	7 919	42	22.3	0.42	43.6	1960	8.85	1943	4.9
滦河	滦县	44 100	51	47.5	0.54	128	1959	16.1	1936	8
潮白河	苏庄	17 595	62	18.4	0.74	64.7	1939	3.35	1941	19.3
永定河	官厅水库	43 402	61	17.8	0.35	32.2	1939	7.16	1930	4.5
滹沱河	黄壁庄水库	23 272	56	22	0.58	65.6	1954	7.9	1931	8.3
黄河	兰州	222 551	45	346	0.19	517	1967	240	1956	2.2
黄河	三门峡	688 421	61	504	0.25	823	1964	242	1928	3.4
渭河	咸阳	46 827	46	56.5	0.33	114	1964	26.9	1972	4.2
淮河	蚌埠	121 330	54	278	0.64	719	1921	62.2	1929	11.6
淮河	三河闸	158 160	64	328	0.62	944	1921	56.8	1929	16.6
长江	寸滩	841 291	87	3 600	0.12	4 650	1949	2 560	1942	1.8
长江	宜昌	1 005 501	100	4 530	0.12	5 782	1954	3 345	1942	1.8
长江	汉口	1 488 036	113	7 392.1	0.13	10 130	1954	4 531	1900	2.2
金沙江	屏山	458 592	40	1 430	0.16	1 950	1965	1 070	1942	1.8
岷江	高场	135 378	40	944	0.13	1 300	1949	735	1972	1.8
嘉陵江	北碚	156 142	37	685	0.21	998	1964	499	1959	2
汉江	黄家港	95 217	50	377	0.37	792	1938	140	1941	5.6
西江	梧州	329 705	78	2 290	0.2	3 130	1915	1 070	1963	3.2
黔江	武宣	196 255	34	1 348.4	0.21	1 970	1944	671	1963	2.9
郁江	贵县	87 712	27	479	0.26	911	1904	223	1963	4.1
北江	石角	38 362	64	449.6	0.25	722	1973	163	1963	4.4
钱塘江	衢县	5 424	49	65.9	0.3	104	1954	31.1	1963	3.3
闽江	竹岐	54 500	44	564	0.28	842	1937	276	1971	3.1
闽江	七里街	14 787	40	160	0.31	247	1975	68.9	1971	3.6
伊犁河	雅玛渡	49 186	56	116.6	0.15	495	1959	88.3	1974	5.6
黑河	莺落峡	10 009	36	49.5	0.14	70.4	1952	35.1	1973	2
额尔齐斯河	布尔津	24 246	53	35.6	0.32	62.5	1969	16.4	1974	3.8

1. 年径流量的变差系数

年径流量的变差系数的计算公式为：

$$C_V=\sqrt{\sum_{i=1}^{n}\frac{(K_i-1)^2}{n-1}} \qquad 6\text{-}20$$

在上式中，

C_V:年径流量的变差系数；

n:计算中所用资料的年数；

K_i:第 i 年的年径流量变率，即第 i 年的年径流量与正常年径流量的比值。

若 $K_i>1$，则该年的年径流量比正常年份的年径流量大；若 $K_i<1$，则该年的年径流量比正常年份的年径流量小。

C_V 值的计算公式表明，该值能够反映总体的相对离散程度，即不均匀性。C_V 值越大，年径流量的年际变化越剧烈，对水资源的利用越不利，且越易发生洪涝灾害。

影响径流的年际变化的主要因素是气候，其次是下垫面因素和人类活动。气候因素具有地带性规律，即随地理位置而逐渐变化；此外，一些下垫面因素（如流域高程、流域坡度等）在平面上也具有渐变的规律。这就决定了 C_V 值具有一定的地理分布规律，在一定区域内可绘制 C_V 等值线图。

在中国，C_V 值的大小与自然地理环境因素关系密切，归纳起来有以下几点：

1）降水量大的地区的 C_V 值小于降水量小的地区的 C_V 值

在降水量大的地区，水汽输送量大而稳定，年降水量的年际变化较小，而降水又是影响径流的主要因素。此外，降水量大的地区，地表供水充分，蒸发量比较稳定。因此，在降水量大的地区，C_V 值相对较小。例如，在南方，降水量大且稳定，C_V 值仅为 0.2—0.8，在一些地区，C_V 值甚至小于 0.2；而在北方，降水集中且量不稳定，夏季多急骤暴雨，加之蒸发量的年际变化也大，C_V 值较大，一般为 0.4—0.8，甚至可达 1。

2）以雨水补给为主的河流的 C_V 值大于以冰川积雪融水或地下水补给为主的河流的 C_V 值

冰川积雪融水的融化量主要取决于温度，而温度的年际变化比较小。例如，在天山、昆仑山及祁连山一带，河流的 C_V 值仅为 0.1—0.2。以地下水补给为主的河流受到地下蓄水库的调节，径流稳定，故 C_V 值也较小。例如，在黄土高原地区，降水量虽然小，但由于下垫面土质疏松，下渗较强，地下水补给丰沛，C_V 值相对较小，一般在 0.4 以下，无定河上游的支流的 C_V 值仅有 0.2—0.3。

3）平原和盆地的 C_V 值大于相邻的高山和高原地区的 C_V 值

高原和山地抬升气流，多形成地形雨，降水量比平原和盆地大且稳定，径流量也相应地大且稳定，故 C_V 值较小。例如，在西藏高原边缘的山地迎风坡，C_V 值大都在 0.2 以下；在贵州高原及与其相邻的湘、鄂西部和桂东的广大山区，C_V 值在 0.3 以下，甚至不足 0.2；而在四川盆地，C_V 值为 0.4 左右。又如，在东北地区的长白山和大、小兴安岭一带，C_V 值仅为 0.3—0.4；而在松辽平原和三江平原，C_V 值可在 0.6—0.8 以上。

4）流域面积小的河流的 C_V 值大于流域面积大的河流的 C_V 值

大河集水面积大，且流经不同的自然区域，各支流的径流变化情况很不一致，丰、枯水年可以互相调节。此外，河床切割很深，得到地下水补给多而稳定，因此径流量相对稳定，C_V 值较小。例如，黄河干流的 C_V 值在 0.3 以下，而其两

侧支流的 C_V 值则多高于 0.3；长江干流的 C_V 值在 0.2 以下，而其支流的 C_V 值均在 0.2 以上。

2. 年径流量的年际比值

最大年径流量与最小年径流量的比值称为年径流量的年际比值或年径流量的绝对比率(K_a)，即：

$$K_a = \frac{Q_{max}}{Q_{min}} \qquad 6\text{-}21$$

在上式中，

K_a：年径流量的年际比值；

Q_{max}：最大年径流量；

Q_{min}：最小年径流量。

同 C_V 值一样，K_a 也可反映年径流量的年际变化幅度。K_a 值越大，年径流量的年际变化幅度就越大。C_V 值大的河流，K_a 值也较大。

在中国，长江以南各河的 K_a 值一般在 5 以下，而北方河流的 K_a 值则可高达十几；最大的 K_a 值主要出现在半干旱、半湿润地区，如在华北的潮白河苏庄站，K_a 值高达 19.3，又如在东北的嫩江富拉尔基站，K_a 值也可达 14.0；受冰川积雪融水补给较大的河流的 K_a 值较小，如在新疆的伊犁河雅马渡站，K_a 值仅为 5.6；大江大河的 K_a 值与流域面积有明显的关系，一般 K_a 值随流域面积的增大而减小。

二、年径流量的多年变化过程

年径流量的多年变化过程系指年径流量的时序规律，即河流的丰、枯水年的持续性和周期性。

在年径流量的多年变化过程中，丰、枯水年常连续出现，而且丰水年组与枯水年组循环交替(表 6-4)。

表 6-4 中国部分水文站年径流量的丰、枯变化(据水利电力部水文局，1987)

站名	丰水年组起讫年份	年数	平均年径流量 /($\times 10^8$ m^3)	枯水年组起讫年份	年数	平均年径流量 /($\times 10^8$ m^3)
哈尔滨	1960—1966	7	529.6	1900—1907	8	232.9
滦县	1937—1939	3	77.7	1970—1972	3	24.7
官厅水库	1953—1962	10	24	1926—1932	7	11.2
黄壁庄水库	1953—1959	7	39.4	1925—1932	8	12.5
三门峡	1966—1968	3	657.3	1922—1932	11	353.9
蚌埠	1954—1956	3	557.3	1932—1936	5	113.6

（续表）

站名	丰水年组起讫年份	年数	平均年径流量/($\times10^8$ m^3)	枯水年组起讫年份	年数	平均年径流量/($\times10^8$ m^3)
宜昌	1947—1952	6	5 074.3	1939—1944	6	4 012.8
梧州	1946—1952	7	2 725.7	1955—1958	4	1 777.5
竹岐	1952—1954	3	727	1963—1967	5	420
雅玛渡	1958—1960	3	475.3	1974—1975	2	290.5
莺落峡	1957—1959	3	57	1960—1962	3	44.8
布尔津	1969—1971	3	163.7	1974—1979	6	80.3

在中国，年径流量的多年变化过程一般有以下三个特点。

1. 丰、枯水的持续性

各河流大都出现过较长的丰、枯水期。例如，黄河曾出现连续 11 年的枯水年组；黄河及其以北的河流的丰、枯水持续年数常比南方河流的长。

2. 丰、枯水变化的同步性

相邻的河流，尤为相邻的中等河流，当所处的气象状况一致时，年径流量的多年变化存在着同步性。而且，丰、枯水越严重，涉及的地区越大。例如，南、北方的河流曾同时出现丰、枯水的情况。

3. 丰、枯水变化的非同步性

在有些时候，也会出现南、北各河流丰、枯水相反的情况。例如，在长江的汉口站，1902—1922 年为丰水期，1923—1944 年为枯水期；而在松花江的哈尔滨站，1902—1926 年为枯水期，1927—1944 年为丰水期。

第七节　河流径流的年内变化

河流不同季节的径流量的差异性称为径流的年内变化或年内分配。径流的年内变化影响到河流对工农业的供水和通航时间的长短。这一变化主要取决于补给来源及其变化。在中国，大多数河流是由雨水补给的，故径流的年内分配在很大程度上取决于降水的年内分配；但对于北方的河流，除降水之外，热量条件也是一个重要的影响因素。

通常以季节径流量或若干个月径流量之和占全年径流量的百分比（简称为“径流的季节分配”）以及若干特征值表述径流的年内变化情况。

一、径流的季节分配

1. 中国径流的季节分配状况

在冬季（12—2 月），径流量通常最小，这一现象称为“冬季枯水”。在北方，因天气严寒和冰冻的影响，冬季径流量一般不及全年径流量的5%；在黑龙江省北部和西北地区的沙漠和盆地中，冬季径流量甚至不及全年径流量的2%；一些以地下水补给为主的河流的冬季径流量占全年径流量的百分比会稍高，例如，黄土高原北部和太行山山区的河流的冬季径流量可达全年径流量的10%；新疆的伊犁河一带上空的水汽来自大西洋，冬季降水较多，故冬季径流量也较大，可占全年径流量的10%。在南方，冬季降水较北方为多，冬季径流量也相应为大，但冬季径流量也仅占全年径流量的6%—8%，只是在少数地区，冬季径流量超过全年径流量的10%；在台湾，冬季径流量占全年径流量的百分比最高，可达15%以上，在台北，冬季径流量甚至可超过全年径流量的25%。

在春季(3—5月)，径流普遍增多；但在不同的地区，增长的程度却相差很大。在东北和阿尔泰山地区，因融雪和解冻而出现明显的春汛，春季径流量一般可占全年径流量的20%—30%。在南方丘陵地区，雨季开始，降水明显增多，径流也随之增多，春季径流量可占全年径流量的40%左右。在西南地区，因受西南季风的影响，降水仍较少，春季径流量仅占全年径流量的5%—10%，且仍有春旱发生。在华北地区，径流虽有增多，但春季径流量仍占全年径流量的10%以下，且春旱普遍发生。

在夏季(6—8月)，径流最为丰沛。在大部分地区，因受东南季风和西南季风的影响，降水大幅增多，径流量也普遍增大。在南方，夏季径流量可占全年径流量的40%—50%，在四川盆地，夏季径流量占全年径流量的60%。在北方，降水更趋集中在夏季，夏季径流量占全年径流量的50%以上。在西北地区，因气温升高，高山冰雪大量融化，致使径流猛增，夏季径流量占全年径流量的60%—70%。在大部分地区，夏季均为汛期，洪水多发，故有“夏季洪水”一说。

在秋季(9—11月)，径流普遍减退，出现“秋季平水”现象。在大部分地区，秋季径流量占全年径流量的20%—30%。在江南丘陵地区，秋季径流量仅占全年径流量的10%—15%，有秋旱发生。在海南岛，秋季径流量占全年径流量的百分比最高，可达50%左右。在秦岭山地及其以南地区，秋季径流量占全年径流量的百分比次之，亦可达40%。

2. 中国径流的季节分配的空间分布

在长江以南、云贵高原以东的大部分地区，最大4个月径流量之和占全年径流量的60%；而且最大径流量出现的时间较早，一般为4—7月；较集中降水出现的时间仅迟1个月左右。

在长江以北的地区，径流年内集中程度明显增强。在华北平原及辽宁沿海平原，最大4个月径流量之和占全年径流量的80%，其中以在海河平原为最高，最大4个月径流量之和占全年径流量的90%。在大部分地区，最大径流量出现的时间为 6—9 月。

在西南大部分地区,最大 4 个月径流量之和占全年径流量的 60%—70%,最大径流量出现的时间为 6—9 月或 7—10 月。

径流量的季节分配主要服从降雨和气温的年内变化规律,而积雪、冰、植被尤为森林、土壤以及地质等的状况也可起到一定的调节作用。中国的大部分地区均受季风的影响,降雨主要集中在夏季,故径流也集中在夏季。在中国的西北内陆地区,河流主要由冰雪融水补给,夏季的气温高,径流亦集中在夏季。在一些地区,如陕北的无定河流域,各季节的径流分配比较均匀,这是河流得到的地下水补给量大的缘故。

二、径流年内变化的特征值

除了上述季节径流量或若干月径流量之和占全年径流量的百分比之外,还常以径流年内分配不均匀系数和径流年内分配完全年调节系数表述径流的年内变化状况。

1. 径流年内分配不均匀系数

径流年内分配不均匀系数的计算公式为:

$$C_{vy}=\frac{\sqrt{\sum_{i=1}^{12}\left(\frac{K_i}{K}-1\right)^2}}{12} \qquad 6\text{-}22$$

在上式中,

C_{vy}:径流年内分配不均匀系数;

K_i:第 i 月径流量占年径流量的百分比;

K:一个月的个数(即 1)占全年总月数(即 12)的百分比,即 $K=\frac{1}{12}\times100\%\approx8.33\%$。

C_{vy} 值的计算公式表明,该值越大,各月径流量相差就越悬殊,即径流的年内分配就越不均匀。

前已述及,径流的年内分配主要受降雨和气温的年内变化控制,下垫面因素也会在一定程度上有所影响。降雨和气温具有明显的地带性规律,而一些下垫面因素也显示出一定的地带性规律或在平面上的渐变规律,因此 C_{vy} 值具有一定的地理分布规律,故可绘制一定区域内的 C_{vy} 等值线图。

2. 径流年内分配完全年调节系数

在洪水季节,水库可拦蓄部分上游来水;在枯水季节,水库再将其中的部分水分放出,以补充下游的水量。因此,水库可起到调节径流的作用。

如果水库能将下游的径流调节得十分均匀,即在一年内,无论是洪水期还是枯水期，下游的流量完全相同（应等于年平均流量），这样的调节则称为完全年调节。

水库为实现完全年调节就必须拦蓄一定量的上游来水，水库储纳这部分上游来水的容积称为完全年调节库容（V）。径流量的年内分配不同，水库为实现完全年调节而必须储纳的水量就不同，V 也不同。年内分配越不均匀，V 就越大。因此，V 可作为反映河川径流年内分配不均匀的一个综合指标。

常采用 V 与年径流总量（W）的比值来比较不同河流年内分配情况，这就是所谓的完全年调节系数。

径流年内分配完全年调节系数的计算公式为：

$$C_r = \frac{V}{W} \tag{6-23}$$

在上式中，

C_r：径流年内分配完全年调节系数；

V：完全年调节库容；

W：年径流总量。

若以多年平均完全年调节库容（$\bar{V}$）和多年平均径流总量（$\bar{W}$）计算，便可得多年平均完全年调节系数（C_r^0）：

$$C_r^0 = \frac{\bar{V}}{\bar{W}} \tag{6-24}$$

与径流年内分配不均匀系数相同，完全年调节系数也具有一定的地理分布规律。因此，可绘制一定区域的 C_r^0 等值线图。

第八节 洪　水

大量的雨水或冰雪融水在短时间内汇入槽道形成的特大径流称为洪水，又称为汛。

一、洪水的类型和影响因素

在中国，按洪水的成因和出现的时间，将之分为两种类型。

1. 暴雨洪水

因夏、秋季暴雨而形成的洪水称为暴雨洪水，并分别称为伏汛、秋汛，或统称为大汛。

暴雨洪水的特点是：流量大、通常占全年径流总量的50%以上，涨、落急剧。山区的中、小河流中出现的暴雨洪水尤为如此。暴雨洪水很易造成灾害。

2. 融雪洪水

在春季,因积雪及河冰的融化而形成的洪水称为融雪洪水、春汛、桃汛,或统称为小汛。

融雪洪水的特点是:流量小,涨、落和缓。融雪洪水一般不易造成灾害。

在中国,暴雨洪水,即伏汛和秋汛,是大多数河流的主要洪水,也是水文学研究的重点。

影响暴雨洪水的因素主要包括雨量、强度、历时、笼罩面积及分布等的暴雨特性。例如,1963 年 8 月,海河流域发生了特大洪水。当年 8 月海河流域的降雨量超过了历年同时期降雨量的 1—9 倍;8 月 2—10 日出现的三次暴雨中,最大日雨量达 1 000 mm;暴雨的笼罩面积大,流域内 50%的地区同时普降大暴雨;暴雨中心也大体上自上游向下游方向移动,因此出现了此次历史上罕见的特大洪水。

对于融雪洪水,流域内的积雪和气温则是主要的影响因素。积雪量大,气温回升快,较大的融雪洪水易于出现。

另外,流域特性、槽道特性及人类活动等也是影响洪水的重要因素。流域特性包括面积、形状、坡度、河网密度、湖沼率、土壤、植被及地质状况等。槽道特性包括纵、横断面,尤其是坡度和糙率等。人类活动包括蓄水工程修建、植树造林及水土保持措施等。

二、洪水过程线和洪水要素

1. 洪水过程线

以时间为横坐标、洪水流量为纵坐标的曲线称为洪水过程线(图 6-19)。洪水过程线可表示洪水流量随时间的变化。

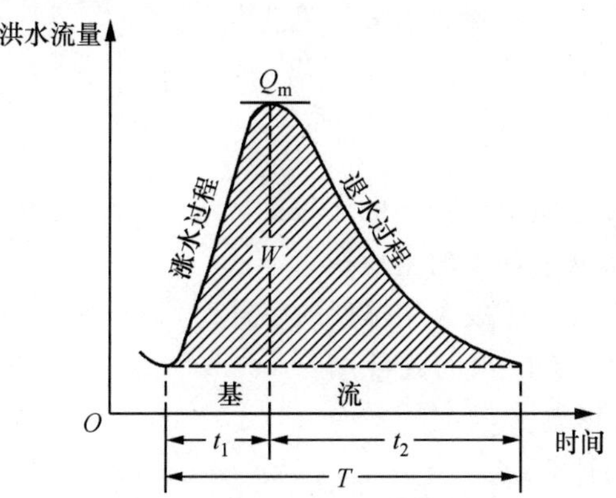

图 6-19　洪水过程线图(据邓绶林等,1979)

2. 洪水三要素

通过对洪水过程线的分析，可得知洪水的最大流量即洪峰流量(Q_m)、洪水总量(W)及洪水历时(T)。洪水过程线的顶点所对应的流量即为洪峰流量，洪水过程线与横坐标所包围的平面的面积即为洪水总量，洪水过程线的底宽即为洪水历时。以上三个量称为洪水三要素。

三、洪水要素之一——洪峰流量的推求

洪峰流量是水利工程设计的重要依据，因此洪峰流量的推求是水文学上一个非常重要的问题。目前，水文学仍普遍将洪峰流量视为一随机变量，以数理统计的方法预估某一洪峰流量出现的概率。

1. 利用实测或推测资料推求给定频率的洪峰流量

通常对实测年限较长(＞20 年)的河流才能利用这一方法。在推求中，既可以使用实测资料，也可以使用通过历史洪水调查和估算获得的推测资料。

一般来说，有以下几个步骤：

1) 选样

使用“年最大洪峰流量法”，即在每年实测资料中选取一个最大洪峰流量作样本。将选取的每年的最大洪峰流量按顺序排列组成系列。

2) 经验频率计算

计算每一洪峰流量出现的经验频率。

对于特大洪水系列，经验频率可按下式计算：

$$P=\frac{M}{N+1} \qquad 6\text{-}25$$

对于一般洪水系列，经验频率可按下式计算：

$$P=\frac{m+L}{n+1} \qquad 6\text{-}26$$

在上两式中：

P：经验频率；

M：特大洪水按递减次序排列的序号；

N：特大洪水系列中首项的重现期；

m：实测一般洪水按递减次序排列的序号；

L：实测洪水中特大洪水的数目；

n：实测洪水的年数。

3) 统计参数的计算

计算特大洪水加入后的洪峰流量均值($\bar{Q}$)和洪峰流量变差系数(C_V)。

4）确定洪峰流量的理论频率曲线

在经验频率和统计参数求得后，采用“适线法”确定洪峰流量的理论频率曲线。

5）推求洪峰流量

利用洪峰流量的理论频率曲线，推求某一指定频率下的洪峰流量数值。应用这一方法的详细步骤和实例可参见一些教科书的相关章节。

2. 利用地区性经验公式推求洪峰流量

地区性经验公式是利用一些资料建立的洪峰流量与影响洪水的主要因素之间的经验关系式。对于无实测洪水资料的小流域，可以选取适宜的公式，以影响洪水的主要因素的资料数据推求洪峰流量。

这类公式一般比较简单，应用方便。在这类公式中，最简单的为单因素地区性经验公式，其基本形式为：

$$Q_P = C_P F^n \qquad 6\text{-}27$$

在上式中，

Q_P：指定频率的洪峰流量（m^3/s）；

F：流域面积（km^2）；

C_P：随自然地理状况和频率而变的参数，反映了除流域面积之外，频率大小、暴雨特性及流域下垫面特性等的全部影响因素的作用；

n：经验性指数，一般可用$\frac{1}{2}$、$\frac{1}{4}$或 1。

在确定了随自然地理状况和频率而变的参数 C_P 及 n 之后，利用这一公式，仅以流域面积便可推求一定频率的洪峰流量。

克莱格（Clague）1975 年利用美国本土和阿拉斯加州的冰前河的资料数据建立了如下公式：

$$Q_y = 0.26A_g^{1.06} \qquad 6\text{-}28$$

在上式中，

Q_y：最大流量年的平均流量（m^3/s）；

A_g：冰川作用区面积（km^2）（2—150 km^2）。

利用这一公式，可以冰川作用区面积 A_g 推求冰前河的洪水，即融雪洪水的洪峰流量。这一公式可被归为此类单因素地区性经验公式。这一公式仅适用于冰川作用区面积为 2—150 km^2 的冰前河。

此外，还有所谓的多参数地区性经验公式。

例如，中国安徽省水电局 1971 年建立了一些适用于水利工程规划阶段的流域面积小于 300 km^2 的山丘区中小河流洪峰流量的推求公式：

$$Q_m = CR_{24}^{1.21}F^{0.75} \quad 6\text{-}29$$

在上式中，

Q_m：指定频率的洪峰流量(m^3/s)；

R_{24}：相应频率的 24 h 净雨深(mm)；

C：地区性经验系数，全省共分为 4 种类型的地区，即深山区 $C=0.0514$，浅山区 $C=0.0285$，高丘区 $C=0.0239$，低丘区 $C=0.0194$。

又如，一些研究机构或研究者还建立了适于推求中国山东省不同地区洪峰流量的经验公式：

$$Q_m = F^{0.83}J^{0.33}R^{1.15}t_c^{-0.50} \quad \text{（适用于全省山丘区）} \quad 6\text{-}30$$

$$Q_m = 3.05F^{0.64}J^{0.22}R^{0.62}t_c^{-0.14} \quad \text{（适用于鲁南及南四湖流域平原区）} \quad 6\text{-}31$$

$$Q_m = 0.348F^{0.746}J^{0.23}R^{0.913}t_c^{0.024} \quad \text{（适用于鲁北及小清河流域平原区）} \quad 6\text{-}32$$

在以上三式中，

F：流域面积(km^2)；

J：干流平均坡度(小数)；

R：净雨深(mm)；

t_c：净雨历时(h)。

由上可见，地区性经验公式均有很大的局限性，使用时，须认真查清公式使用的范围和条件，不可不加分析地任意取用。

3. 利用推理公式推求洪峰流量

这类公式又称“小流域推理公式”，种类很多。事实上，它们大都是通过成因推理分析与经验相关分析相结合建立的关系式，即半理论半经验公式，主要用于小流域的洪峰流量计算。

例如，中国水利电力科学院建立了如下半理论半经验公式：

$$Q_m = 0.278\varphi\frac{S}{\tau^n}F \quad 6\text{-}33$$

在上式中，

Q_m：洪峰流量(m^3/s)；

φ：洪峰径流系数，汇流时间(τ，单位 h)内最大降雨(H)所产生的径流深(h)与其自身的比值，即 $\varphi=\dfrac{h}{H}$；

F：流域面积(km^2)；

0.278：单位换算系数；

S：雨力(mm/s)；

n：暴雨衰减指数。

这一公式仅适用于面积小于 500 km^2 的流域。

四、洪水波

在无洪水发生时,河道中的水流为稳定流,河水等速沿纵向,即朝下游方向运动。此时,河流槽道中的水面如图 6-20 中的 AC 线。AC 线即为稳定流的水面线。

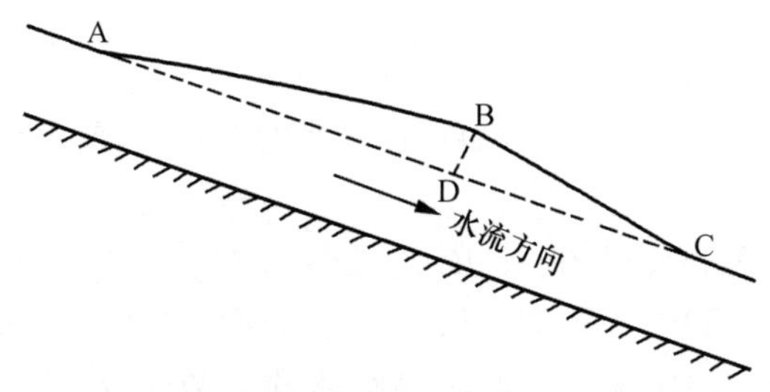

图 6-20 洪水波基本形状(据芮孝芳,2004)

流域上大量降雨后,产生的地表径流沿坡地迅速汇集,注入河流槽道,使河道水面沿程出现高低起伏的波动,这种波动称为洪水波。此时,河流槽道中的水面如图 6-20 中的 ABC 线。ABC 线即为洪水波的水面线。

1. 洪水波的几何特征

1) 波体

因洪水波的出现而附加在稳定流水面上的水体部分称为波体,如图 6-20 中的 $ABCD$ 部分。

2) 波高

洪水波水面线上的任一点相对于稳定流水面线的高度称为波高。

波高沿河程不同,波峰(洪水波的顶点)的波高为最大,如图 6-20 中的 BD。

洪水波的最大波高之前的部分称为波前段,如图 6-20 中的 $BCDB$ 部分;洪水波的最大波高之后的部分称为波后段,如图 6-20 中的 $BADB$ 部分。

3) 波长

洪水波水面与稳定流水面的交接面的长度称为波长,如图 6-20 中 AC 的长度。

4) 附加比降

洪水波水面相对于稳定流水面的比降称为附加比降。

附加比降可近似地以洪水波的水面比降与稳定流的水面比降的差值表示,即:

$$i_{\Delta} \approx i - i_0 \qquad 6\text{-}34$$

在上式中，

i_Δ：附加比降；

i：洪水波的水面比降；

i_0：稳定流的水面比降。

i_Δ 可正可负，在波前段，$i_\Delta>0$；在波后段，$i_\Delta<0$。

2. 洪水波的变形

若沿途没有支流汇入，在向下游方向的运动中，洪水波的形状便会发生变化，此即洪水波的变形。

洪水波在运动过程中，由于水面附加比降的存在，波前段和波后段的比降和水深均不相同。

在 t_1 时刻，洪水波处在 $A_1B_1C_1$ 位置；在 t_2 时刻，洪水波已运动至 $A_2B_2C_2$。在这一过程中，由于波前段 BC 的水面比降大于波后段 AB 的水面比降，波前段水体的运动速度大于波后段水体的运动速度，所以波长不断增大，波高不断减小，即 $A_1C_1<A_2C_2$，$h_1>h_2$，这种变形称为洪水波的展开或坦化（图 6-21）。

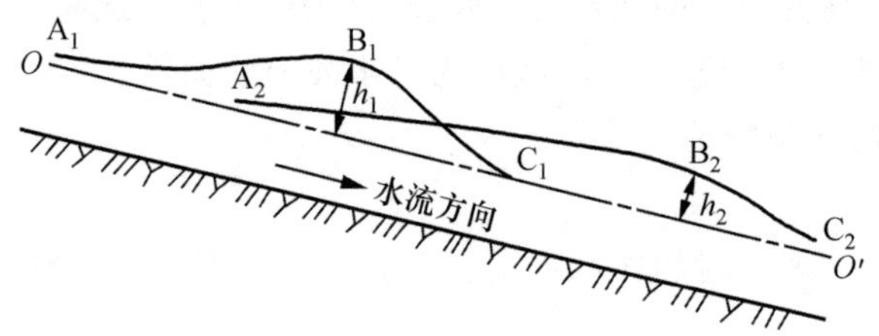

图 6-21 洪水波运动变形图（据邓绶林等，1979）

洪水波各处的水深并不相同，波峰 B_1 处的水深最大，水流受河底摩擦作用的影响最小，因而波峰的运动速度较洪水波上的其他各点的运动速度都大。所以，洪水波在运动过程中，波峰的位置更快地前移，波前段的长度不断减小，水面比降不断增大；而波后段的长度不断增大，水面比降不断减小，这种变形称为洪水波的扭曲（图 6-21）。

洪水波的展开和扭曲是同时发生的。它们使得波前段越来越短，波后段越来越长，波峰不断降低，波形不断变缓，波前段的水量不断移至波后段。

在天然水系中，深槽与浅滩相间，断面宽窄不等，且洪水波在运动途中常遇区间来水，因此洪水波的变形就更加复杂。例如，若洪水波由宽段进入窄段，其波高非但不减小，反而增大；若洪水波由窄深段进入宽浅段，其展开便显得更为明显。

3. 洪水波的运动速度

当某河流上发生洪水时，同一洪峰会在相邻两测站的水位过程线上以峰尖先后显现。

以相邻两测站的水位过程线上该峰尖显现的时间差除两测站间的距离，便可得到洪水波波峰的传播速度，即：

$$C=\frac{S}{t_2-t_1} \tag{6-35}$$

在上式中，

C：洪水波波峰的传播速度；

S：相邻两测站间的距离；

t_1：峰尖在第一个测站的水位过程线上显现的时间（洪峰在第一个测站出现的时间）；

t_2：峰尖在第二个测站的水位过程线上显现的时间（洪峰在第二个测站出现的时间）。

例如，某个洪峰在某河的各个测站的水位过程线上以峰尖先后显现（图6-22）。该洪峰在第一个测站 A 出现的时间 t_1 为 8 月 4 日 21 时，在第二个测站 B 出现的时间 t_2 为 8 月 4 日 23 时，两测站之间的距离为 7.3 km，则洪水波波峰的传播速度 $C=\frac{S}{t_2-t_1}=\frac{7.3\ \text{km}}{2\ \text{h}}=3.65\ \text{km/h}$。

同样，可以求出该洪水波波峰在其他相邻测站之间的传播速度。

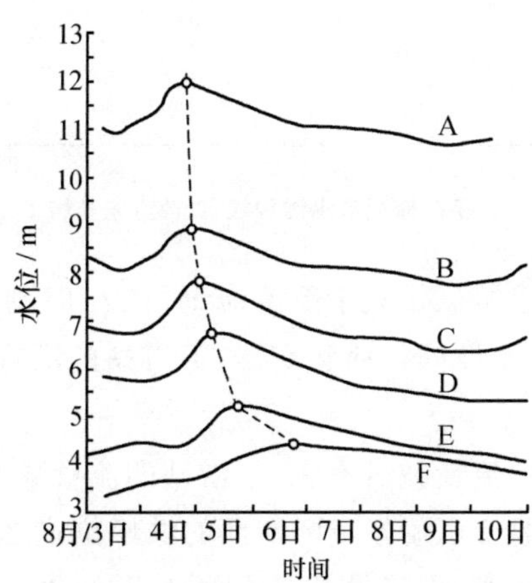

图 6-22 各站水位过程线（据天津师范大学地理系等，1986）

洪水波上各部位的运动速度均不相同，但对于任何给定位相点，波速与该点处断面平均流速均有一定关系，经推导，可得：

$$\bar{\omega}=\eta V \tag{6-36}$$

在上式中，

$\bar{\omega}$：点波速；

V：断面平均流速；

η：波速系数，对不同形状横断面的河道，取值不同；对矩形横断面的河道，$\eta=1.50$—1.67；对抛物线形横断面的河道，$\eta=1.33$—1.44；对三角形横断面的河道，$\eta=1.25$—1.33。

4. 洪水波的最大特征值

洪水波的最大特征值为最大流量（洪峰流量）、最高水位（洪峰水位）、最大流速及最大比降。

在洪水过程中，它们并不是同时出现，而是按照一定的顺序出现。可以利用圣维南方程组中的连续方程和谢才公式推导出这几个最大特征值出现的顺序。

若有一河段，其间无支流汇入，则其上、下游相邻两测站的洪水过程线如图6-23所示。

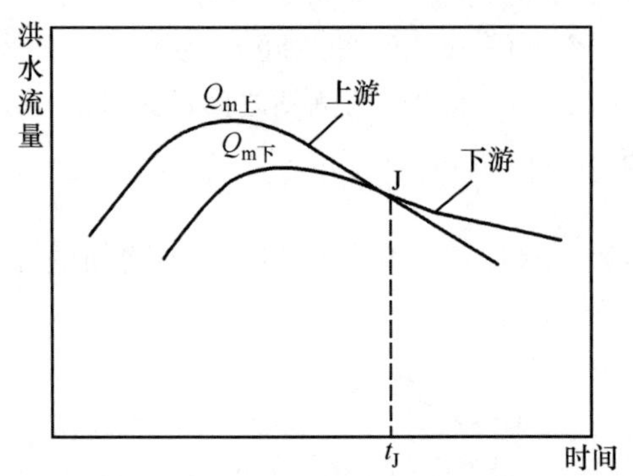

图 6-23 上、下游断面洪水过程线（据胡方荣和侯宇光，1988）

由图可见，涨洪段上游流量大于下游流量，在 t_J 时刻以后，落洪段下游流量大于上游流量。由于洪水波的传播和变形，下游站的洪峰 $Q_{m下}$ 晚于上游站的洪峰 $Q_{m上}$ 的出现，而且 $Q_{m上}>Q_{m下}$。

洪峰过后，上游站的流量减少率大，下游站的流量减少率小，致使上、下游测站两洪水过程线相交，且交点 J 位于两断面的洪峰位置之后；在交点 J 的相应时刻 t_J，两相邻断面流量相等，即流量 Q 沿河程 S 无变化，故有：

$$\frac{\partial Q}{\partial S}=0$$

由圣维南方程组中的连续方程 $\frac{\partial Q}{\partial S}+\frac{\partial F}{\partial t}=0$，可知：

当$\frac{\partial Q}{\partial S}=0$时，必有$\frac{\partial F}{\partial t}=0$，也即$\frac{B\partial h}{\partial t}=0$，$\frac{\partial h}{\partial t}=0$。

在以上方程中，F 为过水断面面积；B 为河宽；h 为水位(水深)。

若如上推导，t_J 时$\frac{\partial h}{\partial t}=0$，则此时水位出现极值，即此时下断面的水位达到最高值。由图 6-23 可知，下断面的最大流量 $Q_{m下}$ 已先出现，故断面上最高水位的出现略迟于最大流量。

由 $Q=VF$ 可得：

$$dQ = V dF + F dV$$

也即
$$\frac{dQ}{dt}=V\frac{dF}{dt}+F\frac{dV}{dt}$$

当出现最大流量时，$\frac{dQ}{dt}=0$，即 $V\frac{dF}{dt}+F\frac{dV}{dt}=0$。

由上面分析已知，当出现最大流量时，水位仍在继续上升，即$\frac{dF}{dt}>0$，要使$V\frac{dF}{dt}+F\frac{dV}{dt}=0$，必然有$\frac{dV}{dt}<0$，这就表明当出现最大流量时，流速已处在减小阶段，即最大流速出现在最大流量之前。

由谢才公式 $V=C\sqrt{hi}$ 可得：

$$V^2=C^2hi \quad 和 \quad 2V\frac{dV}{dt}=C^2h\frac{di}{dt}+C^2i\frac{dh}{dt}$$

当出现最大流速时，$\frac{dV}{dt}=0$，即 $C^2h\frac{di}{dt}+C^2i\frac{dh}{dt}=0$。

由上面分析已知，当最大流速出现时，水位继续上升，即$\frac{dh}{dt}>0$，要使 $C^2h\frac{di}{dt}+C^2i\frac{dh}{dt}=0$，必然有$\frac{di}{dt}<0$，这就表明出现最大流速时，比降已处在减小阶段，即最大比降出现在最大流速之前。

因此，对于单一洪水波，任何断面上的最大特征值出现的次序是：① 最大比降；② 最大流速；③ 最大流量；④ 最高水位。

当河道中的水流为稳定流时，水位和流量之间可以是单值关系，如图 6-24 中的虚线所示。在洪水过程中，水位和流量之间则形成较为复杂的多值关系。

洪水过程中，因涨水段的水面比降大于稳定流时的水面比降，在同一水位的情况下，稳定流时的流量必小于洪水涨水段的流量，故涨水段的水位-流量关系曲线位于稳定流时的曲线的右方；落水时因水面比降小于稳定流时的水面比降，

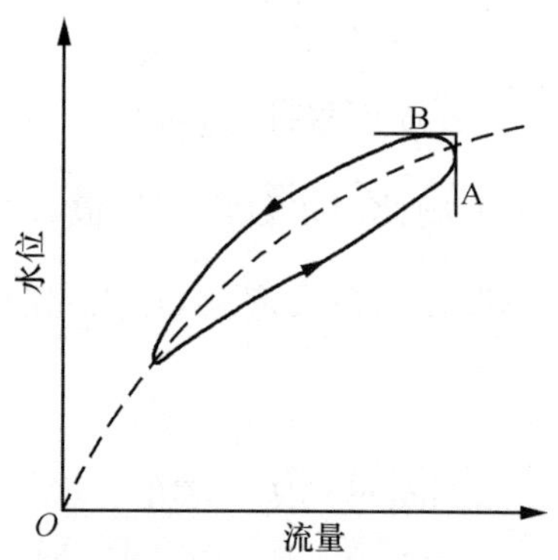

图 6-24 绳套形水位-流量关系(据胡方荣和侯宇光,1988)

故落水时同一水位的流量小于稳定流时的流量,致使落水段的水位-流量关系曲线位于稳定流时的曲线的左方。这样,一次洪水过程便形成了逆时针的绳套关系曲线,如图 6-24 中的实线所示。在该图中,A 点为最大流量点,B 点为最高水位点。由此可见,在洪水过程中,水位最高时,流量不一定最大;流量最大时,水位不一定最高。

第九节 枯 水

因水分补给不足尤其是降水补给不足而在河流槽道中造成流量明显偏小的现象称为枯水。枯水所持续的时期称为枯水期或枯水季节,而此时槽道中的水流称为枯水径流。

河川径流若在全年之中平均分配,每月径流量应占全年径流总量的 8.33%。若在某月,某河径流量不足该河全年径流总量的 5%,则称该河出现枯水,该月属枯水期。

中国的大部分地区均处在季风气候的影响之下,一年之中有明显的雨季和旱季,故大多数河流均可出现洪水和枯水,均经历明显的洪水期和枯水期。在中国,河流的枯水期一般为 5 个月左右。

在枯水季节,降水很少,径流主要靠流域蓄水的补给。流域蓄水逐渐消退,径流也随之递减。在枯水季节后期,若久晴不雨,流域蓄水量消耗最多,河中出现一年中的最小径流,有的河流甚至干枯断流。

一、枯水径流的影响因素

在枯水季节,径流主要由流域蓄水补给;其次,降水也能补给一部分。因此,影响流域地表蓄水量、地下蓄水量及二者的可得性，以及降水量的因素均可影响枯水径流。此外，人类的生产和生活活动也对枯水径流施予不可忽视的影响。

归纳起来，枯水径流的影响因素共有三类。

1. 下垫面因素

下垫面因素包括流域面积、河流槽道下切深度、流域内的地质和水文地质状况、河网密度、流域内的湖泊和沼泽及森林植被等。

流域面积较大，地下蓄水量相对就较大；此外，河流也较大，槽道下切较深，得到地下水补给较多，枯水径流也就较大。久旱不雨时，流域面积小的河流常会干枯断流，而流域面积大的河流的槽道中仍有一定量的径流，就是这一缘故。

流域的地质和水文地质状况，如土壤和岩石的特性、地质构造及岩溶等都会影响地下水的储量及其对河流的补给。若土壤疏松，岩石裂隙发育，断层及其破碎带密集，则有利于地下水的储存，枯水时，地下水可对径流施予明显的补给。若河网密度大，则有利于河流得到地下水的补给；此外，河流槽道的蓄水量也大，枯水径流也就较大。

湖泊和沼泽是河流的天然调节器。在洪水期，湖、沼可蓄存一部分水；在枯水期，水分再自湖、沼中流出，增大枯水径流量。

森林对枯水径流的影响是复杂的。一方面，森林可阻滞地表径流，有利于下渗，故可增大地下蓄水量，削减洪峰，增大枯水径流。另一方面，森林的蒸腾消耗地下水，故可减小地下蓄水量，从而使枯水径流得到的补给减少。但大多数研究者认为，在大多数情况下，森林的作用是削减洪峰而增大枯水径流，使径流的年内分配趋于均匀。

2. 气候因素

气候因素主要指汛期降水和枯水期降水。若汛期降水量较大，流域蓄水量增大，枯水径流也大。若枯水期降水量大，枯水径流得到的直接补给也大。在中国，南方枯水期的降水量较北方枯水期的降水量为大，故南方河流的枯水径流较北方河流的枯水径流为大。

3. 人类活动

人类活动既可以增加枯水径流也可以减少之。例如，修建水库等蓄水工程可以调节径流，增加枯水径流；封山育林及修筑水平梯田等有利于下渗，故亦可增加枯水径流；反之，引水灌溉、扩大灌溉面积及旱地改水田等则可减少枯水径流。

二、枯水径流的消退规律

枯水径流的消退主要是由流域蓄水的消退造成的，其规律与地下水的消退规律类同。

枯水径流的消退规律常被表示为：

$$Q_t = Q_0 e^{-\alpha t} \quad 6\text{-}37$$

在上式中，

Q_t：退水开始后 t 时刻的出流量(m^3/s)；

Q_0：退水开始时的出流量(m^3/s)；

α：参数。

为了应用这一公式，需先以实测资料确定 α 的数值，通常可利用图解法推求之。

首先将表述各次流量过程的流量过程线的退水段以相同的纵、横比例尺绘在透明纸上并使各过程线的退水段的尾端重合(图 6-25)。随后，在图上绘出各过程线的退水段的下包线，此下包线即为标准退水曲线(图 6-25)。

对 $Q_t = Q_0 e^{-\alpha t}$(公式 6-37)取自然对数，得：

$$\ln Q_t = \ln Q_0 - \alpha t,$$

也即

$$\ln Q_t = -\alpha t + \ln Q_0$$

上式为“$y = ax + b$”形式，即为一直线方程。

自绘得的标准退水曲线可读得 Q_0 值；对每一个 t 值，均可读得一相应的 Q_t 值。

以 t 为横坐标、$\ln Q_t$ 为纵坐标绘一直线，该直线的斜率即为 α 的数值。

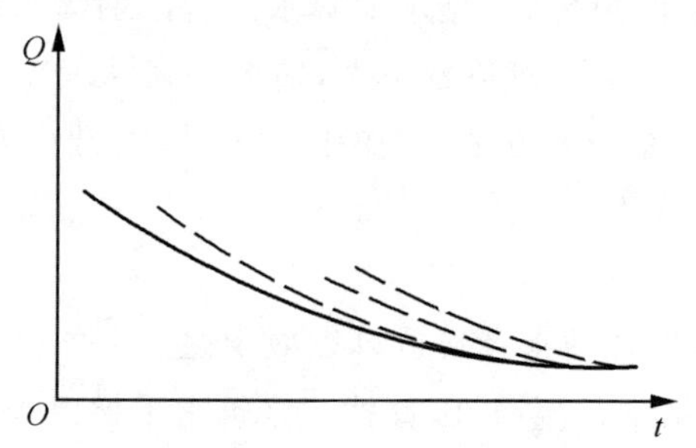

图 6-25 标准退水曲线的推求(据胡方荣和侯宇光，1988)

流量过程线表明(图 6-26)，最大流量过后，流量便开始减小，至退水段的拐点出现时，地表径流便不再进入河流槽道，此即枯水径流出现的时刻，也即河道中的水流开始主要或完全由地下水(基流)补给的时刻。

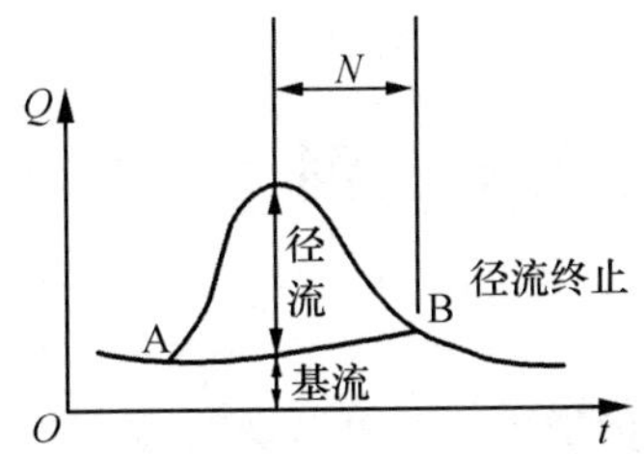

图 6-26　河川径流组成成分的分割(据胡方荣和侯宇光,1988)

可将河川径流的不同组成成分,即由地下水(基流)贡献的部分和地表径流贡献的部分划分开来。在图 6-26 上,将地表径流开始进入槽道的时间点(A 点)与其停止进入的时间点(B 点)相连,即可将二者分割。

一般来说,A 点不难确定,但 B 点则不易确定。通常可根据分析流量过程线的经验确定 B 点,如:

$$N = 0.8F^{0.2} \quad 6\text{-}38$$

在上式中,

N:天数;

F:流域面积(km^2);

算得 N 的数值之后,便可确定 B 点。

第七章　河 流 泥 沙

沟谷槽道中的水流所携带以及堆积于其中的固体颗粒称为河流泥沙(river sediment),简称泥沙(sediment)。

泥沙的运动和堆积是河流的重要水文现象之一,对河流的变迁和河流水情有着重要的影响。泥沙经水流搬运,在湖泊、水库、河口和海洋中堆积下来,又会对这些水体或水体部分的变迁和水文状况产生影响。河水中的泥沙含量是衡量水的质量的指标之一,对水资源的开发利用很有参考意义。河水中堆积在沟谷槽道中的泥沙多源于流域内的侵蚀,侵蚀愈强烈,泥沙便愈多,故可由泥沙的多寡推断侵蚀作用的强弱。因此,研究泥沙是非常重要的。

第一节　河流泥沙的来源

一、流域侵蚀

在汇水流域内的坡地上,因水、重力或风等的作用,土壤或其他地表物质破碎、遭受剥离、发生移动并进入沟谷槽道,随水流运动或堆积于其中,便成为泥沙。

可将流域内发生的侵蚀分为层状侵蚀、沟状侵蚀、陷穴侵蚀以及滑坡等。

1. 层状侵蚀(片蚀)

雨滴将坡地上的土壤或其他地表物质的颗粒溅起,落下的颗粒较前相对疏松且在坡地的下部相对为多;层状的漫流出现后,可将这些松散的颗粒移动,坡地表面均匀地遭受剥离,这就是层状侵蚀,又称片蚀。

层状侵蚀不易测出,也常被人们忽视,但其在整个流域坡地的表面均会发生,故为河流泥沙的重要来源之一。

2. 沟状侵蚀(沟蚀)

在坡地上,漫流经汇聚成为束状的细沟水流;若水流紊动力足够大,便可冲刷沟底或沟岸,这就是沟状侵蚀,又称沟蚀。

因水流的冲刷,耕作层中首先出现网状细沟,深度为数厘米至数十厘米,宽为 10—15 cm;随着侵蚀的持续,母质层被切入,浅沟出现,深度常为 0.5—

1.5 m，宽约为 1 m；随着侵蚀的进一步持续，切沟形成，深度至少为 1 m，甚至可为 20 m 以上。

3. 陷穴侵蚀

土层因内部出现空洞、失去支撑而下塌的侵蚀现象称为陷穴侵蚀。

在中国西北的黄土高原地区，陷穴侵蚀十分常见。黄土非常疏松且含有大量的可溶性碳酸盐，土体垂直节理极为发育。雨水渗入土体中，碳酸盐即被溶解，久而久之，内部形成空洞，上部土层失去支撑，下塌形成陷穴。

4. 滑坡

斜坡上的土体或岩体因种种原因在重力的作用下，沿一定的软弱结构面发生整体顺坡下滑的现象称为滑坡。

二、河道冲刷

河道遭受水流冲刷，其组成物质的颗粒随水运动或堆积下来，成为泥沙。

河道冲刷包括河底冲刷及河岸冲刷。

1. 河底冲刷

在河道中，水流下切，使底床加深，这就是河底冲刷。主要出现在河流的上、中游。

2. 河岸冲刷

在河道中，水流左右摆动，冲刷侧岸，这就是河岸冲刷。

河岸冲刷多发生在河流的中、下游，会使河道的横断面发生变化。

一般来说，流域侵蚀是泥沙的最主要来源，而河道冲刷则相对次要。

第二节　河流泥沙的特性

科学研究中常用泥沙的几何特征(粒径和颗粒级配)、比重、干容重以及水力粗度表征其特性。

一、泥沙的粒径和颗粒级配

1. 泥沙的粒径

泥沙颗粒的形状是多种多样的。较粗的泥沙颗粒，经常沿着河底运动，相互碰撞和摩擦的机会较多，故多呈球形或椭球形。较细的泥沙颗粒，经常悬浮于水中，相互碰撞和摩擦的机会较少；且较细的泥沙颗粒大多数为较粗的颗粒破碎后的坚硬部分，难于磨损，故多呈极不规则的棱角形。

因为中等和较粗的泥沙颗粒的形状近于球体，所以，可以近似地用球体代替泥沙颗粒的真实形状，即以相等颗粒容积球体直径（等容粒径）表示泥沙颗粒的直径，则有：

$$D=\left(\frac{6V}{\pi}\right)^{\frac{1}{3}} \tag{7-1}$$

在上式中，

D：泥沙的等容粒径（mm）；

V：泥沙的体积（mm^3）。

但实际上，常以泥沙颗粒的长轴、中轴和短轴的平均值计算泥沙的等容粒径，即：

$$D=\frac{1}{3}(a+b+c) \tag{7-2}$$

在上式中，

D：泥沙的等容粒径（mm）；

a：泥沙颗粒的长轴（mm）；

b：泥沙颗粒的中轴（mm）；

c：泥沙颗粒的短轴（mm）。

山区河流的纵比降大，水的流速也大，水流能够推动直径达几米的大石块；平原河流的纵比降小，水流只能挟运直径仅为几毫米的沙粒。一般来说，上游河段的纵比降较大，因而水流挟运的泥沙粒径较大；而下游河段的纵比降较小，故水流挟运的泥沙粒径较小。表 7-1 所示在长江荆江段的上、下段，河床泥沙的粒径便是如此。

表 7-1 长江荆江段河床泥沙的粒径（据胡方荣和侯宇光，1988）

河段	起止地点	各粒径（mm）组所占百分比（%）		
		0.10—0.20	0.20—0.25	0.25—0.50
上荆江	枝江—藕池口	50.8	22.7	21.9
下荆江	藕池口—城陵矶	60.6	18.1	7.4

2. 泥沙的颗粒级配

一定数量泥沙的粒径很少是均匀的，它们常常包含大小不一、形状各异的颗粒。

泥沙群体中不同粒径级别的颗粒占颗粒总数的百分比称为泥沙的颗粒级配。

以泥沙的粒径为横坐标、粒径小于此种粒径的泥沙颗粒在全部泥沙颗粒中所占的百分数为纵坐标绘制的曲线称为泥沙颗粒分配曲线（图 7-1）。

泥沙的颗粒级配反映了泥沙群体的粒径平均状况。了解泥沙群体的粒径常

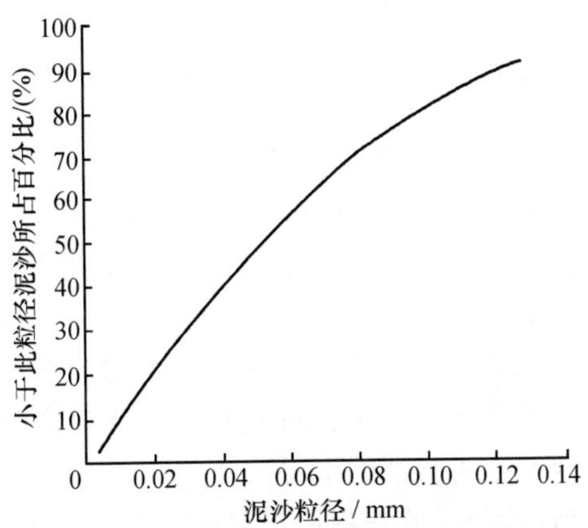

图 7-1　泥沙颗粒分配曲线(据胡方荣和侯宇光,1988)

常比了解泥沙单体颗粒的粒径更有意义,在生产实践中尤为如此。

二、泥沙的比重和干容重

1. 泥沙的比重

泥沙样品中各个颗粒的实际质量之和与所有颗粒的实际体积之和的比,即无孔隙单位体积的泥沙样品的质量,称为泥沙的比重,即:

$$\gamma_s = \frac{W_s}{V} \qquad 7\text{-}3$$

在上式中,

γ_s:泥沙的比重(g/cm^3);

W_s:泥沙各个颗粒的实际质量之和(g);

V:泥沙各个颗粒的实际体积之和(cm^3)。

泥沙的比重大致为 2.60—2.70 g/cm^3,在实际应用中常取平均值 2.65 g/cm^3。

2. 泥沙的干容重

包括孔隙的单位体积干泥沙样品的质量称为干容重或容重,干容重与比重之间存在着一定的关系:

$$\gamma_0 = \frac{\gamma_s}{1 + e} \qquad 7\text{-}4$$

在上式中,

γ_0:泥沙的干容重(g/cm^3);

γ_s:泥沙的比重(g/cm^3);

e:泥沙的孔隙比,即泥沙样品的孔隙体积与样品中全体颗粒体积之和的比。

查表可得一些粒径泥沙的孔隙比和干容重。

三、泥沙的水力粗度

泥沙在静水中均匀沉降的速度称为水力粗度。

泥沙的比重大于水的比重，泥沙在静水中沉降时，除了受到重力的作用之外，还受到水流的阻力作用。当泥沙开始沉降时，所受的重力大小大于所受的阻力大小；随着沉降的进行，泥沙的沉降速度不断增大，但其所受的阻力大小也不断增大；至某一时刻，泥沙所受的阻力大小与其所受的重力大小相等，泥沙以均匀速度沉降，这一速度便称为泥沙的沉降速度。沉降速度的大小在一定程度上可反映泥沙的粒径，故又称为泥沙的水力粗度。

泥沙的水力粗度计算公式的基本形式为：

$$\omega=\sqrt{\frac{4}{3}\frac{\gamma_s-\gamma_w}{\gamma_w}\frac{gd}{C_D}} \qquad 7\text{-}5$$

在上式中，

ω：泥沙的水力粗度(cm/s)；

γ_s：泥沙的比重(g/cm^3)；

γ_w：水的比重(g/cm^3)；

g：重力加速度(cm/s^2)；

d：泥沙颗粒的粒径(cm)；

C_D：阻力系数，阻力系数的取值与泥沙所在的水流流态有关。

若泥沙所在的水流为层流，则有：

$$\omega=\frac{1}{18}\frac{\gamma_s-\gamma_w}{\gamma_w}\frac{gd^2}{\nu} \qquad 7\text{-}6$$

在上式中，

ν：运动黏滞系数；

其他各项的含义与公式 7-5 中相同。

若泥沙所在的水流为紊流，则有：

$$\omega=1.052\sqrt{\frac{\gamma_s-\gamma_w}{\gamma_w}gd} \qquad 7\text{-}7$$

在上式中，

各项的含义与公式 7-5 中相同。

泥沙的水力粗度是反映泥沙特性的一个十分重要的指标。组成河道的泥沙的水力粗度越大，其抗冲性就越强；随水运动的泥沙的水力粗度越大，其堆积于河床的倾向性就越大。

第三节　河流泥沙的分类和数量表示方法

一、泥沙的分类

1. 按泥沙的粒径分类

按泥沙的粒径,可将之分为块石、卵石、砾石、砂、粉砂以及黏土等级别。每一级别的泥沙又可被进一步细分。不同的分类方案所划定的某个级别的泥沙粒径范围可能不同(表 7-2)。一般将砂的粒径划定为 0.062 5—2.0 mm,粉砂为 0.002—0.062 5 mm,黏土为<0.002 mm。

表 7-2　伍登-温特沃斯(Udden-Wentworth)建议的粒级划分标准对比表(据倪玉根等,2021)

粒径		Udden 等比制	Wentworth 等比制
mm	φ 值		
256	−8		巨砾 (boulder gravel)
128	−7	大卵石 (large boulders)	粗砾 (cobble gravel)
64	−6	中卵石 (medium boulders)	
32	−5	小卵石 (small boulders)	中砾 (pebble gravel)
16	−4	极小卵石 (very small boulders)	
8	−3	极粗砾 (very coarse gravel)	
4	−2	粗砾 (coarse gravel)	
2	−1	砾石 (gravel)	细砾 (granule gravel)
1	0	细砾 (fine gravel)	极粗砂 (very coarse sand)
1/2 (0.5)	1	粗砂 (coarse sand)	粗砂 (coarse sand)

（续表）

粒径		Udden 等比制	Wentworth 等比制
mm	φ 值		
1/4 (0.25)	2	中砂 (medium sand)	中砂 (medium sand)
1/8	3	细砂 (fine sand)	细砂 (fine sand)
1/16 (0.063)	4	极细砂 (very fine sand)	极细砂 (very fine sand)
1/32	5	粗粉砂/尘 (coarse silt or dust)	粉砂 (silt)
1/64	6	中粉砂/尘 (medium silt or dust)	
1/128	7	细粉砂/尘 (fine silt or dust)	
1/256 (0.004)	8	极细粉砂/尘 (very fine silt or dust)	
1/512	9	粗黏土 (coarse clay)	黏土 (clay)
1/1 024	10	中黏土 (medium clay)	
1/2 048	11	细黏土 (fine clay)	

2. 按泥沙的运动状态分类

按泥沙的运动状态，可将之分为推移质和悬移质。

1）推移质

堆积在河底或沿河底朝下游方向运动的泥沙称为推移质，又称底沙。

推移质颗粒较大，沉降速度大于水流垂直向上的脉动分流速，故不能悬浮在水中。

2）悬移质

悬浮在水中并随水流运动的泥沙称为悬移质，又称悬沙。

悬移质颗粒较小，沉降速度小于水流垂直向上的脉动分流速，故可处在悬浮状态。

二、泥沙数量的表示方法

可用一些特征值直接表述泥沙的数量状况。此外，流域侵蚀为河流泥沙的最主要来源,故也可用一些表述流域侵蚀状况的特征值间接地表述泥沙的数量状况。

1. 含沙量

单位体积浑水所含的泥沙质量称为含沙量,即:

$$\rho=\frac{W_s}{V} \tag{7-8}$$

在上式中,

ρ:含沙量(kg/m^3);

W_s:浑水水样中泥沙的质量(kg);

V:浑水水样的体积(m^3)。

2. 输沙率

单位时间内通过过水断面的泥沙质量称为输沙率,即:

$$Q_s=Q\times\overline{\rho} \tag{7-9}$$

在上式中,

Q_s:输沙率(kg/s);

Q:流量(m^3/s);

$\overline{\rho}$:平均含沙量(kg/m^3)。

3. 输沙量

一定时段内通过过水断面的泥沙质量称为输沙量,即:

$$W_{ts}=Q_sT \tag{7-10}$$

在上式中,

W_{ts}:输沙量(kg);

Q_s:输沙率(kg/s);

T:时段(s),如若求日输沙量,则该项应为 86 400 s。

4. 侵蚀模数

流域内,单位面积地表产出的泥沙质量称为侵蚀模数,以输沙量除以流域面积即可得侵蚀模数,即:

$$M_s=\frac{W_{ts}}{F} \tag{7-11}$$

在上式中,

M_s:侵蚀模数(t/km^2);

W_{ts}:输沙量(t);

F;流域面积(km^2)。

5. 侵蚀深度

流域内,被剥离地表的土壤和其他物质的平均厚度称为侵蚀深度,根据侵蚀模数即可算得侵蚀深度，即：

$$\Delta Z = 0.001 \frac{M_s}{\gamma_0} \quad 7\text{-}12$$

在上式中，

ΔZ：侵蚀深度(mm)；

M_s：侵蚀模数(t/km^2)；

γ_0：被剥离地表的土壤和其他物质的平均干容重(t/m^3)。

第四节 河流泥沙的运动

前已述及，根据泥沙的运动状态，可将之分为推移质和悬移质。以下分别论及这两种泥沙的运动。

一、推移质的运动

在论及推移质的运动时，通常分别考虑单颗泥沙和泥沙群体的情况。

1. 单颗泥沙的推移运动

1) 泥沙的起动条件

作用于河底泥沙的力，包括促成泥沙起动的力和抗拒起动的力(图 7-2)。

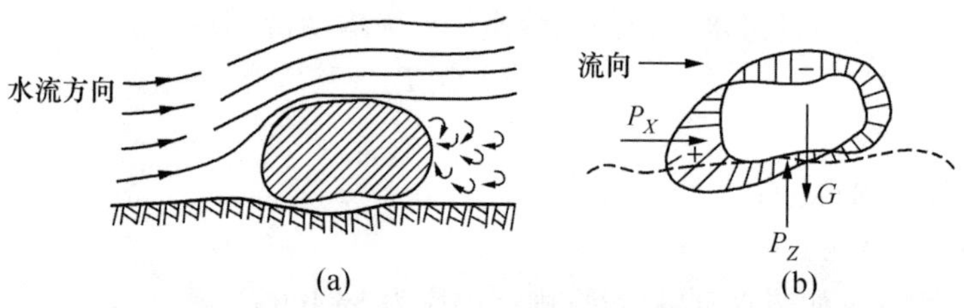

图 7-2 作用于河底泥沙的上举力和推移力(据黄锡荃等，1993)

促成泥沙起动的力主要有纵向水流的正面推力 P_X，泥沙颗粒上、下部不对称的挠流作用所产生的上举力 P_Z 以及紊动水流的脉动压力。在这三种力中，纵向水流的正面推力是最主要的；泥沙颗粒上、下部不对称的挠流作用所产生的上举力一般较小，常略去不计；紊动水流的脉动压力仅对泥沙产生摇撼作用，通常也忽略不计。因此，促成泥沙起动的力是变数，取决于水流的平均速度。

抗拒起动的力主要有泥沙在水中的有效重力 G，泥沙颗粒滑动时与河床的摩擦力以及泥沙颗粒之间的黏结力。在这三种力中，泥沙颗粒滑动时与河床的摩擦力与摩擦系数 f 有关；若泥沙颗粒较粗，泥沙颗粒之间的黏结力可略去不计。因此，颗粒给定以后，抗拒起动的力是常数，可以 W 表示之。

泥沙在将动而又未动的临界状态下，所受的促成其起动的力的大小应与抗拒起动的力的大小相等，即：

$$P_X = W \qquad 7\text{-}13$$

在上式中，

P_X：泥沙所受的纵向水流的正面推力；

W：抗拒起动的力。

根据公式 7-13，可以推得艾里定律，即：

$$d^3\gamma_s = A'V^6 \qquad 7\text{-}14$$

在上式中，

d：泥沙颗粒的粒径；

γ_s：泥沙的比重；

V：水的流速；

$A'=\gamma_s A^3$，而：

$$A = \frac{\gamma_w k}{2fg(\gamma_s - \gamma_w)} \qquad 7\text{-}15$$

在上式中，

γ_w：水的比重；

γ_s：泥沙的比重；

k：泥沙颗粒的形状系数；

f：摩擦系数；

g：重力加速度。

艾里定律表明，推移质的重量与河水流速的六次方成正比。因此，流速的增加将使得被推移的泥沙颗粒重量剧增。若平原河流的水流流速与山区河流的水流流速之比为 1∶4，则被推移的泥沙颗粒的重量之比则为 1∶4^6，即 1∶4 096。这就是平原河流仅能推移细粒泥沙，而山区河流却往往可推移巨砾的缘故。

艾里定律的推导可见一些教科书的相关章节。

一旦泥沙颗粒所受的纵向水流的正面推力 P_X 的大小超过抗拒起动的力 W 的大小，泥沙颗粒便会开始沿着河床朝下游方向运动。

2）起动流速

泥沙颗粒所受的纵向水流的正面推力 P_X 的大小与水的流速成正比，水的流速越大，泥沙颗粒所受的纵向水流的正面推力就越大。

泥沙颗粒最初在河床上静止不动，当接近河底的水流速度增大到一定数值时，泥沙颗粒所受的纵向水流的正面推力 P_X 的大小开始超过抗拒起动的力 W 的大小，作用于泥沙颗粒的力失去平衡，泥沙开始运动，此时水的流速即为起动流速。

由此可见，起动流速是使泥沙颗粒从静止到起动所需的最小流速，为一临界流速。

起动流速与泥沙颗粒的粒径 d 密切相关。当 $d=0.2$ mm 时，起动流速最小；当 $d>0.2$ mm 时，重力作用越显重要，故 d 越大，起动流速越大；当 $d<0.2$ mm 时，泥沙颗粒间的黏结力越发重要，故 d 越小，起动流速也越大。

此外，起动流速还与泥沙颗粒的沉降速度 ω 和水深 H 等关系密切。

可利用实测资料，建立起动流速与泥沙颗粒粒径、泥沙沉降速度以及水深等的半经验半理论公式并以之计算起动流速。

① 沙莫夫公式

$$V_c=(0.01+4.7d)^{\frac{1}{2}}\left(\frac{H}{d}\right)^{\frac{1}{6}} \quad 7\text{-}16$$

在上式中，

V_c：起动流速(m/s)；

d：泥沙平均粒径(mm)；

H：水深(m)。

沙莫夫公式仅考虑了重力的影响，而未考虑黏结力的影响，故仅适用于 $d\geqslant 0.2$ mm 的粗粒泥沙。

② 张瑞谨公式

$$V_c=\left(\frac{H}{d}\right)^{0.14}\left(1.76\frac{\gamma_s-\gamma_w}{\gamma_w}d+0.000\,000\,605\frac{10+H}{d^{0.72}}\right)^{\frac{1}{2}} \quad 7\text{-}17$$

在上式中，

V_c：起动流速(m/s)；

H：水深(m)；

d：泥沙平均粒径(mm)；

γ_s：泥沙的比重；

γ_w：水的比重。

张瑞谨公式对重力及黏结力的影响均有考虑，故对粗、细粒泥沙均适用。

③ 沙玉清公式

$$V_c=37.7\frac{d^{3/4}}{\omega^{1/2}}R^{1/5} \quad 7\text{-}18$$

在上式中，

V_c：起动流速(m/s)；

d：泥沙平均粒径(mm)；

ω：泥沙颗粒沉降速度(m/s)；

R：水力半径(m)。

沙玉清公式可用于粗、细粒泥沙。

3）止动流速

当水的流速减小到某一数值时，运动着的推移质便行停止，此时水的流速即为止动流速。

由此可见，止动流速为另一临界流速。

一般来说，止动流速小于起动流速；起动流速常为止动流速的 1.2—1.4 倍。这是因为泥沙在起动时，除了要克服重力之外，还须克服河床的摩擦力和泥沙颗粒间的黏结力。

2. 群体泥沙的推移运动——沙波运动

群体泥沙的推移运动主要形式就是沙波运动。

沙波又称沙浪。小型的沙波称为沙纹，其高仅为几厘米至几十厘米；而大型的沙波则称为沙丘，高为 3—4 m，波长达数十米或数百米。沙波的纵断面近三角形；其迎水坡平缓，背水坡陡峻(图 7-3)。

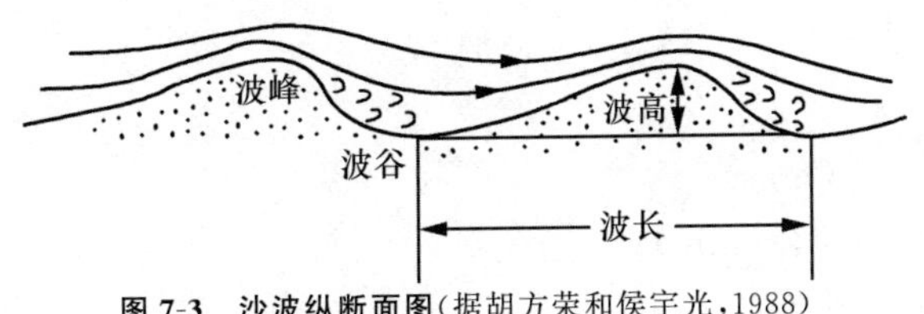

图 7-3　沙波纵断面图(据胡方荣和侯宇光，1988)

在沙波表面各处，水流速度的大小并不相同；沿迎水坡面，流速逐渐增大，波峰处流速为最大[图 7-4(a)]。背水坡出现横轴环流，使波谷流速为负值。因此，迎水坡为水流加速区，泥沙被推移的数量不断增加，坡面不断受到冲刷，冲刷下来的泥沙越过波峰后，粗粒跌入波谷，细粒可被横轴环流掀起，落到下一沙波的迎水面基部。

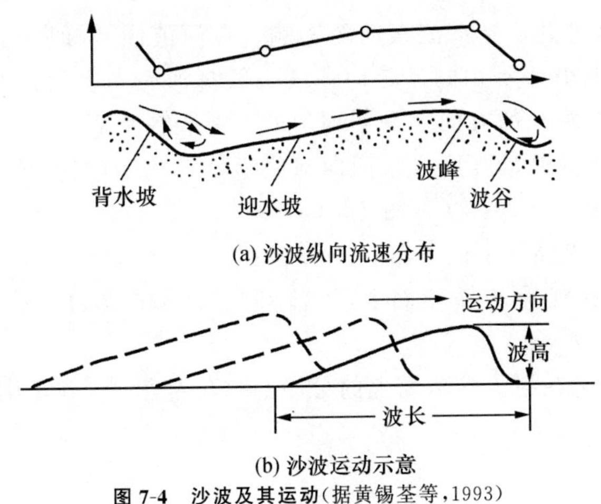

图 7-4　沙波及其运动(据黄锡荃等，1993)

如此，沙波的迎水坡不断地被冲刷，背水坡不断淤积，整个沙波能大体维持固定的外形，缓慢地向下游移动[图 7-4(b)]。

二、悬移质的运动

悬移质的运动是泥沙运动的主要方式。在平原河流中，泥沙主要为悬移质；在一些山区河流中，悬移质也可占泥沙总量的很大比例。

1. 扬动流速

当河水的流速超过起动流速时，泥沙开始作为推移质运动。随着河水的流速进一步增大，泥沙沿河床跳跃前进，成为“跃移质”。当河水的流速增大到某一数值时，泥沙便悬浮在水中，随水运动，此时河水的流速即为扬动流速。

由此可见，扬动流速为使泥沙由推移质转变为悬移质的临界流速。

计算扬动流速的经验公式为：

$$V_{扬动}=0.812d^{\frac{2}{5}}\omega^{\frac{1}{5}}h^{\frac{1}{5}} \tag{7-19}$$

在上式中，

$V_{扬动}$：扬动流速(m/s)；

d：泥沙颗粒的粒径(mm)；

ω：泥沙的沉降速度(m/s)；

h：水深(mm)。

泥沙颗粒悬浮以后，水流的脉动强度及其自身的沉降速度便成为影响其运动的主要因素。水流的脉动强度与紊动作用有关，而泥沙颗粒的沉降速度与重力作用有关。水流的紊动作用促使泥沙悬浮，而重力作用促使泥沙沉降。

2. 悬移质的分布与变化

1）悬移质沿垂线的分布

悬移质的运动主要受水流紊动的影响。在河流同一横断面上的不同深度处，脉动流速的大小并不相同。脉动强度一般自河底向上逐渐减小，故在河水中，悬沙的含量在垂线的方向上是不均匀的。一般在水面处，悬沙的含量最少，而在河底最多，因此脉动强度自水面向河底渐增。此外，泥沙越细，沿垂线分布越均匀；泥沙越粗，则越不均匀(图 7-5)。

2）悬移质在横断面上的分布

一般来说，在河流的横断面上，主流和局部冲刷处的含沙量较两岸为大(图 7-6)。

悬移质含沙量在河流横断面上的分布与水位涨落、季节变化及泥沙来源都有关系。

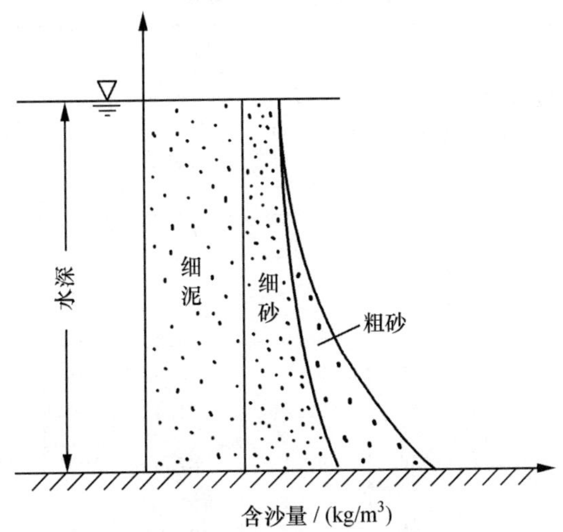

图 7-5 含沙量垂向分布图(据胡方荣和侯宇光,1988)

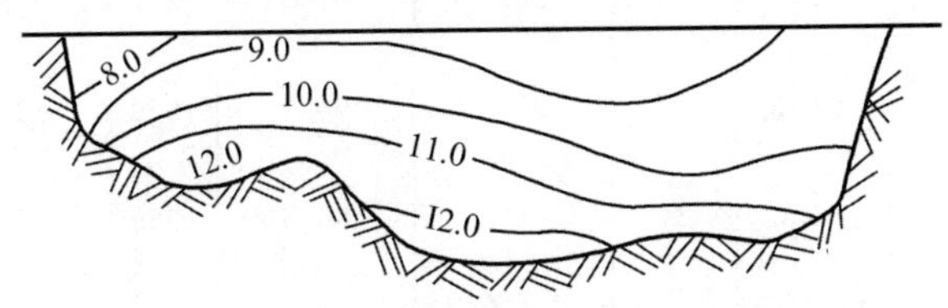

图 7-6 断面等含沙量线(据胡方荣和侯宇光,1988)

3) 悬移质沿河程的分布

悬移质沿河程的变化与决定水流挟沙能力的河道纵比降、流量的沿程变化及决定流域侵蚀过程的自然地理环境状况的沿程变化有关。

不同的河流含沙量沿河程的变化也不一样。

一般河道下游坡度变缓、断面变宽、流速变小,故泥沙中较大的颗粒由悬浮状态逐渐下沉至河床变成推移状态,甚至会沉积下来。

4) 悬移质的年内分配

河水中不同月份或季节的悬移质含沙量的差异性称为悬移质的年内分配。

一般来说,在冬季,河水的含沙量最小;在洪水期,含沙量和输沙量最大。在一些多沙河流中,输沙量在不同月份或季节的差异特别明显(表 7-3)。在雨季开始时,流域表面的土壤和其他风化物极多,雨水和地表径流将之带入河中,故含沙量显著增大。若在洪峰之前,流域表面的土壤和其他风化物较少,降雨强度和径流量虽大,但含沙量仍很小。因此,悬移质的年内分配并不一定与径流的年内分配完全相似。

表 7-3 中国部分多沙河流输沙量年内的差异性(据水利电力部水文局,1987)

河名	站名(所在县)	集水面积/km²	实测年数	多年平均		输沙量最大年		
				连续最大四个月占年量的百分数/(%)	7、8月占年量的百分数/(%)	年份	连续最大五天占年量的百分数/(%)	连续最大十天占年量的百分数/(%)
黄河	兰州	222 551	45	88.2	61.4	1967	17.1	26.7
黄河	头道拐(准格尔旗)	367 898	28	81	39.1	1967	5.8	10.4
黄河	龙门	497 559	46	88.8	68.4	1967	33.2	49.6
渭河	华县	106 498	45	91.9	70.9	1964	37.8	49.6
汾河	河津	38 728	46	92.2	61.4	1954	36.8	52
洛河	状头(澄城县)	25 154	36	97.4	87.3	1966	63.6	80
皇甫川	皇甫(府谷县)	3 199	27	98	82.8	1959	56.8	70.9
孤山川	高石崖(府谷县)	1 263	26	99.3	87.1	1977	90.7	96.5
窟野河	温家川(神木县)	8 645	26	98.5	90.1	1959	75.2	89
秃尾河	高家川(神木县)	3 253	24	93.5	86.5	1959	77.2	84.5
佳芦河	申家湾(佳县)	1 121	22	97.9	88.3	1970	92.5	97.5
无定河	川口(清涧县)	30 217	28	90.6	97.4	1959	42.2	59.4
无定河	绥德	3 893	25	96.1	82.8	1959	42.1	59.3
清涧河	延川	3 468	26	98	88.8	1959	68.1	78.5
延水	甘谷驿(延安县)	5 891	28	97.1	85.7	1964	61.6	74.8
朱家川	后会村(保德县)	2 901	24	97.4	90.8	1967	63.5	85.5
蔚汾河	碧村(尖县)	1 476	24	99.3	88.1	1967	63	83.8
三川河	后大城(离石先)	4 102	26	98.5	88.4	1959	80	89.4
昕水河	大宁	3 992	25	98.7	88.2	1958	49.7	73

3. 水流挟沙能力

1) 水流挟沙能力的概念

当水流挟带一定数量的泥沙通过某一段河道时,河道既不遭受冲刷,其内也不发生淤积，此时水流的挟沙量便可反映水流挟带泥沙的最大能力，而此时单位体积水中的泥沙质量便称为水流挟沙能力。

若水流的实际含沙量小于其挟沙能力，河道便会遭受冲刷；反之，若水流的实际含沙量超过了其挟沙能力，河道内便会发生淤积。

2）水流挟沙能力的计算公式

水流挟沙能力与断面的平均流速、水力半径、悬沙的粒径以及平均沉降速度等有关。

一些研究者和机构利用相关资料，建立了计算水流挟沙能力的经验公式。

① 札马林公式

$$S = 0.022 \frac{V}{\omega_0} \sqrt{\frac{RIV}{\omega}} \qquad 7\text{-}20$$

在上式中，

S：水流挟沙能力（kg/m^3）；

V：断面平均流速（m/s）；

R：水力半径（m）；

ω：悬沙的加权平均沉降速度（m/s）；

ω_0：随 ω 值而变，当

$\omega = 0.002—0.008$ m/s 时，　$\omega_0 = \omega$；

$\omega = 0.0004—0.002$ m/s 时，　$\omega_0 = 0.002$ m/s

I：水面比降。

② 黄河干支流公式

这一公式系根据黄河干、支流的实测资料导出。

$$S = 1.07 \frac{V^{2.25}}{R^{0.74} \omega^{0.77}} \qquad 7\text{-}21$$

在上式中，各项的含义与在札马林公式，即公式 7-20 中相同。

③ 长江公式

这一公式系根据精密泥沙测量资料导出。

$$S = 0.070 \frac{V^3}{gH\omega} \qquad 7\text{-}22$$

在上式中，

g：重力加速度（m/s^2）；

H：水深（m）；

其他各项的含义与在札马林公式，即公式 7-20 中相同。

各经验公式推求时所用资料不同，故各公式有一定的适用范围。如札马林公式仅适用于土质渠床及无水生生物的渠道。如应用不当，可能造成较大误差。

第五节 河流的总输沙量

悬移质输沙量与推移质输沙量之和即为河流的总输沙量。一般来说，河流中悬移质输沙量大于推移质输沙量，在平原河流中尤为如此。例如，在黄河下游的花园口水文站，推移质输沙量与悬移质输沙量之比为1∶421。在山区河流中，推移质输沙量明显增大。

一、多年平均悬移质输沙量的估算

相对于推移质，悬移质实测资料要多一些，故估算多年平均悬移质输沙量要相对容易一些。但即便如此，也会遇到资料不足的情况。因此，以下分别就几种不同资料占有的情况，论及计算多年平均悬移质输沙量的问题。

1. 资料充足时的计算

若拥有某断面的长期实测悬移质含沙量资料，便可直接用这些资料算出断面的各年悬移质输沙量，然后计算断面的多年平均悬移质输沙量，即：

$$\bar{W}_{ts}=\frac{1}{n}\sum_{i=1}^{n}W_{ts} \quad 7\text{-}23$$

在上式中，

$\bar{W}_{ts}$：多年平均输沙量(kg)；

W_{ts}：年输沙量(kg)；

n：年数。

2. 资料不足或缺乏时的计算

但如上述那种理想的情况并不多，常需要以各种方法延展原有的资料系列，或由短期的平均值求多年平均值。

可根据占有资料的具体情况，采用不同的处理方法。

1）利用年径流量资料估算

在利用年径流量资料估算多年平均悬移质输沙量中，常采用几种不同的方法。

① 利用悬移质年输沙量与年径流量之间的相关关系

当仅有短期泥沙资料时，若流域内下垫面因素变化不大，悬移质年输沙量与年径流量之间的相关关系较好，则可利用此关系，根据较长时期的年径流量资料延展悬移质年输沙量资料，然后求多年平均输沙量。

② 利用汛期径流量

若汛期降雨侵蚀作用强烈，悬移质年输沙量与年径流量之间的关系不密切，则可利用汛期径流量与年径流量的比值作参考，以改善上述年相关关系，或直接建立悬移质年输沙量与汛期径流量之间的相关关系，然后求多年平均输沙量。

③ 利用悬移质年输沙量与年径流量的比值

如果悬移质实测资料年限过短，难以建立上述各种相关关系，则可认为年悬移质输沙量与年径流量的比值固定，而选择年径流量 W 接近于多年平均径流量 $\bar{W}$ 的年份，以此年的输沙量 W_{ts} 来估算多年平均输沙量 $\bar{W}_{ts}$，即：

$$\bar{W}_{ts} = \frac{W_{ts}}{W}\bar{W} \quad 7\text{-}24$$

在上式中，

$\bar{W}_{ts}$：多年平均悬移质输沙量；

W_{ts}：所选年份的年悬移质输沙量；

W：所选年份的年径流量；

$\bar{W}$：多年平均径流量。

2）利用多年平均悬移质侵蚀模数分区图估算

在中国各省的水文手册中，一般均有多年平均悬移质侵蚀模数分区图。可先从图上查得研究流域的多年平均悬移质侵蚀模数，然后再以研究断面以上的流域面积乘以查得的多年平均悬移质侵蚀模数，即可得断面的多年平均悬移质输沙量。

利用分区图算得的结果必然是很粗略的。此类分区图多是以大、中河流测站的资料绘制的，故若将之用于推算小河流的年悬移质输沙量，还需考虑下垫面的特点以及小河流含沙量与大、中河流含沙量的关系，并据此对初步结果做适当修正。

二、多年平均推移质输沙量的估算

推移质的实测资料较悬移质的实测资料更为缺少。在推求多年平均推移质输沙量时，可通过假定推移质输沙量与悬移质输沙量之间有一定的比例关系，以之粗略估算推移质输沙量，即：

$$\bar{W}_{tb} = \beta \bar{W}_{ts} \quad 7\text{-}25$$

在上式中，

$\bar{W}_{tb}$：多年平均推移质输沙量；

$\bar{W}_{ts}$：多年平均悬移质输沙量；

β:推移质输沙量与悬移质输沙量的比值。

此法的关键是根据流域特征选用系数 β,在一般情况下,可选用下列数值:

平原河流 β=0.01—0.05;

丘陵地区河流 β=0.05—0.15;

山区河流 β=0.15—1.00。

三、河流总输沙量的估算

将悬移质输沙量与推移质输沙量相加,即得到总输沙量。

在一般情况下,悬移质输沙量要大于推移质输沙量。在平原地区的大、中河流中,推移质仅相当于悬移质的10%—15%。在山区河流中,推移质大大增多,有些山区河流中的推移质可相当于悬移质的70%。

第六节 影响泥沙数量的因素

前已述及,河流中的泥沙为流域侵蚀和河道冲刷的产物,且以前者为主。因此,以下论及的影响泥沙数量的因素事实上多为影响流域侵蚀和河道冲刷的因素,尤以前者为主。

一、气象因素

在诸多气象因素中,影响流域侵蚀或泥沙数量者首推气温和降水。

1. 气温

地表水是侵蚀的重要动因,气温通过影响蒸发而影响地表水量,进而影响侵蚀或泥沙数量。

图7-7为利用美国大陆(不包括阿拉斯加州和夏威夷群岛等)的资料绘制的不同年份平均年气温下的多年平均降水量-多年平均侵蚀模数关系曲线。该组曲线表明,年气温越高,与年侵蚀模数的最大值相对应的年降水量就越大。这是因为气温升高时,蒸发增强,地表水减少,需要更多的降水补给地表水,并造成相同程度的侵蚀。

图7-8为利用美国大陆(不包括阿拉斯加州和夏威夷群岛等)的资料绘制的不同年份平均年气温下的多年平均降水量-多年平均泥沙含量关系曲线。该组曲线表明,若年降水量一定,年气温越高,年泥沙含量就越大。这是因为气温升高时,蒸发增强,地表水减少,故单位体积的水中泥沙增多。

2. 降水

降水可补给地表水并促成侵蚀,此外,雨滴落下时,还可击溅土粒和其他松

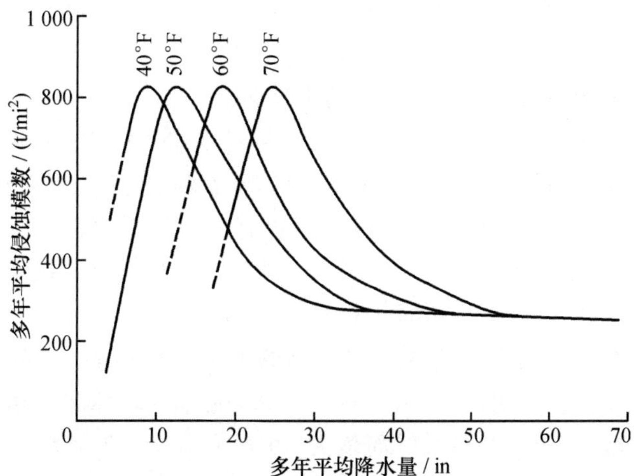

图 7-7　美国大陆不同年份平均年气温下的多年平均降水量-多年平均侵蚀模数关系曲线(据 Schumm,1965)

(1 in=25.4 mm；1 t/mi^2=0.386 t/km^2；40℉≈4.44℃；50℉=10℃；60℉≈15.56℃；70℉≈21.11℃)

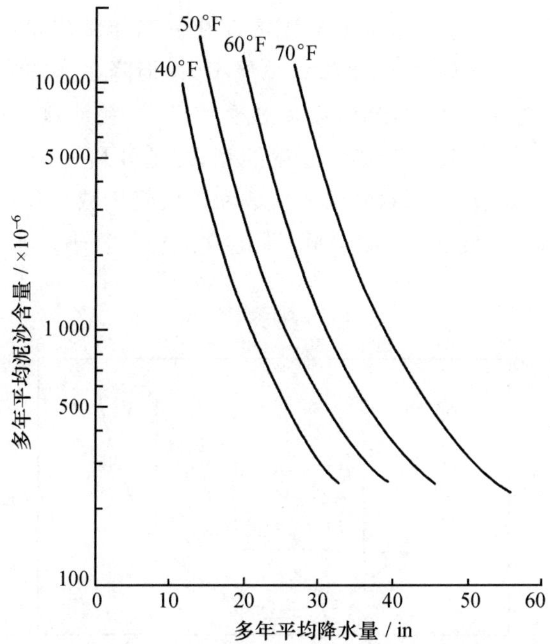

图 7-8　美国大陆不同年份平均年气温下的多年平均降水量-多年平均泥沙含量关系曲线(据 Schumm,1965)

(1 in=25.4 mm；40℉≈4.44℃；50℉=10℃；60℉≈15.56℃；70℉≈21.11℃)

散物质的颗粒，故降水可直接侵蚀地表。因此，降水为侵蚀或泥沙数量的主要影响因素。

降水量对于侵蚀或泥沙数量的影响十分明显。

图 7-7 表明，在一定的年气温和一定的年降水量范围内，年降水量越大，年侵蚀模数就越大。即在一定的降水量范围内，降水越多，侵蚀越强烈，泥沙越多。

降水的季节分配对于侵蚀或泥沙数量也有着重要影响。一般来说，降水的季节性越强，即降水的季节分配或年内分配越不均匀时，降水在年内越集中，地表遭受的侵蚀就越强烈，泥沙数量也就越大。

图 7-9 为利用 79 个汇水流域资料绘制的多年平均降水量-多年平均侵蚀模数关系曲线。该曲线表明，年侵蚀模数并非总是随着年降水量的增大而增大；随着年降水量的增大，年侵蚀模数时而增大，时而减小。当年降水量约为 250 mm (10 in)时，出现了年侵蚀模数的一个峰值；在此之后，随着年降水量的增大，年侵蚀模数不仅没有增大，反而减小；当年降水量为 500—1 250 mm (20—49 in)时，年侵蚀模数为最小；其后，随着年降水量的增大，年侵蚀模数又趋增大；当年降水量达到约 1 500 mm(60 in)时，出现了年侵蚀模数的另一个峰值。年侵蚀模数的这种变化事实上可归结为降水季节分配的变化。当年降水量约为 250 mm 时，气候属草原和半干旱类型；尽管年降水总量不大，但降水非常集中，多以暴雨的形式出现，故地表遭受强烈的侵蚀，年侵蚀模数极大，泥沙数量也极大。当年降水量超过 500 mm 之后，气候渐转为温湿类型；尽管年降水总量有所增大，但降水在一年中的分配却趋于均匀，暴雨的次数和强度趋于减少和降低，故地表遭受的侵蚀反而减弱，年侵蚀模数极低，泥沙数量也极小。当年降水量超过

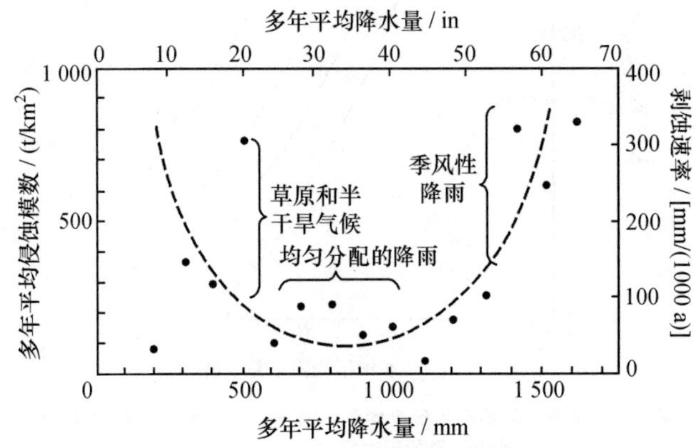

图 7-9 多年平均降水量-多年平均侵蚀模数关系曲线(据 Fournier，1960)
(1 in＝25.4 mm)

1 250 mm 以后,气候渐转为亚热带和热带类型;不仅年降水总量较大,而且降水集中,故地表遭受的侵蚀又趋强烈,年侵蚀模数趋于增大并在 1 500 mm 的年降水量下再达极大值。

二、植被

植被是影响侵蚀或泥沙数量的另一重要因素。植被越茂密,地表遭受的侵蚀就越微弱,泥沙数量就越小;反之,植被越稀疏,地表遭受的侵蚀就越强烈,泥沙数量就越大。

图 7-10 为利用美国的资料绘制的多年平均降水量-多年平均侵蚀模数关系曲线。这一曲线表明了与气候状况密切相关的植被状况对侵蚀或泥沙数量的影响。当年降水量小于 12 in 时,年侵蚀模数随年降水量的增大而增大。这是因为,总的来说,降水量较小,植被仅为荒漠灌木,对地表的保护作用较小,降水越多,地表遭受的侵蚀就越强烈,侵蚀模数就越大。当年降水量达到 12 in 时,地表遭受的侵蚀最强烈,年侵蚀模数也相应达到最大值。然而,当年降水量超过 12 in 之后,随着降水量的增大,地表上出现了草原,植被对地表的保护作用增大,地表遭受的侵蚀减弱,侵蚀模数也随之减小。随着年降水量的进一步增大,地表上出现了森林,植被对地表的保护作用进一步增大,地表遭受的侵蚀更弱,侵蚀模数也更小。

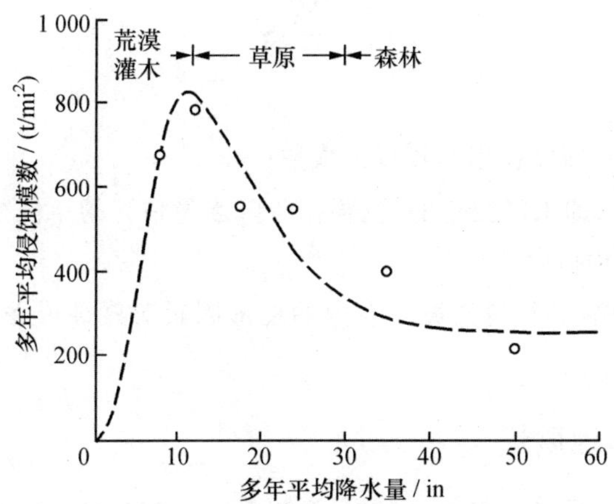

图 7-10　美国不同植被状况下的多年平均降水量-多年平均侵蚀模数关系曲线(据 Langbein 和 Schumm,1958)

(1 in=25.4 mm; 1 t/mi^2=0.386 t/km^2)

三、地形

流域的坡度等地形因素对侵蚀或泥沙数量有着显著影响。

Fournier 利用分布在全世界不同地区的 78 个汇水流域的资料建立了推算年侵蚀模数的经验公式：

$$\log S = 2.65\left(\frac{p^2}{P}\right) + 0.46\log H \cdot \mathrm{tg}\varphi - 1.56 \qquad 7\text{-}26$$

在上式中，

S：年侵蚀模数（t/km^2）；

p：最湿润月份的降水量（mm）；

P：年降水量（mm）；

H：流域内单位面积上的平均高差（m）；

$\mathrm{tg}\varphi$：流域的平均坡度。

Osterkamp 曾试图利用经验公式和降水资料估算美国堪萨斯州的阿肯色河（Arkansas River）汇水流域的年侵蚀模数，但他发现，估算结果与以实测泥沙资料推算而得的年侵蚀模数相差较大。于是，他用另一经验公式对估算结果做了校正，校正后的结果与以实测泥沙资料推算而得的年侵蚀模数非常接近。

Osterkamp 用于校正的这一经验公式为：

$$Y_a = \frac{Y_i}{9.5} S^{1.35} \qquad 7\text{-}27$$

在上式中，

Y_a："实际的"，即经校正的年侵蚀模数（t/km^2）；

Y_i："理想的"，即未经校正的、仅根据年降水量估算的年侵蚀模数（t/km^2）；

S：流域的平均坡度。

以上两个实例表明，包括坡度在内的地形因素对侵蚀或泥沙数量的影响确实是不可忽视的。

四、土壤和地质

流域内土壤和地质状况对于侵蚀或泥沙数量也有明显影响。土壤越疏松，岩石越破碎，侵蚀便越易发生，泥沙的数量便越大。

在我国的黄河中、上游地区，黄土覆盖了约 40 000 km^2 的流域面积。在黄河及其支流的河水中，含沙量极大，其中祖厉河中游段的河水含沙量最高，多年平均含沙量可达 500 kg/m^3。这除与这一地区的降水和植被状况有关外，还与黄土非常疏松、极易遭受侵蚀有关。

Wilson 分析了分布在全世界不同地区的 1 500 个汇水流域的多年平均侵蚀模数资料(图 7-11)后发现,当年降水量约为 750 mm 时,年侵蚀模数有一峰值,而造成这一峰值的资料显示相当一部分原因是黄土或黄土质土壤覆盖地区的小汇水流域。因此,Wilson 认定,这一峰值的出现,不仅与降水状况有关,还与下垫面物质——黄土或黄土质土壤的抗蚀性差有很大关系。

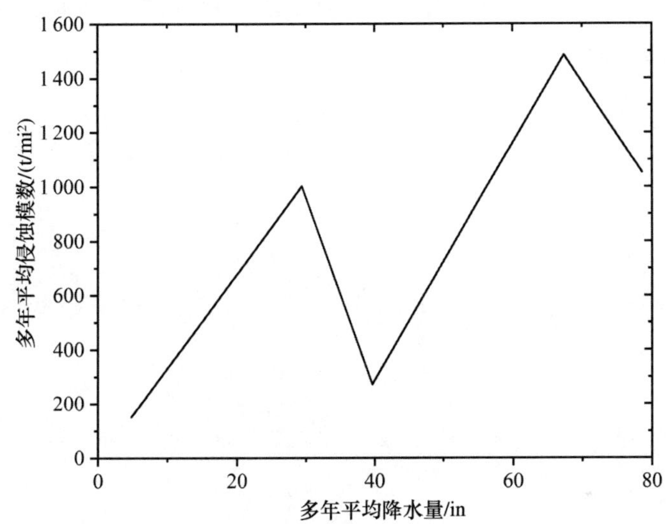

图 7-11　随多年平均降水量变化的多年平均侵蚀模数(据 Wilson,1973)
(1 in=25.4 mm; 1 t/mi^2=0.386 t/km^2)

五、河道形态

包括河床纵比降及河道横断面面积等在内的河道形态要素也会对侵蚀或泥沙数量有所影响。

河床纵比降越大,水流切割河床的能量越大,河道遭受的冲刷就越强烈,泥沙数量也就越大。在河流的下游,河道横断面增大,河床纵比降减小,河水流速减小,泥沙逐渐堆积,故河水的含沙量相对为小。

例如,黄河的青铜峡峡口宽仅 300—400 m,峡口之外的河道宽达 7—8 km,河床趋于平缓,故洪水流出峡口之后,流速减小,水中泥沙不断堆积,这使得在峡口外下游的石嘴山和渡口堂等水文观测站测得的含沙量要比峡口内水中的含沙量明显为小。

六、人类活动

人类的生产和生活活动对侵蚀或泥沙数量的影响也十分重要。

流域内耕作方式的改变、森林砍伐、陡坡开荒、开矿、修路、河道整治、水工建筑的修建及运用等均会造成河水含沙量的增减及河道冲淤。

例如，Meade 推测，由于人类活动的影响，美国东部河流的输沙量增大了4—5 倍。又如，Douglas 估计，由于人类对土地的利用，现在的侵蚀速率可能是纯自然侵蚀速率的 2 倍。

第八章　湖　　泊

地表水蓄积于相对封闭的天然洼地中所形成的水体称为湖泊(lake)。在我国各地,此类水体还常被称为泽、淀、池、海(子)、荡、漾、潭、错、诺尔、淖、茶卡、库尔或库勒等。

湖泊由蓄水的天然洼地(湖盆)、蓄积于洼地中的水分(湖水)以及水中物质组成。

湖泊是地球上的另一重要水体,地球上湖泊的总面积约为 2 700 000 km^2,占陆地总面积的 1.8%,其水量约为江河川溪水量的 180 倍。世界上的一些大湖泊及其概况如表 8-1 所示。

表 8-1　世界若干大湖泊及其概况(据 Scott,1989)

名　称	湖盆成因	面　积/km^2	最大深度/m	储水量/km^3
里海	地壳抬升(与海隔绝)	371 000	1 025	66 800
苏必利尔湖	冰川侵蚀	83 268	307	12 004
维多利亚湖	边缘抬升	68 790	79	2 709
休伦湖	冰川侵蚀	59 492	223	4 585
密歇根湖	冰川侵蚀	57 834	265	5 752
坦噶尼喀湖	断层(地堑)	33 981	1 470	18 964
贝加尔湖	断层(地堑)	31 494	1 741	22 924
尼亚萨湖	断层(地堑)	30 795	706	8 419
大斯雷夫湖	冰川侵蚀	30 044	614	—
大熊湖	冰川侵蚀	29 526	—	—
伊利湖	冰川侵蚀	25 822	64	542
温尼伯湖	冰川侵蚀	24 527	19	3 126
安大略湖	冰川侵蚀	18 752	225	1 709
拉多加湖	冰川侵蚀和抬升	18 726	250	917

按湖盆的成因,可将湖泊分为构造湖、火口湖、堰塞湖、河成湖、风成湖、冰成湖、海成湖以及溶蚀湖。按湖水的补给情况,可将湖泊分为吞吐湖和闭口湖。按湖水与海洋的连通情况,可将湖泊分为外流湖和内陆湖。按湖水的矿化度,可将湖泊分为淡水湖、微咸水湖、咸水湖以及盐水湖。按湖水营养物质的多少,可将

湖泊分为贫营养湖、中营养湖以及富营养湖。

一些湖泊是河流的发源地,起着为河流储存水分并向之补给的作用;另一些湖泊是河流的中继站,起着调蓄河川径流的作用;还有一些湖泊是河流的终点汇集地。湖泊,尤其吞吐湖,对洪水的调蓄作用是非常重要的。湖水是水资源的组成部分。湖泊具有供水、灌溉、航运、发电、水产养殖以及调节气候等作用。湖泊沉积物中含有盐、碱、硝以及石膏等矿产并富集多种稀有元素,这些均为有用的工业原料。此外,很多湖泊及其周围景色优美,是疗养和旅游胜地,且为珍禽异兽的栖息场所。

第一节　湖泊的形态特征

不同成因的湖盆常常具有不同的形态特征,湖盆的形态特征在很大程度上决定了湖泊的形态特征。例如,构造湖一般窄而深;风成湖则通常较浅。然而,湖水的运动,尤其是由湖水的运动造成的侵蚀和堆积也会对湖盆加以一定的改造,故对湖泊的形态也有所影响。研究湖泊的形态,不仅有助于推究湖泊的起源,而且还有助于认识湖泊的水文情势等。

一般来说,典型的、深度较大的湖盆可分为5个部分(图8-1):湖岸、沿岸地带(湖滨)、岸边浅滩(侵蚀浅滩和堆积浅滩)、水下斜坡及湖盆底。

湖泊的形态特征主要指湖泊的长度、宽度、面积、容积、深度以及形状等。在研究及应用中,常用一些参数描述湖泊的这些形态特征。

可利用标有等高线和等深线的地形图来确定湖泊的这些形态参数。此外,也可用遥感、遥测以及无线电定位测深等技术更精确地确定这些参数。

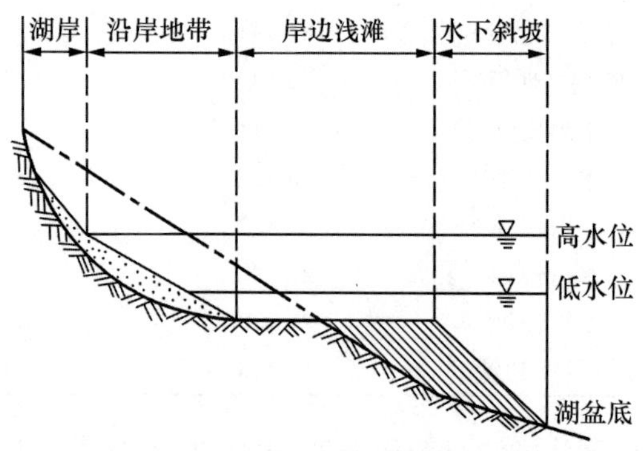

图8-1　湖盆分带(据胡方荣和侯宇光,1988)

一、描述湖泊平面形态的参数

1. 湖泊长度

湖面外边界两个相距最远的点之间的最短距离称为湖泊长度，常以 L 表示。

如图 8-2 所示，AB 为湖泊长度，其既可能是直线也可以是折线。

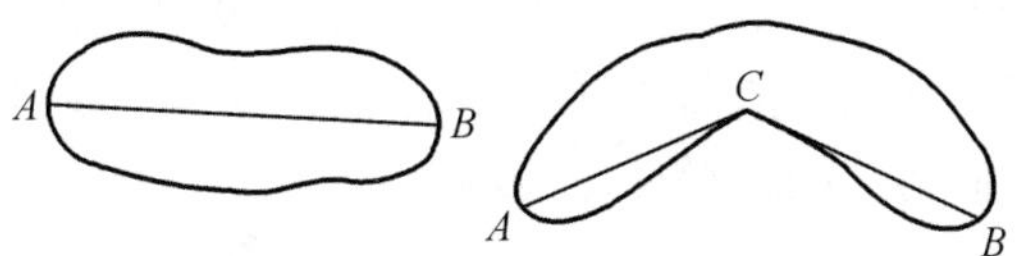

图 8-2　湖泊长度示意图（据胡方荣和侯宇光，1988）

2. 湖泊宽度

湖泊宽度有最大宽度和平均宽度之分。

1）湖泊最大宽度

垂直于湖泊长度方向的相对两岸之间的最大距离称为湖泊最大宽度，常以 B_m 表示。

2）湖泊平均宽度

湖泊水面面积除以湖泊长度即为湖泊平均宽度，即：

$$\bar{B}=\frac{F_B}{L} \tag{8-1}$$

在上式中，

$\bar{B}$：湖泊平均宽度(m)；

F_B：湖泊水面面积(m^2)；

L：湖泊长度(m)。

3. 湖泊岸线发展系数

湖泊岸线长度除以面积与湖泊水面面积相等的圆的周长即为湖泊岸线发展系数，即：

$$K_m=\frac{l}{2\pi\sqrt{\frac{F_B}{\pi}}}=0.28\left(\frac{l}{\sqrt{F_B}}\right) \tag{8-2}$$

在上式中，

K_m：湖泊岸线发展系数；

l：湖泊岸线长度(m)；

F_B：湖泊水面面积(m^2)。

湖泊岸线发展系数可表示湖泊岸线的发展程度。

4. 湖泊水面面积

一定湖泊水位下湖泊水面的大小称为湖泊水面面积。

湖泊水位时常变化,故湖泊水面面积也不断变化。最高湖泊水位下的湖泊水面面积称为湖泊最大水面面积。通常在提及湖泊水面面积时,需说明相应的湖泊水位。

以湖泊深度(湖泊水位与湖盆底最深处高程之差)为纵坐标,相应等深线环绕的水面面积为横坐标绘制的曲线称为湖泊深度-面积曲线(图 8-3)。这一曲线可以表示湖泊水面面积与湖泊深度之间的关系。

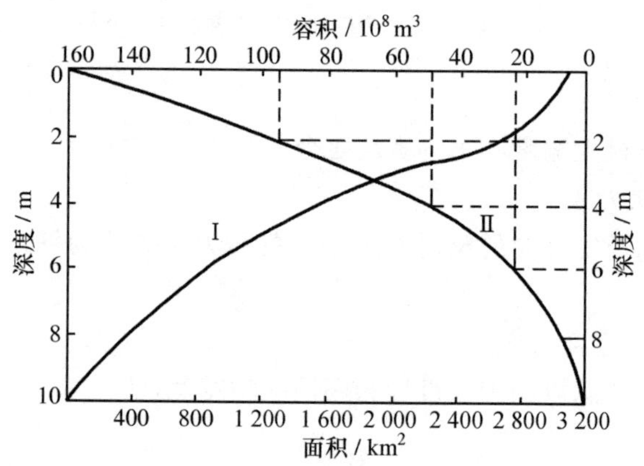

图 8-3 湖泊深度-面积关系曲线(Ⅰ)和湖泊深度-容积关系曲线(Ⅱ)
(据南京大学地理系和中山大学地理系,1978)

5. 湖泊补给系数

湖泊流域面积除以湖泊水面面积即为湖泊补给系数,即:

$$K_0=\frac{F}{F_B} \tag{8-3}$$

在上式中,

K_0:湖泊补给系数;

F:湖泊流域面积(m^2 或 km^2);

F_B:湖泊水面面积(m^2 或 km^2)。

二、湖泊的容积、深度及描述其底坡形态的参数

1. 湖泊容积

湖盆能够容纳水分的空间称为湖泊容积。

可先在湖泊等深线图上量出各等深线所环绕的面积,然后以下式计算湖泊

容积：

$$V=h\left(\frac{F_1+F_2}{2}+\frac{F_2+F_3}{2}+\cdots+\frac{F_{n-2}+F_{n-1}}{2}+\frac{F_{n-1}}{2}\right)$$
$$=h(0.5F_1+F_2+F_3+\cdots+F_{n-1}) \qquad 8\text{-}4$$

在上式中，

V：湖泊容积；

h：各等深线之间的高差；

F_1、F_2、$F_3\cdots F_{n-1}$：各等深线所环绕的面积，将底部等深线所环绕的面积 F_0 视为 0。

显而易见，湖泊水位与湖泊容积关系密切。在不同的湖泊水位下，湖泊容积有所不同。

以湖泊深度（湖泊水位与湖盆底最深处高程之差）为纵坐标，相应的湖泊容积为横坐标绘制的曲线称为湖泊深度-容积关系曲线（图 8-3）。

2. 湖泊深度

湖泊深度有最大深度和平均深度之分。

1）湖泊最大深度

湖泊最高水位与湖盆底最深处高程之差称为湖泊最大深度，常以 H_m 表示。

2）湖泊平均深度

湖泊容积除以湖泊水面面积即为湖泊平均深度，即：

$$H_0=\frac{V}{F_B} \qquad 8\text{-}5$$

在上式中，

H_0：湖泊平均深度；

V：湖泊容积；

F_B：湖泊水面面积。

3. 湖底平均坡度

湖底各处坡度的平均值称为湖底平均坡度。

可先在湖泊等深线图上量得一系列所需数值，然后利用下式计算湖底平均坡度：

$$\bar{J}=\mathrm{tg}\alpha_0\ \frac{h\left(\frac{1}{2}l+b_1+b_2+\cdots+b_{n-1}+\frac{1}{2}b_n\right)}{F_B} \qquad 8\text{-}6$$

在上式中，

$\bar{J}$：湖底平均坡度；

α_0：湖底倾斜角的平均度数；

h:各等深线之间的高差;

l:湖泊岸线长度;

b_1、b_2…b_n:各等深线的长度;

n:等深线条数;

F_B:湖泊水面面积。

若湖泊的形状近于圆形,则可以下式粗略地计算湖底平均坡度:

$$\bar{J}=\frac{H_m}{\sqrt{\frac{F_B}{\pi}}}=1.77\frac{H_m}{\sqrt{F_B}} \quad 8\text{-}7$$

在上式中,

$\bar{J}$:湖底平均坡度;

H_m:湖泊最大深度;

F_B:湖泊水面面积。

湖底面积可以下式计算:

$$F_{湖底}=F_B\sec\bar{J} \quad 8\text{-}8$$

在上式中,

$F_{湖底}$:湖底面积;

F_B:湖泊水面面积;

$\bar{J}$:湖底平均坡度。

三、描述湖泊形状的参数

通常以湖泊最大水面面积与湖泊最大深度和湖泊岸线长度乘积的比值表述湖泊形状:

$$K_T=\frac{F_m}{H_m l} \quad 8\text{-}9$$

在上式中,

K_T:描述湖泊形状的参数;

F_m:湖泊最大水面面积;

H_m:湖泊最大深度;

l:湖泊岸线长度。

第二节 湖泊的水量平衡和调蓄作用

一、湖泊的水量平衡

湖泊水量平衡的分析计算是湖泊水文研究的基础。此外,它还可为湖泊水资源的开发利用、湖泊及其流域的生态环境及平衡的保持提供重要依据。

1. 湖泊水量平衡方程

在任意时段内，以各种途径进入湖泊的水量与以各种途径出自湖泊的水量之差等于湖泊水量的变化量，这就是湖泊的水量平衡。

根据湖泊平衡的概念，可写出湖泊水量平衡方程：

$$P_{\mathrm{L}} + R_{\mathrm{LsI}} + R_{\mathrm{LgI}} = E_{\mathrm{L}} + R_{\mathrm{LsO}} + R_{\mathrm{LgO}} + q_{\mathrm{L}} + \Delta S_{\mathrm{L}} \qquad 8\text{-}10$$

在上式中，

P_{L}：湖面降水量；

R_{LsI}：自地表流入湖泊的水量；

R_{LgI}：自地下流入湖泊的水量；

E_{L}：湖面蒸发量；

R_{LsO}：自地表流出湖泊的水量；

R_{LgO}：自地下流出湖泊的水量；

q_{L}：工农业生产和生活耗水量；

ΔS_{L}：湖泊水量的变化量。

此外，湖泊水量平衡方程中的各项还可以体积单位表示，故方程也可写为以下形式：

$$V_{\mathrm{PL}} + V_{\mathrm{RLsI}} + V_{\mathrm{RLgI}} = V_{\mathrm{EL}} + V_{\mathrm{RLsO}} + V_{\mathrm{RLgO}} + V_{\mathrm{qL}} + \Delta V_{\mathrm{SL}} \qquad 8\text{-}11$$

在上式中，各项分别为以体积单位表示的公式 8-10 中的相应各项。

公式 8-10 和公式 8-11 为湖泊水量平衡方程的基本形式。对于某一或某类具体和特定的湖泊，水量平衡方程可能与之相同或不同。

对于既有河流流入其中又有河流自其流出的吞吐湖而言，R_{LsI} 或 V_{RLsI} 以及 R_{LsO} 或 V_{RLsO} 一应俱全；此外，若既有水量自地下流入又有水量自地下流出，则 R_{LgI} 或 V_{RLgI} 以及 R_{LgO} 或 V_{RLgO} 也都有，因此，其水量平衡方程与公式 8-10 或公式 8-11 完全相同。

若吞吐湖的汇水流域为一闭合流域，即无水量自地下流入湖泊且无水量通过地下自湖泊流出，则其水量平衡方程可简化为：

$$P_{\mathrm{L}} + R_{\mathrm{LsI}} = E_{\mathrm{L}} + R_{\mathrm{LsO}} + q_{\mathrm{L}} + \Delta S_{\mathrm{L}} \qquad 8\text{-}12$$

或

$$V_{\mathrm{PL}} + V_{\mathrm{RLsI}} = V_{\mathrm{EL}} + V_{\mathrm{RLsO}} + V_{\mathrm{qL}} + \Delta V_{\mathrm{SL}} \qquad 8\text{-}13$$

对仅有河流流入其中但无河流自其流出且汇水流域为闭合流域的闭口湖而言，则其水量平衡方程可简化为：

$$P_{\mathrm{L}} + R_{\mathrm{LsI}} = E_{\mathrm{L}} + q_{\mathrm{L}} + \Delta S_{\mathrm{L}} \qquad 8\text{-}14$$

或

$$V_{\mathrm{PL}} + V_{\mathrm{RLsI}} = V_{\mathrm{EL}} + V_{\mathrm{qL}} + \Delta V_{\mathrm{SL}} \qquad 8\text{-}15$$

2. 中国湖泊的水量平衡状况

中国一些主要湖泊的水量平衡状况如表 8-2 所示。

表 8-2　中国一些湖泊的水量平衡(10^8 m^3和%)(据黄锡荃等,1993)

湖泊名称	收入项					支出项				
	V_{RLsI}	V_{PL}	V_{RLgI}	ΔV_{SL}	合计	V_{RLsO}	V_{EL}	V_{RLgO}	ΔV_{SL}	合计
鄱阳湖	1 607.76	33.88			1 641.64	1 599.02	30.98		11.64	1 641.64
	97.9	2.1			100	97.4	1.9		0.7	100
洞庭湖	3 182.18	50.8			3 232.98	3 150.00	38.20		44.78	3 232.98
	98.4	1.6			100	97.4	1.2		1.4	100
太湖	61.51	25.17		3.38	90.06	67.18	22.88			90.06
	68.3	27.9		3.8	100	74.6	25.4			100
洪泽湖	337.54	21.26		23.98	382.78	362.8	19.98			382.78
	88.2	5.5		6.3	100	94.8	5.2			100
巢湖	24.12	6.20		9.54	39.86	32.86	7.0			39.86
	60.5	15.6		23.9	100	82.4	17.6			100
洱海	10.65	3.13			13.78	10.39	3.39			13.78
	77.3	22.7			100	75.4	24.6			100
滇池	9.02	2.98			12.00	5.97	4.33		1.70	12.00
	75.2	24.8			100	49.8	36.1		14.1	100
镜泊湖	32.2	0.50		1.74	34.44	32.4	0.59	1.45		34.44
	93.5	1.4		5.1	100	94.2	1.7	4.1		100
博斯腾湖	25.8	1.0	3.31		30.11	9.55	15.84		4.72	30.11
	85.7	3.3	11.0		100	31.7	52.6		15.7	100
布伦托海	4.60	0.72	2.31	0.6	8.23		8.23			8.23
	55.9	8.7	28.1	7.3	100		100			100
赛里木湖	3.06	2.04			5.10		4.54	0.56		5.10
	60	40			100		89	11		100
艾比湖	17.22	1.28			18.50		18.50			18.50
	93.1	6.9			100		100			100
岱海	1.08	0.68			1.76		1.54		0.22	1.76
	61.4	38.6			100		87.5		12.5	100
青海湖	12.28	15.64	6.39	5.77	40.08		40.08			40.08
	30.6	39.1	15.9	14.4	100		100			100
羊卓雍错	6.34	2.20			8.54		8.54			8.54
	74.2	25.8			100		100			100

注:表中各项的含义与公式 8-11 中相同。

在中国湿润的东部平原区,由地表进入湖泊的水量在入湖总水量中所占的百分比很大,洞庭湖和鄱阳湖的情形尤为明显。在中国干旱、半干旱的西北内陆地区,湖面降水和由地下进入湖泊的水量在入湖总水量中占有一定的百分比,由地表进入湖泊的水量在入湖总水量中所占的百分比则相对较小。例如,由地表进入青海湖的水量所占入湖总水量的百分比尚不及湖面降水所占的百分比。

对于外流湖而言,出湖总水量中以由地表流出的水量为主;对于内陆湖而言,湖面蒸发为湖水支出的主要形式,入湖水量几乎全为湖面蒸发所消耗。

在不同地区,入湖水量相差极为悬殊。在江淮地区,湖泊的年补给量可达

$(5\,000—6\,000)\times10^8\ m^3$；而在东北和内蒙古，湖泊的年补给量降至 $100\times10^8\ m^3$；在新疆，博斯腾湖的年补给量仅为 $30\times10^8\ m^3$；在青藏高原，湖泊的年补给量更小。

二、湖泊的调蓄作用

湖泊，特别是吞吐湖或外流湖，常可发挥一定的调蓄作用。

湖泊可拦蓄入湖河流或上游河段的来水，减少出湖河流或下游河段的水量。在中国新疆的天山南麓，进入博斯腾湖的水流流量相对较大；水分入湖后，经强烈蒸发，出湖水流的流量明显减小，仅为入湖水量的 1/4（图 8-4）。

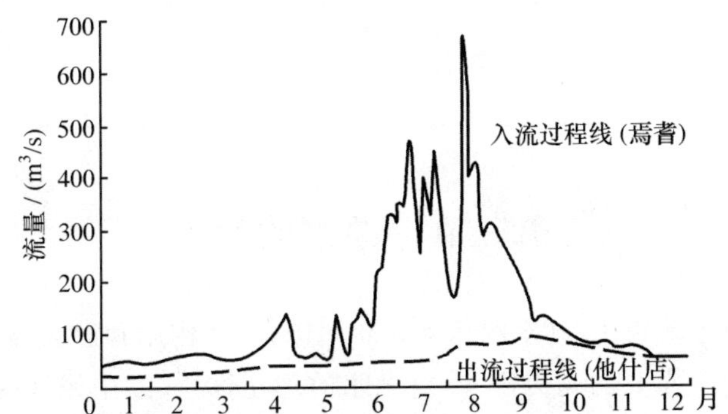

图 8-4　博斯腾湖入湖、出湖流量过程线对比（据天津师范大学地理系等，1986）

在洪水季节，湖泊可分蓄江河洪水，降低干流的洪峰流量，滞缓洪峰出现的时间。例如，洞庭湖为中国第二大淡水湖，其水面面积为 $2\,691\ km^2$，最大水深为 $10.5\ m$，容积为 $174.0\times10^8\ m^3$；来水自北、南及西汇入其中，湖水再朝东北方向流出，注入长江干流；入湖洪水经过调蓄流出后，峰值明显降低，故洞庭湖对长江中游干、支流的洪水起着重要的调蓄作用（表 8-3）。又如，鄱阳湖为中国最大的淡水湖，其水面面积为 $3\,583\ km^2$，最大水深为 $16.0\ m$，容积为 $248.9\times10^8\ m^3$，对洪水的调蓄作用也相当之大。在一般年份，鄱阳湖可将来水量调减 15%—30%；在如 1954 年特大洪水出现的年份，其调节作用就更大。在 1954 年，鄱阳湖的最大入湖流量为 $45\,800\ m^3/s$，而最大出湖流量仅为 $22\,400\ m^3/s$，即最大流量经调蓄后，减小了 50%以上，此外，出湖洪峰也被滞缓了三天。

表 8-3 洞庭湖对洪水的调蓄作用(据黄锡荃等,1993)

年 份	入湖洪峰流量/(m^3/s)	出湖洪峰流量/(m^3/s)	入、出湖洪峰流量之差/(m^3/s)	入、出湖洪峰流量之差占入湖洪峰流量的百分比/(%)
1951—1960	42 156	28 910	13 246	31.5
1961—1970	43 179	31 240	11 939	27.7
1971—1980	36 452	26 270	10 182	27.9
1981—1983	34 126	28 467	5 659	16.6
1951—1983(33年的平均值)	40 200	28 800	11 400	28.4
1954(最大洪峰流量年)	64 053	43 400	20 653	32.2
1978(最小洪峰流量年)	22 500	17 100	5 400	24.0

第三节 湖水的运动

与河水的运动相比,湖水的运动相对缓慢,但其作用和意义仍不可忽视。湖水运动是湖泊中主要的动力因素,对湖水的理化性质、湖中泥沙的运动、湖岸变迁以及水生生物的活动等的影响均十分重要。

有研究者将湖水的运动分为进退运动和升降运动。在大多数情况下,这两种运动同时发生、相伴进行。引发湖水运动的主要因素是风和水的密度差。此外,水流入湖以及水流出湖也可引起湖水运动;气压的突然变化和地震也可能使湖泊水面运动或波动,但这些因素造成的湖水运动大都为局部性的。

一、波浪

1. 波浪的概念及其形成

在湖泊中,水质点在外力作用下,在平衡位置附近周期地振动称为波浪。

波浪出现时,湖面呈高低起伏状,波形向前传播,但水质点并不前行。

湖泊中的波浪主要是由风力造成的,即风对表层湖水的吹拂造成的,故又常称为风浪。风的作用越强烈,波浪越显著。例如,研究者们发现,太湖中风速和波高的关系非常密切;风速越大,波高也越大(图 8-5)。

在 19 世纪 70 年代,有研究者指出,致使湖面出现波浪的最小极限风速为 70 cm/s;而在 20 世纪初,又有研究者指出,水面波动主要是背风面与迎风面受风压力之差以及摩擦力(风作用于水面上的切应力)不同的缘故;还有研究者更

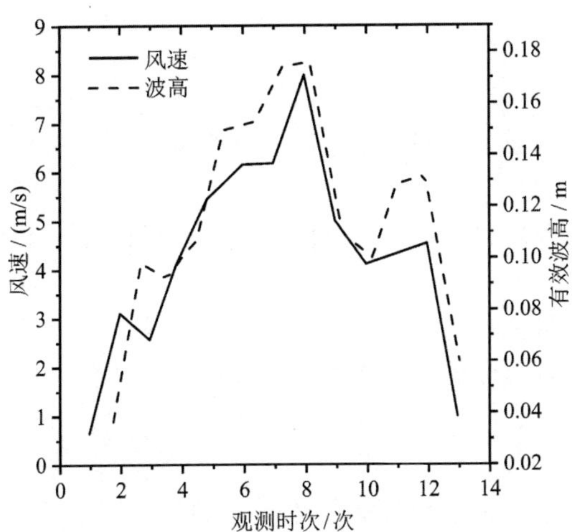

图 8-5 太湖波高与风速的关系(据罗潋葱和秦伯强,2003)

精确地推算此摩擦系数 $\gamma=0.009W^{\frac{1}{2}}$,相应的最小极限风速 W 为 69.5 cm/s。

2. 波浪参数

描述波浪的尺度和运动特征的变量称为波浪参数。

1) 波峰

静水面以上的波面部分称为波峰(图 8-6)。

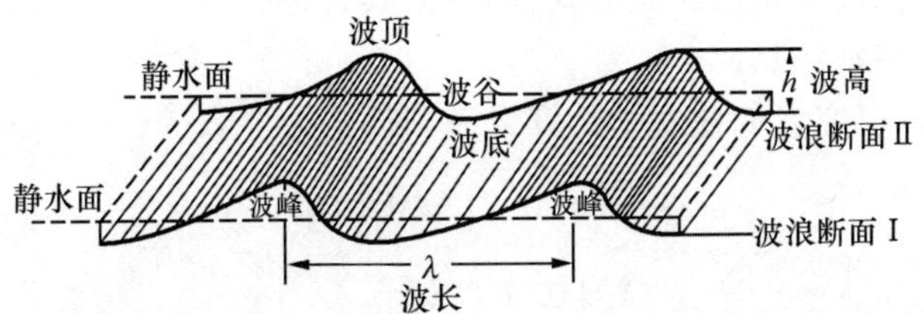

图 8-6 波浪参数示意图(据天津师范大学地理系等,1986)

2) 波谷

静水面以下的波面部分称为波谷(图 8-6)。

3) 波顶

波峰的最高点称为波顶(图 8-6)。

4) 波底

波谷的最低点称为波底(图 8-6)。

5) 波高

波顶与波底之间的垂直距离称为波高(h)(图 8-6)。

6）振幅

波高的一半称为振幅(α)。

7）波长

相邻两波峰或两波谷之间的水平距离称为波长(λ)(图 8-6)。

8）周期

相邻两波峰或两波谷通过空间上同一点的时间间隔为周期(T)。

9）波速

波形上任一点单位时间内前移的距离称为波速(c)。

波长(λ)与波速(c)和周期(T)之间存在着如下关系：

$$\lambda = c \cdot T \tag{8-16}$$

10）波陡

波高(h)与波长(λ)的比值称为波陡(m)，即：

$$m = \frac{h}{\lambda} \tag{8-17}$$

3. 计算波浪要素的经验公式

对波浪要素，除可利用仪器直接测定外，还可用经验公式计算。

风速、风向、吹程(顺风向由岸边观测点至波浪发生处的距离)、风的作用时间、湖泊深度以及湖泊的形状等均对波浪有所影响。在建立经验公式的过程中，研究者们主要考虑的因素是风速、吹程以及湖泊深度。

用于计算波浪要素的经验公式很多，但其大都有着各自的适用条件和范围，故在选用时应特别注意。

例如，我国研究者们建立了计算青海湖浅水波要素的经验公式：

$$2h = 0.0155W^{\frac{3}{2}}D^{\frac{2}{9}} \tag{8-18}$$

$$\lambda = 0.542WD^{\frac{2}{9}} \tag{8-19}$$

$$2T = 0.692W^{\frac{1}{2}}D^{\frac{1}{9}} \tag{8-20}$$

在以上三个公式中，

h：波高(m)；

W：风速(m/s)；

D：吹程(km)；

λ：波长(m)；

T：周期(s)。

以上三个公式的适用范围为：$D \leqslant 100$ km；$W \leqslant 16$ m/s。

4. 波浪在近岸处的变化及其作用

波浪传播至近岸地带，因水深急剧变小而受到湖底的摩擦作用；当波峰逐渐越过波谷时，部分波能消耗于克服摩擦做功，故波速、波高以及波长均随水深的减小而减小。然而，当水深减至一定程度后，水深再减，波能反而更集中，波高随水深的减小而增大，波浪发生倾覆。

在一定的水深中，波浪破碎，此时的水深称为临界水深（$H_{临界}$）。

由实验得知，临界水深等于波高（h），即：

$$H_{临界}=h \tag{8-21}$$

或

$$\frac{H_{临界}}{h}=1 \tag{8-22}$$

顺风时，$\frac{H_{临界}}{h}>1$，说明波浪在距岸较远处便破碎；逆风时，$\frac{H_{临界}}{h}<1$，则说明波浪在距岸较近处方破碎。波浪破碎时，波峰处的水质点向岸运动；同时，在水下出现离岸的补偿流（图 8-7）。碎浪可强烈冲蚀湖底，将水中的漂浮物抛向岸边，而补偿流则可能将冲蚀下来的泥沙带走。

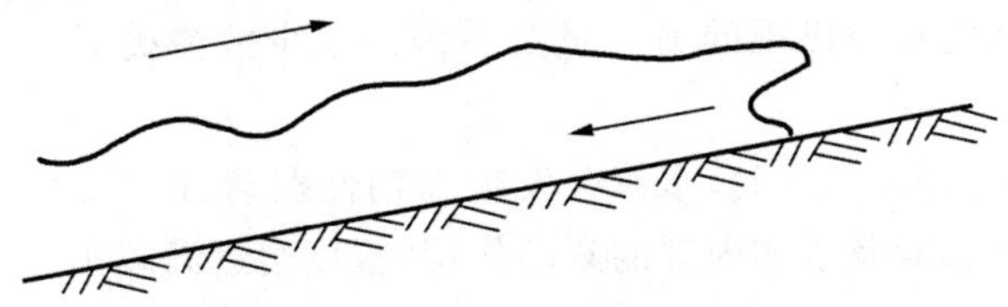

图 8-7　波浪传播至湖岸时水的运动（据芮孝芳，2004）

当波浪近于垂直或以大于 45°的角度撞击岸壁时，岸壁单位面积所受的波浪压力 P 与波动中的水质点沿轨道运动的速度 V 和水的密度 γ 成正比，即：

$$P \propto \gamma \frac{V^2}{2g} \tag{8-23}$$

或

$$P=K\gamma \frac{V^2}{2g} \tag{8-24}$$

在以上二式中，

P：岸壁单位面积所受的波浪压力 P（kg/m^2）；

γ：水的密度（kg/m^3）；

K：系数；

V：波动中的水质点沿轨道运动的速度（m/s）；

g：重力加速度（m/s^2）。

对于未破碎的波浪，有：

$$P=1.7\gamma \frac{V^2}{2g} \tag{8-25}$$

而对于碎浪，则有：

$$P = 1.7\gamma \frac{(0.75c + V)^2}{2g} \quad 8\text{-}26$$

在以上二式中，除 c 之外的各项含义均与公式 8-24 中相同，而 c 为波速（m/s），可根据其与风速 W 的关系推求，即：

$$c = \frac{7}{9}W \quad 8\text{-}27$$

由此可见，碎浪对湖岸的冲蚀作用较未破碎的波浪为大。

二、定振波

1. 定振波的概念及其形成

湖泊在外力作用下，水位有节奏地升降称为定振波或波漾。

定振波主要是由风力作用造成的。此外，气压变化也可使水位变化，例如，有研究表明，气压变化 100 Pa 可使水位变化 1 cm 左右。所以，湖面上局部气压的急剧变化也是定振波出现的另一重要原因。在少数情况下，定振波是由湖底地震引起的。

在湖中，当定振波出现时，水体会发生周期性摆动（图 8-8）。水体的摆动受湖底摩擦的阻尼影响及水体内部的紊动作用，幅度会逐渐减小，最后完全停止。

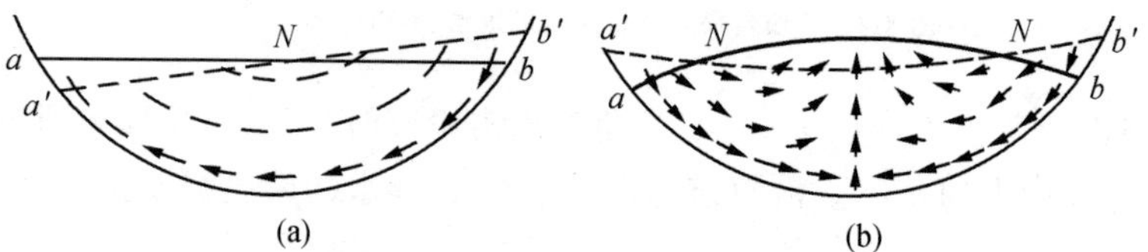

图 8-8 定振波示意图（据南京大学地理系和中山大学地理系，1978）

2. 定振波的要素及其计算

在定振波出现时，水面上总有一个或几个点的水位不发生升降，此类点称为振节并常以 N 表示（图 8-8 和图 8-9）。只有一个振节的定振波称为单节定振波[图 8-8(a)和图 8-9(a)]，而有两个振节的定振波称为双节定振波[图 8-8(b)和图 8-9(c)]。此外，还有更多振节的定振波[图 8-9(b)]。

两个相邻振节之间的水位变化幅度称为变幅，而两个相邻振节之间水位变化的最大幅度称为波腹[图 8-9(a)中的 ab 和 cd]。

两个相邻振节之间的距离为波长。

影响定振波的最主要因素是湖泊形态。在面积小但深度大的湖泊中，定振波摆动快，周期短；反之，在深度小的湖泊中，定振波摆动慢，周期长。此外，湖岸形状和湖底起伏也对定振波有所影响。

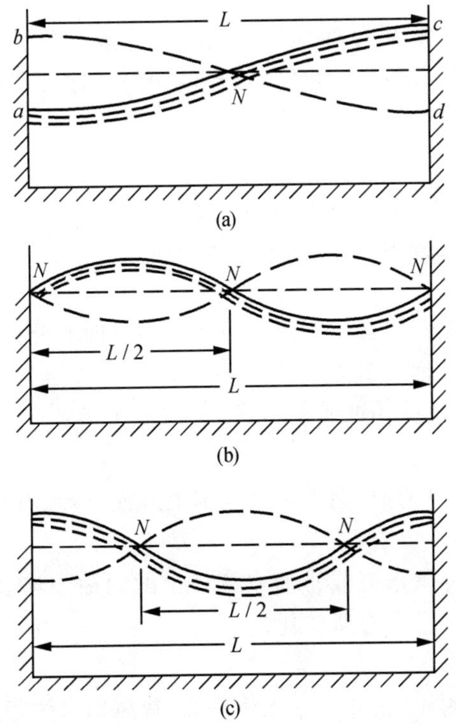

图 8-9　定振波的振节、变幅、波腹及波长示意图(据胡方荣和侯宇光，1988)

定振波的周期可由公式计算。

对于单节定振波，有：

$$T=\frac{2L}{\sqrt{gH}} \tag{8-28}$$

在上式中，

T：定振波的周期(s)；

L：水体长度(m)；

g：重力加速度(m/s^2)；

H：水深(m)。

对于多节定振波，有：

$$T=\frac{2L}{n\sqrt{gH}} \tag{8-29}$$

在上式中，n 为振节数，其余各项的含义与在公式 8-28 中相同。

定振波的周期差别很大。例如，在瑞士的日内瓦湖中，曾测到周期仅为 3.5 min 的单节定振波；而在北美的密歇根-休伦湖中，定振波的周期可长达 46 h

以上。

事实上,可将定振波视为两种运动方向相反、波长和周期相同的波浪相互干涉和叠加的结果。定振波的波高为原波高的两倍,但波长保持不变。

三、湖流

湖水在外力作用下,沿一定方向的运动称为湖流。

按成因,可将湖流分为重力流、密度流和风成流。

1. 重力流

在湖泊中,因水面倾斜会出现重力沿倾斜面方向的分力;在此重力分力的作用下,湖水的定向运动称为重力流。

重力流又被进一步分为两类。

1) 吞吐流

因水流流入或流出湖泊,湖中水面局部上升或下降,由此引起水面倾斜而形成的湖流称为吞吐流。

一般来说,承纳外来水流或排泄水流外出的湖泊中均会有吞吐流出现。吞吐流出现时,湖中的水量会有所变化。

2) 常量流

在湖泊中,因风的作用,迎风岸水位升高,背风岸水位降低,故湖水面向背风岸倾斜;风停之后,水自迎风岸向背风岸运动形成的湖流称为常量流(图 8-10)。此类湖流出现时,湖中的水量并无变化,故而得此名。

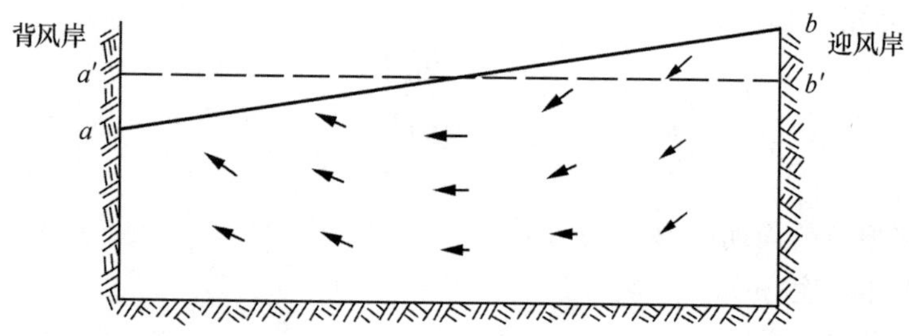

图 8-10 常量流示意图(据南京大学地理系和中山大学地理系,1978)

2. 密度流

在湖泊中,因水温、含盐量以及悬移质泥沙含量的差异而在水面不同部分或水下不同深度造成水的密度差异,湖水又因自身的密度差异而运动形成的湖流称为密度流。

3. 风成流

风对湖面的作用力引起的湖水运动称为风成流或漂流(图 8-11)。

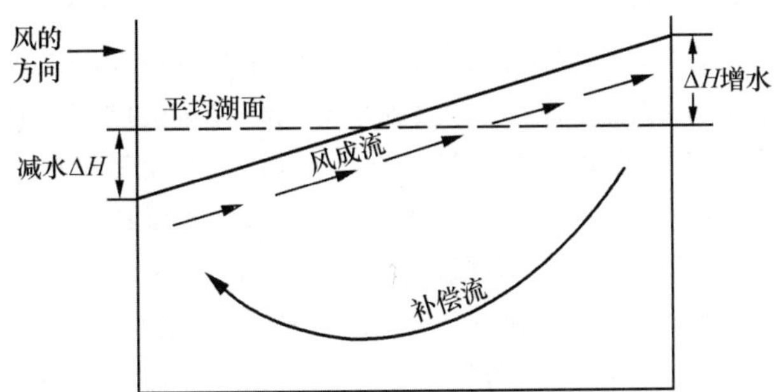

图 8-11　风成流、补偿流、增水及减水示意图（据南京大学地理系和中山大学地理系，1978）

造成风成流的作用力，即风的切应力，可以以下经验公式估算：

$$\tau_w = \rho_e K W^2 \qquad 8\text{-}30$$

在上式中，

τ_w：单位面积上风的切应力（Pa）；

ρ_e：空气密度，当气温为 0℃、气压为 0.1 MPa 时，干空气的密度为 0.001 3 g/cm^3；

W：风速（cm/s），一般用水面以上 200 cm 处的风速；

K：系数，表示水面粗糙度的影响，取决于波浪的高度，即波高（h），一般可以下式计算：

$$K = 0.0003 + 0.001h \qquad 8\text{-}31$$

在上式中，0.5 m$<h<$6.0 m。

由上式可见，风的切应力与风速和湖面粗糙度有关。风速越大，湖泊越粗糙，则风的切应力越大，风成流也就越强。

因受地球自转偏向力的影响，风成流的方向与风的风向并不完全一致。在北半球的湖泊中，风成流通常偏向风向的右边，偏角小于 22°。

在大湖泊中，风成流是水最显著的运动方式，它可引起全湖性的水的运动。风成流出现时，湖泊开敞区中水的流速往往大于沿岸区中水的流速。

风成流属暂时性的水流运动，当风停止之后，风成流也就逐渐停息。

四、增水和减水

风成流将大量的湖水从背风岸移至迎风岸。在迎风岸，水位上升，称为增水；在背风岸，水位下降，称为减水（图 8-11）。

湖泊两岸出现增水和减水而产生水位差，故水面发生倾斜；倾斜的水面阻滞了风成流向迎风岸的运动并促成了水面以下与风成流运动方向相反的补偿流的出现（图 8-11）。

增、减水首先与风速的大小有关，风速越大，湖泊两岸增、减水的幅度便越大（图 8-12）。此外，增、减水的幅度还与风速增大的速率有关。若风速急剧增大，风成流将大量的湖水移至迎风岸，补偿流来不及将等量的湖水送还至背风岸，迎风岸的水位就会更为明显地上升。湖泊形态对增、减水也有影响。在深水岸边，补偿流流势较大，故水位的升幅为小；在有浅滩分布的岸边，因湖底的摩擦阻力作用，水下补偿流的规模不及水面风成流，故水位的升幅为大。因此，一般来说，在沿盛行风向伸展的湖泊以及狭窄的湖湾中，增、减水很是明显。湖泊中原来的水位状况对增、减水亦有影响。若原来的水位较低，增、减水相对明显；反之，若原来的水位较高，则增、减水相对不明显。

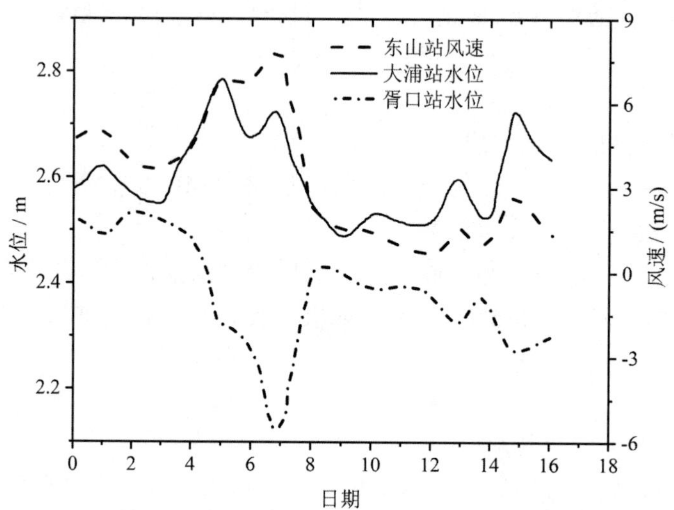

图 8-12　太湖西岸大浦站与东岸胥口站因东南风引起的增、减水水位过程线（据施成熙和梁瑞驹，1964）

可以下式估算增、减水造成的水位变化幅度：

$$\Delta H = C_s \frac{\tau_W l}{\rho g H} \cos\alpha \qquad 8\text{-}32$$

在上式中，

ΔH：增、减水造成的水位变化幅度（m）；

C_s：经验常数，一般取 1—15；

τ_W：风的切应力（Pa）；

l：水体长度（m）；

ρ：水体密度（kg/m^3）；

g：重力加速度（m/s^2）；

H：水深（m）；

α：风向与水体长轴线方向间的夹角(°)。

五、湖水混合

在湖泊中，水团或水分子从某一位置移至另一位置的相互交换称为湖水混合。

在混合过程中，湖水表层吸收的热量可传播至湖泊深处，而富集于湖底的营养盐类翻转上升至湖水表层中。

湖水混合的方式分为紊动混合及对流混合。紊动混合是由风力和水力坡度作用造成的，而对流混合则是由湖水密度的差异造成的。

湖水发生混合的倾向性与湖水密度沿垂向的分布和变化有关。若湖水密度随深度的增大而增大，湖水就较稳定，不易混合；反之，湖水就不稳定，容易混合。

通常以湖水的垂直密度梯度表示其稳定度，即：

$$E=\frac{\mathrm{d}\rho}{\mathrm{d}H} \tag{8-33}$$

在上式中，

E：湖水的垂直密度梯度(g/cm^4)；

ρ：湖水的密度(g/cm^3)；

H：湖水的深度(cm)。

此外，处在成层稳定状态下的水体重心位置必低于处在不成层均匀状态下的水体重心位置，因此，还可以用改变处在成层稳定状态下的水体重心位置所需要做的功的大小表示湖水的稳定度，即：

$$S_y=M\sigma \tag{8-34}$$

在上式中，

S_y：改变处在成层稳定状态下的水体重心位置所需要做的功(kg·m)；

M：整个水体的质量(kg)；

σ：处在成层稳定状态下的水体重心位置与处在不成层均匀状态下的水体重心位置之间的垂直距离(m)。

第四节 水 库

人类在河道上建坝或堤堰创造蓄水条件而形成的人工水体称为水库(reservoir)。

水库的水文现象与天然湖泊基本相同或极为相似，因此，在许多教科书中，常将有关水库的知识与湖泊一并介绍。

至 2011 年，全世界已建成的面积大于 0.000 1 km^2 的水库约为 1 670 万座，其总面积约为 305 000 km^2，总库容约为 8 070 km^3。在中国，至 2021 年止，已建造各型水库 98 000 多座，其总库容量为 8 983×10^8 m^3。由此来看，水库已成为陆地表面又一类重要的水体。

按水库所在河段的形态特征、自身坝体的形态特征以及自身的总体形态特征，可将之分为湖泊型水库和河川型水库。按水库容量的大小，可将之分为大、中、小型水库。

水库的建成一方面有利于人类开发利用水资源和与旱涝灾害斗争；但另一方面，水库的建成也可能给生态环境带来不可忽视的影响。

一、水库的组成、库容以及水位

1. 水库的组成

水库一般由拦河坝、输水建筑以及溢洪道组成。

1）拦河坝

拦河坝又称挡水建筑，起着拦蓄来水，抬高库内水位的作用。

2）输水建筑

输水建筑为专供取水或放水之用，既可用之自水库中引水灌溉、发电，又可用之排放水库中的水。

3）溢洪道

溢洪道又称泄洪建筑，用作排放洪水，以保障水库的安全。

2. 水库的库容和水位

水库纳蓄一定量水的容积称为库容，而库中水面的高程称为水位。

对同一水库，人们根据不同的需要或为使之发挥不同的功能而设计不同的库容或水位，这样设计的库容或水位反映了水库的工作特性，故称为水库的特征库容或特征水位(图 8-13)。

水库的特征库容和特征水位有以下几种。

1）死库容与死水位

根据发电的最小水头、灌溉引水的最低水位，并考虑泥沙的淤积所设计的最低水位称为死水位或设计最低水位。与死水位对应的库容称为死库容。

2）兴利库容与正常高水位

为满足发电、灌溉引水等需要而设计的库容称为兴利库容或有效库容。与兴利库容对应的水位称为正常高水位，正常高水位系水库在正常运行时允许保持的最高水位，也是确定水工建筑物的规模、投资、淹没损失以及发电量等的重要指标。

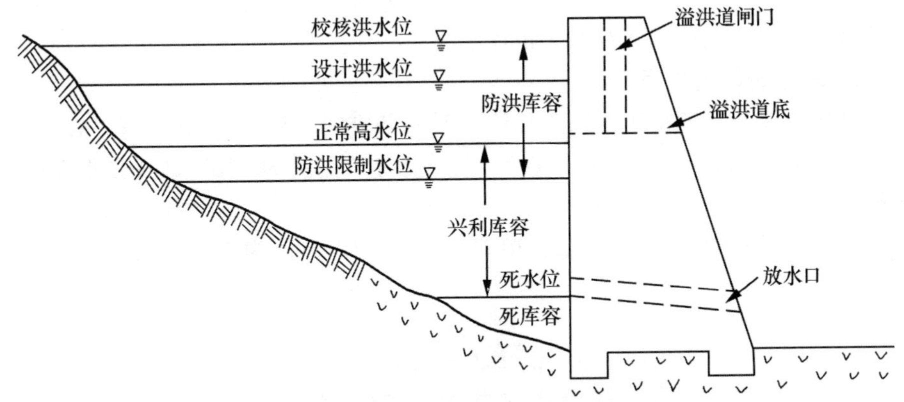

图 8-13 水库的特征水位和特征库容示意图(据南京大学地理系和中山大学地理系,1978)

3) 防洪库容与设计洪水位、校核洪水位以及防洪限制水位

为调蓄上游入库洪水、削减洪峰、减轻洪水对下游的威胁,以达到防洪目的而设计的库容称为防洪库容。在发生设计洪水时,水库允许达到的最高水位,即与防洪库容对应的水位,称为设计洪水位或最高洪水位。

在发生特大洪水时,水库允许达到的最高水位称为校核洪水位。

在汛期到来之前,常将水库中的水排放一部分,以便增大水库拦蓄洪水的能力。排放这部分蓄水之后水库的水位称为防洪限制水位,即调洪起始水位。这一水位是根据洪水特征以及防洪要求综合考虑确定的,洪水来临之前,库内水位不得超过此水位。

水库的总库容通常包括防洪库容、兴利库容以及死库容。

二、水库的水量平衡和调蓄作用

1. 水库的水量平衡

水库的入流量为大坝以上流域自地表和地下进入水库的水量,而水库的出流量则是人为控制的。当水库的入流量大于出流量时,库中开始蓄水,水位逐渐上升,蓄水量逐渐增大;反之,水位下降,蓄水量减小。

水库的水量平衡方程可写为如下形式:

$$Q_{\mathrm{I}}\Delta t - Q_{\mathrm{O}}\Delta t = \Delta V \qquad 8\text{-}35$$

在上式中,

Q_{I}:入库流量(m^3/s);

Q_{O}:出库流量(m^3/s);

ΔV:水库蓄水量的变化量(m^3);

Δt:计算时段(s)。

在这一公式中，水库的蒸发、渗漏以及库面降水等项均被略去，而地表出水、地下出水以及工农业用水统归为出库流量。

2. 水库的调蓄作用

修建水库的目的是改变河川径流的时间和空间分配，以兴利除害。在汛期，水库将部分径流拦蓄起来；在枯水时，再将蓄水有计划地放出，这就是水库的调蓄作用。

在发生洪水时，水库的调蓄作用尤为重要。图 8-14 为水库对洪水的调蓄作用示意图。

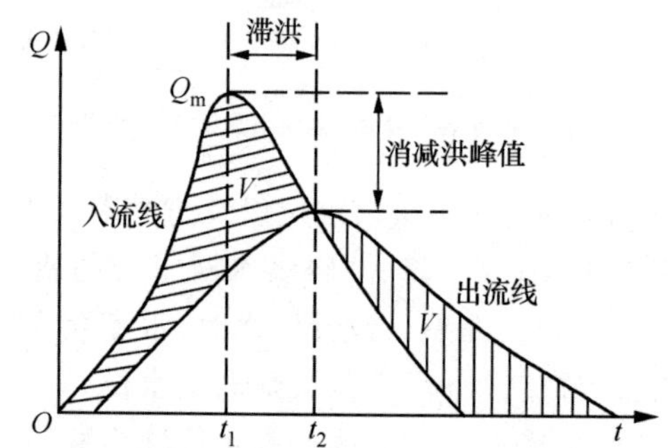

图 8-14 水库对洪水的调蓄作用示意图(据胡方荣和侯宇光，1988)

已知水库的入流过程，假定水库溢洪道无闸门控制，且水库的防洪限制水位与溢洪道底高程持平。在 t_2 时刻前，入库流量大于出库流量，库内水位持续上升；与此同时，出流量也相应增大；到 t_1 时刻，入流量达最大值 Q_m；随后，入流量开始减小；在 $t_1 \to t_2$ 的时段内，入流量仍大于出流量，但因入流量已逐渐减小，而出流量在库内水位不断上升的情况下也在不断增大；最后，在 t_2 时刻，入流量等于出流量，此时，库内水位上升至最大值，出库水量也相应达到最大值。t_2 时刻以后，入流量小于出流量，库内水位逐渐下降，出库流量也相应逐渐减小，直至库内水位又与溢洪道顶高程齐平为止。

在图 8-14 上，两块阴影的面积应是相等的。若以 V 表示单块阴影的面积，V 即为暂时调蓄在水库中的水量，在 t_2 时刻以后，这部分水又逐渐流出。水库的这种调蓄必然使洪峰减小、最大洪峰流量出现的时间延后并使洪水过程拉长。

三、水库水的运动

1. 水库水运动简述

水库水的运动形式与湖水的运动基本相同。例如，在水库中，可出现风成流、波浪以及定振波等。在我国的新安江水库，曾观测到变幅为 2—8 m 的定振波。

2. 泥沙异重流

两种或两种以上比重不同的水流发生的相对运动称为异重流。

异重流是由重力作用造成的，这与明渠中水流运动的情形相仿；但在异重流中，不同水流比重的差异并不很大，浮力使重力的作用大为减小。

水流比重不同的原因可能是温度的不同、水中溶解质含量的不同或泥沙含量的不同。温差异重流常见于热电站冷却水的引水口，盐水楔异重流常见于入海河口。泥沙异重流为因不同水流中泥沙含量不同造成比重不同而发生的相对运动。泥沙异重流一般出现在河流入湖或入库处。

前已谈及，泥沙异重流也可出现在湖泊中，但在水库中更为常见，且常对水库的影响更大，故将有关泥沙异重流的知识在本节中详细介绍。

一般认为，泥沙异重流产生需有以下几个条件。

1）入库水流的含沙量

当入库水流的含沙量略大于库水含沙量的$\frac{1}{1\,000}$时，异重流便可出现，但并不稳定；只有当入库水流的含沙量为 10—15 kg/m^3 时，出现的异重流方才稳定。

2）入库水流中的泥沙颗粒大小

入库水流中的泥沙颗粒必须细小，其粒径界限与流速有关，一般为 $d=0.01$ mm。

3）入库水流的流量及其持续时间

入库水流的流量必须超过一定数值并持续一定时间。据中国官厅水库的实测资料，当入库水流的流量大于 200 m^3/s 时，异重流开始出现；而当入库水流的流量小于 50 m^3/s 时，异重流即行消失。异重流在水库水体内运动的距离和运动持续的时间取决于入库水流的流量持续的时间。

4）交界面的坡度

两种水流(清水和浊水)的交界面必须沿流动方向有一定坡度。

5）异重流潜没点处的水深

异重流潜没点处(图 8-15)必须有一定的水深，否则交界面以上的水紊动可影响异重流的表面，从而影响异重流的密度。

根据实验，上述条件可综合为判别系数 F：

$$F=\frac{u_0^2}{\frac{\Delta\gamma}{\gamma'}gh_0}\leqslant 0.6 \qquad 8\text{-}36$$

在上式中，

F：判别系数；

μ_0：异重流潜没点处的平均流速(m/s)；

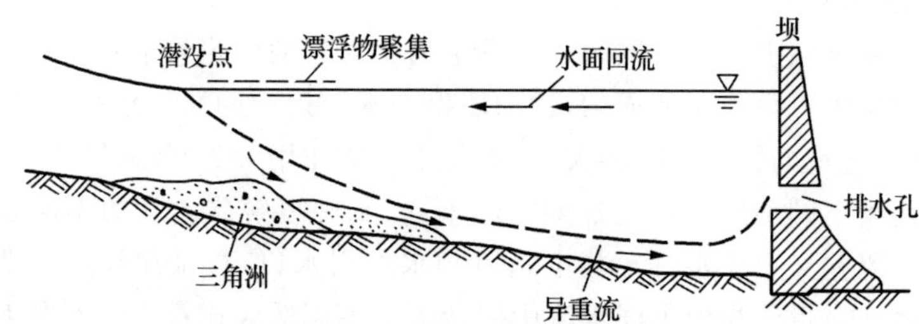

图 8-15 水库异重流示意图(据胡方荣和侯宇光,1988)

γ':下层异重流的比重(kg/m^3);

$\Delta\gamma(\gamma'-\gamma)$:下、上两层(重流体与轻流体)的比重之差(kg/m^3);

g:重力加速度(m/s^2);

h_0:潜没点处的水深(m)。

F 值必须小于一定的临界值,交界面才不致被破坏而使两股水流发生混合;但若 μ_0 过小,则异重流中泥沙发生沉淀,异重流即行消失。

异重流一旦形成后,可在水库底层运行很远的距离,也可很快消失,这取决于入库流量持续时间、库底地形以及库底比降。

异重流消失后,其所携泥沙便会沉积下来。

计算全年异重流携沙总量的公式如下:

$$W_{sd}=(W_{si}-Y)A \tag{8-37}$$

在上式中,

W_{sd}:全年异重流携沙总量(kg);

W_{si}:全年进入的泥沙总量(kg);

Y:非汛期进入的泥沙总量(kg);

A:汛期进入的泥沙中 $d<0.01$ mm 的颗粒所占的百分比。

第九章　沼　　泽

地表或土壤层经常过度湿润的地段称为沼泽(swamp)。

沼泽具有三个基本特征:有停滞或微弱流动的水;其上生长着喜湿性植物和水生植物;有泥炭累积或无泥炭累积而仅有草根层和腐殖质层,但均有明显的潜育层。在我国不同地区,此类地段被称为湿地、草滩地、苇塘地、漂筏甸子或甸子地。

全世界各地沼泽的总面积为 1 120 000 km^2,约占陆地总面积的 0.8%。这些沼泽主要分布在北半球的寒冷地区,在加拿大北部和欧亚大陆北部最为集中。

在我国,沼泽分布相当广泛,其总面积约为 110 000 km^2。在沿海地区,主要是长江口以北的江苏、山东、河北以及辽宁沿海的新淤滩地,一般在高潮水位以下,杂草和芦苇丛生,形成大片沼泽;此外,在浙江和台湾西部沿海,此类沼泽也有零星分布。在东北河流泛滥地区,主要在三江(黑龙江、松花江、乌苏里江)平原以及嫩江和松花江汇合处,因地势低洼,排水不畅,蒸发量小,杂草丛生,会形成大片沼泽;此外,在新辽河北岸,此类沼泽也有分布。在青藏高原、柴达木盆地以及一些高山地区,冬季地表积雪,次年春、夏季冰雪融化,但因下伏冻土层的存在,融水难于下渗,故地表出现积水,杂草和苔藓丛生,也会形成沼泽。

沼泽和沼泽化土地是有用的自然资源。经过人工改造后,沼泽可以变成良田和牧场。例如,中国的三江平原昔日是渺无人烟的“北大荒”,今天则为著名的“北大仓”。此外,沼泽中蕴藏着丰富的沼泽植物和泥炭资源,是工农业以及医药业的重要原料。

第一节　沼泽的形成

沼泽的形成是一个复杂的过程。地表水分过多是沼泽形成的直接原因,而地势低平造成水分排泄不畅以及地表组成物质黏重导致水分下渗困难则是对水分聚积起主导作用的因素。一般来说,在温和湿润或寒冷的地区,沼泽最易形成。

沼泽的形成大致可分为水体沼泽化和陆地沼泽化两种形式。

一、水体沼泽化

江、河、湖、海的边缘或浅水部分因泥沙堆积、水草丛生以及微生物对有机质的分解而逐渐演变为沼泽的过程称为水体沼泽化。水体沼泽化为最常见的沼泽形成过程,其又可被进一步分为海滨沼泽化、湖泊沼泽化以及河流沼泽化。

1. 海滨沼泽化

随着海岸线向海推移,海滨地段逐渐脱离海水的影响;在雨水淋溶下,沉积物中的盐分逐渐减少,有利于耐微盐植物的生长,故逐渐有草生长;但因海水倒灌或河流泛滥,生草过程常常中断,在老的生草地上又有新的泛滥沉积层形成,在一定条件下,草又开始生长;如此往复多次,埋藏有黑土底层的盐渍沼泽便会逐渐形成。

2. 湖泊沼泽化

在水体沼泽化中,又以湖泊沼泽化最为常见。

由于湖底地形、湖岸地形、湖水深度以及湖泊换水率各不相同,湖泊沼泽化的过程也不尽相同。为此,可将湖泊沼泽化进一步分为浅水湖泊沼泽化和深水湖泊沼泽化。

1）浅水湖泊沼泽化

浅水湖泊的岸坡倾斜平缓,湖中水草丛生。因各种水草生长条件不同,从湖岸至湖心,不同的水草有规律地呈环带状分布。如图 9-1(a)所示,在岸边浅水地带,生长苔属植物;在水深 2 m 左右处,生长芦苇和莞属类植物;在水深超过 4 m 处,生长藻类和眼子菜属植物;再深,因光照不足,只能生长孢子植物;而浮游生物则遍布全湖。生长在不同地带的生物死亡后,其残体沉入湖底,因缺乏氧气,分解缓慢或几乎完全没有分解而逐年堆积,厚度不断增大,加之逐年的泥沙淤积,湖泊进一步变小、变浅,植物的生长环境发生变化,湿生植物也相应地向湖心蔓延,最后整个湖泊变为沼泽。

2）深水湖泊沼泽化

在湖岸陡峻的深水湖泊中,植物的分布如图 9-1(b)所示,在背风岸水面上,长满了水芋和沼委陵菜等长根茎漂浮植物。这些植物的根茎相互交织成网,与岸边相连形成漂浮筏(漂浮植物毯),苔藓和其他一些植物就在它们的根茎网孔上生长。由风或流水带来的泥沙和植物种子,被漂浮筏拦阻而停积下来。若植物漂浮筏的厚度不大,便可被风吹离岸边,分成若干片,形成浮岛,散布在湖面。随着时间的推移,漂浮筏上植物不断增长,死亡植物的残体积累在漂浮筏的表面，漂浮筏渐渐增厚，并布满全湖，更加稳固。随着漂浮筏厚度的进一步增大，其下部的植物残体逐渐脱落下来，沉入湖底，形成泥炭，湖底逐渐淤高，这样，湖底与漂浮筏之间的距离逐渐缩小，直至完全相接，最后使湖泊转化为沼泽。

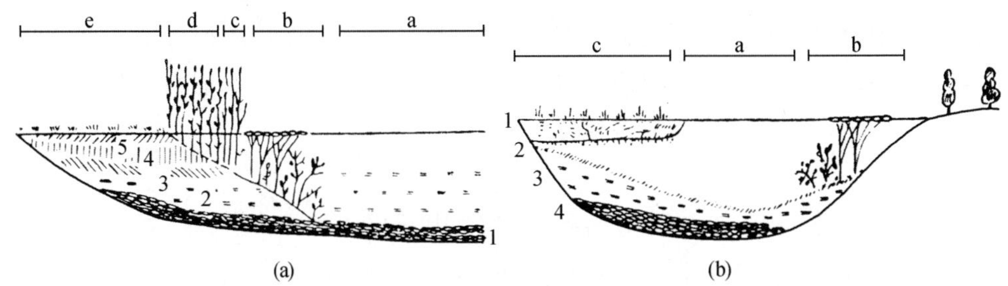

垂直方向(a)：1—泥灰石；2—泥炭；3—莞属泥炭；4—芦属泥炭；5—苔属泥炭；
水平方向(a)：a—浮游生物带；b—藻类和眼子菜属；c—莞属；d—芦苇；e—苔属；
垂直方向(b)：1—各种植物残体组成的泥炭；2—泥炭游泥；3—泥炭；4—泥灰石；
水平方向(b)：a—浮游生物；b—藻类和眼子菜属；c—漂浮筏。

图 9-1　缓坡浅水湖泊(a)和陡岸深水湖泊(b)(据南京大学地理系和中山大学地理系，1978)

3. 河流沼泽化

水浅、流速小的河段常会逐渐转化为沼泽，其过程与浅水湖泊沼泽化相似。

二、陆地沼泽化

在森林地、草甸区、灌溉区、分水岭、坡地、洼地以及永冻土地带，因排水不畅或蒸发微弱，地表过于湿润，喜湿性植物大量繁殖，故有沼泽形成。这些沼泽的形成过程称为陆地沼泽化，其中最常见的为森林沼泽化和草甸沼泽化。

1. 森林沼泽化

森林沼泽化既可在森林的自然演替过程中发生，也可在森林遭受火烧等之后出现。

茂密的森林阻挡了阳光和风，林下枯枝落叶覆盖了地表，因此，蒸发有所减弱。此外，若林下土质黏重，排水性弱，土壤过湿，会引起森林退化并使喜湿性植物得以迅速生长和繁殖。这些植物具有很强的保水性，故森林的退化进一步加剧，因而森林逐渐演化为沼泽。此外，森林遭受火烧和砍伐后，表层土壤常会变紧，蒸发减弱，表层土壤过湿，沼泽植物开始生长发育，森林渐渐演化为沼泽。

2. 草甸沼泽化

草甸沼泽化一般发生在地表积水或土壤过湿的地段。

因土壤孔隙被水和死亡的草甸植物残体充填,土壤通气状况不良;有机质在嫌气环境下分解缓慢;原来生长的植物,因得不到足够的空气和养分而逐渐死亡;湿生植物逐步侵入。一般来说,湿生植物都具有比较发达的根或地下茎;这些根或地下茎相互交织,形成薄厚不一的草根层;草根层的蓄水能力很强,进一步加强了地表的湿润状况,故草甸逐步转化为沼泽。

第二节 沼泽的类型

可以不同的根据对沼泽进行划分。例如,根据地貌状况和水分补给条件,可划分出分水岭河间地沼泽、阶地沼泽、坡麓沼泽、河漫滩沼泽、湖滨沼泽和海滨沼泽;又如,根据植被类型,可划分出藓类沼泽、草本沼泽和木本-森林沼泽。

以下介绍两种最为常见的沼泽划分方案。

一、根据沼泽的发育阶段划分沼泽

根据沼泽的发育阶段(图 9-2),可将沼泽划分为以下三种类型。

1. 低位沼泽

处在发育过程初期阶段的沼泽称为低位沼泽,又称为富营养型沼泽。

这类沼泽的特点是,泥炭积累不太厚,沼泽表面呈浅碟形,水分补给充足(包括降水、地表水和地下水),其上生长的植物以嗜养分植物(以莎草科植物占优势)为主。水文状况尚未发生显著变化。

这类沼泽经排水疏干后可开垦为农田。我国东北三江平原的大片沼泽即属低位沼泽。

2. 中位沼泽

处在发育过程中期阶段(即从低位沼泽向高位沼泽转化的过渡期)的沼泽称为中位沼泽,又称中营养型沼泽或过渡型沼泽。

这类沼泽的特点是,泥炭层逐渐增厚,沼泽表面趋于平坦,补给水源逐渐转为以大气降水为主,土壤养分逐渐减少,沼泽上生长的植物以中养分植物(如水藓和羊胡子草等)为主。水分运动状况发生了变化。

这类沼泽经排水疏干后可作为牧场,其泥炭可作燃料。我国东北大、小兴安岭以及长白山局部地区的沼泽即属中位沼泽。

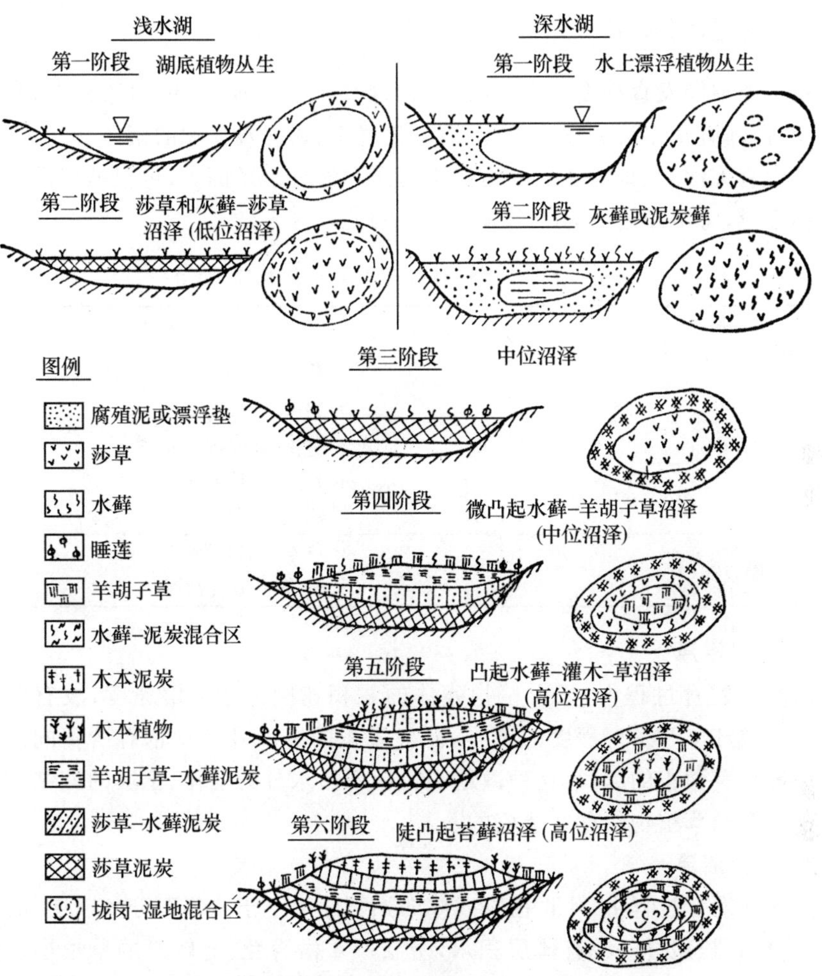

图 9-2　湖泊沼泽化的阶段(据胡方荣和侯宇光,1988)

3. 高位沼泽

处在发育过程晚期阶段的沼泽称为高位沼泽,又称贫营养型沼泽。

这类沼泽的特点是,泥炭积累较厚,沼泽表面中部呈凸起形,有的中央部分高出四周边缘达 7—8 m,因地形的变化,水文状况发生了显著变化,补给水源以大气降水为主,土壤养分非常贫乏,故沼泽上的植物以少养分植物(如苔藓等)为主。

从这类沼泽开采到的泥炭是良好的燃料。我国东北大、小兴安岭局部地区的沼泽以及四川若尔盖高原的沼泽即属高位沼泽。

二、根据沼泽中有无泥炭划分沼泽

我国的沼泽发育程度较低，大多数沼泽属低位沼泽，中位沼泽较少，高位沼泽更少；但却有很多地表过湿、土层潜育化严重、无泥炭累积的沼泽。因此，可根据沼泽中有无泥炭，将沼泽划分为泥炭沼泽和潜育沼泽两类，再根据沼泽中的主要植物组成，将沼泽划分为七个亚类（表 9-1）。

表 9-1 泥炭沼泽和潜育沼泽（据邓绶林等，1979）

类	亚 类
泥炭沼泽	草本泥炭沼泽
	木本-草本泥炭沼泽
	木本-草本-藓类泥炭沼泽
	木本-藓类泥炭沼泽
	藓类泥炭沼泽
潜育沼泽	草本潜育沼泽
	木本-草本潜育沼泽

1. 泥炭沼泽

沼泽在发育过程中，死亡植物残体的累积速度大于分解速度，故有泥炭累积。因形成环境和发育程度的差异，泥炭累积的厚度及类型也有所不同。沼泽表面一般均有微小的起伏，这种微地貌特征系由水分的变化、土壤的冻结和密丛型的苔草及嵩草植物的存在造成的。

2. 潜育沼泽

沼泽在发育过程中，死亡植物残体的累积速度小于或等于分解速度，故无泥炭累积；地表长期过湿或有薄层积水，土层严重潜育化，有较厚的草根层。地势低洼，地表又常有黏土层或亚黏土层存在，故排水不畅，透水很差，潜水面常常接近或露出地表，形成大面积地表积水；但在枯水期或枯水年份，因水分蒸发，地表又常干涸。

泥炭沼泽主要分布于东北的寒温带和温带湿润地区（特别是大兴安岭、小兴安岭及长白山），其次为青海、西藏、新疆等高山高原地区；潜育沼泽则主要出现在东部平原及滨海地区，如三江平原、松辽平原、华北平原及长江中、下游地区。

第三节 沼泽的水文特征

因受泥炭层的物理性质和沼泽发育程度的制约，沼泽的水文特征，既不与地表水的水文特征相同，也不与地下水的水文特征相同，而是二者兼有。

一、沼泽的含水性

沼泽的含水性系指沼泽中草根层和泥炭层的含水性质。

沼泽中草根层的结构犹似海绵，孔隙度大，保持各种水分的能力强。

水在草根层中以重力水、毛管水、薄膜水以及吸附水等形式存在。重力水在重力的作用下，可沿斜坡流入排水沟或其他排泄区。毛管水、薄膜水以及吸附水均受分子力的作用，不会从草根层和泥炭层中自行流出。毛管水和部分薄膜水可由植物根系吸收并由植物叶面蒸腾或从沼泽表面直接蒸发。而其余的水，均需采取特殊措施方可除去。

沼泽中泥炭层主要由未完全分解的植物残体组成，沼泽中的水分不仅大量存在于孔隙之中，而且一部分水分还存在于植物残体内部，故泥炭层的含水量很大、持水能力很强。按质量比计算，泥炭沼泽含水 70%—94%，较砂土大 3—10 倍。故一般认为，沼泽，尤其泥炭沼泽为良好的蓄水体。

泥炭沼泽或沼泽中的泥炭层可被分为上、下两层。

上层由枯枝落叶组成，常被称为活跃层。活跃层的透水性强，含水量变化无常，潜水位变化大。潜水位下降时，孔隙中无水，空气可进入其中，故活跃层中含有大量有助于泥炭分解的好氧细菌和其他微生物。此外，该层中还有大量根系。

下层由不同植物残体以及不同分解程度的泥炭组成，常被称为惰性层。惰性层的透水性较活跃层弱得多，在一般情况下，含水量很少变化，缺乏氧气自由通道，故惰性层中好氧细菌很少。

二、沼泽的透水性

沼泽的透水性系指沼泽中草根层和泥炭层的渗吸作用和渗透作用。

渗吸作用是由分子力、毛管力以及重力共同作用产生的，而渗透作用则是在沼泽土壤饱和的情况下由重力作用产生的。

通常以渗透系数表征沼泽透水性的强弱。可以下式计算沼泽的渗透系数：

$$K = \frac{A}{(Z+1)^m} \tag{9-1}$$

在上式中，

K：渗透系数(cm/s)；

A：常数，取决于沼泽类型；

Z：潜水面的埋深(cm)；

m：指数，取决于草根层的剖面结构。

渗透系数在垂直方向，即沿深度方向，变化较大。一般来说，渗透系数随深度的增大而减小(表 9-2)。

表 9-2　三江平原几种主要沼泽土壤的渗透系数(据王毅勇和宋长春,2003)

沼泽土壤亚类	深　度/cm	渗透系数/(cm/s)	土　层
草甸沼泽土	2—6	0.007 6	草根层
	8—12	0.005 4	草根层含大量土粒
泥炭沼泽土	0—10	0.012 7	草根层
	10—20	0.010 6	泥炭层
	20—30	0.001 1	泥炭层
泥炭土	9—18	0.011 7	草根层
	18—27	0.010 5	草根层
	27—37	0.008 7	泥炭层
	37—47	0.008 2	泥炭层

在泥炭沼泽中,上层渗透系数可达每秒几十厘米,而 1.0—1.2 m 深度处的渗透系数还不到 1.0×10^{-3} cm/s。这是因为在深处,植物残体分解程度增大,泥炭密度增大,物质所受的压力增大,故孔隙变小。研究表明,分解度<15%的泥炭渗透系数可达 1.0×10^{-4} cm/s 以上;而若泥炭的分解度>60%,其渗透系数可减小至 1.0×10^{-8}—1.0×10^{-7} cm/s。

在我国东北三江平原的潜育沼泽中,自地表向下依此为草根层、腐殖质层、潜育层以及母质层。草根层的孔隙大,渗透系数也大,可达 8×10^{-3}—138×10^{-3} cm/s,接近于粗砂的渗透系数;腐殖质层的孔隙较草根层小,故渗透系数也小,为 3.0×10^{-5}—1.0×10^{-3} cm/s;潜育层的渗透系数更小,甚至可接近于零。

三、沼泽的蒸发

沼泽的蒸发系指水分自沼泽表面直接汽化以及自沼泽中的植物叶面汽化的现象。

沼泽蒸发量主要取决于沼泽的水分状况和植物的生长状况。

当土壤过湿或沼泽潜水面的埋藏深度较小,毛管水的上升高度在范围内时,毛管作用可将大量水分运输至沼泽表面供给蒸发。在这种情况下,沼泽的蒸发量较大,接近或超过水面蒸发量;反之,当沼泽潜水面的埋藏深度较大,毛管水上升不到沼泽表面时,沼泽的蒸发量就较小。

当植物覆盖度大,生长繁茂时,蒸腾强烈;反之,蒸腾微弱。

四、沼泽径流

沼泽径流系指流向沼泽体或由沼泽体向小溪、河流以及湖泊汇聚的水流。

1. 沼泽表面径流

沼泽表面径流即为沼泽地表水的运动，又称沼泽表面漫流。

在沼泽地区，小河、湖泊和泥潭形成水文网。在这些小河和湖泊之中，一些是原生的，即在沼泽形成之前就存在；另一些则是次生的，即在沼泽形成之后才生成。随着沼泽的发育，泥炭堆积，植物丛生，故沼泽一般排水不畅，沼泽水的运动也非常缓慢。

在沼泽发育初期，沼泽地表水多呈停滞或微弱流动的状态。在低位沼泽中，因四周高而中间低，表面径流流线多呈向心网状[图 9-3(a)]。在高位沼泽中，因中部凸起而四周较低，故表面径流流线常为辐射状流线网[图 9-3(b)]。

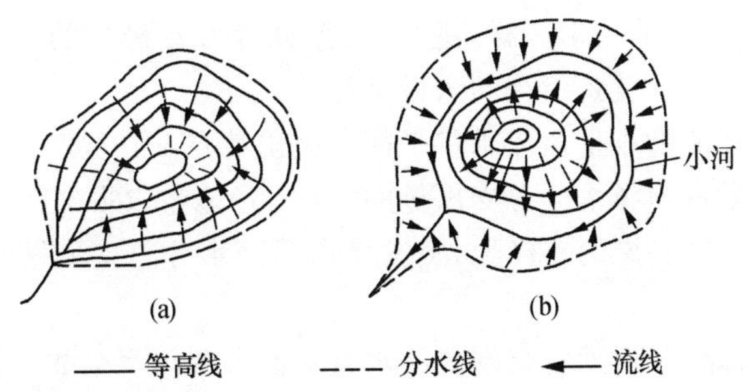

图 9-3 沼泽表面径流流线网示意图(据胡方荣和侯宇光，1988)

在春季冰雪消融和秋季气温下降时期，潜水面较高，接近沼泽表面，表面径流较易出现。在夏季普降大雨或暴雨时，表面径流十分明显。在非降雨期，气温高，蒸发强烈，潜水面较低，降下的雨水很少，很快渗入地下，故表面径流不明显。在冬季，因缺少雨水补给而不存在表面径流。

2. 沼泽地下径流

沼泽地下径流即为水分在草根层或泥炭层中的运动，又称沼泽壤中流或沼泽侧向渗流。

当降雨补给沼泽时，水分首先为草根层或泥炭层吸收。只有当草根层或泥炭层的含水量接近饱和，潜水面上升至沼泽表面时，表面径流才会出现。

在表面径流出现之前，来水的大部分蓄积于草根层或泥炭层之中，其中的一部分因受潜水面的制约而沿斜坡侧向流出，这就是沼泽地下径流，其流量随潜水面的升高而增大。

随着降雨的持续，潜水面上升至沼泽表面，表面径流出现。表面径流出现后，地下径流退居次要地位。降雨停止后，表面径流逐渐消失，潜水面降至沼泽表面以下，地下径流又成为水分的主要运动形式。

草根层中地下径流的流量可以下式计算：

$$q=\frac{IA}{1-m}[(H_0+1)^{1-m}-(Z+1)^{1-m}] \quad 9\text{-}2$$

在上式中,

q:地下径流的流量(m^3/s);

I:水力坡度;

H_0:草根层的厚度(m);

其余各项的含义与在公式 9-1 中相同。

这一公式也表明,潜水面的埋深 Z 越大,地下径流的流量 q 就越小。

五、沼泽的水量平衡

与其他水文系统的情形一样,进、出以及储存在沼泽中的水分之间,也存在着一定的数量关系,这就是沼泽的水量平衡。

蒸发量大、径流量小是沼泽水量平衡的突出特点。在湿润地区,例如俄罗斯的西北部,蒸发量占沼泽水分总支出量的 75%,径流量仅占 25%;在水分不稳定地带,例如我国三江平原的沼泽地,蒸发量占沼泽水分总支出量的 84%,径流量仅占 16%。

对于一个沼泽,一定深度范围内的水量平衡方程可写为如下形式:

$$P+R_{sI}+R_{gI}=E+R_{sO}+R_{gO}+\Delta hK \quad 9\text{-}3$$

在上式中,

P:计算时段内沼泽上的降水量(mm);

R_{sI}:计算时段内由地表进入沼泽的水量(mm);

R_{gI}:计算时段内由地下进入沼泽的水量(mm);

E:计算时段内沼泽的蒸发量(mm);

R_{sO}:计算时段内由地表流出沼泽的水量(mm);

R_{gO}:计算时段内由地下流出沼泽的水量(mm);

Δh:计算时段内沼泽潜水位的变化值(mm);

K:计算时段内沼泽的给水度。

第十章　河　　口

河流汇入海洋、湖泊、水库等水体处或河流的支流汇入主流处称为河口(estuary)。因此,相应地,有入海河口、入湖河口、入库河口或支流河口。

习惯上所说的河口系指入海河口。本章所论及的也是入海河口。

河口是河流与海洋两大水体交界过渡的区域,它的水文特性较河流和海洋的水文特性都要复杂。

世界上一些著名的大河流(如尼罗河、亚马孙河、密西西比河以及泰晤士河等)均流入海洋,故各有入海河口。我国幅员广大,河流众多,海域辽阔,入海的河流多达数百条,其中长江、黄河、珠江、钱塘江、海河、闽江及韩江等大、中河流的河口十分著名。

河口是水路交通的咽喉,内连河流,外通海洋,常建有港口城市。在河口,可能发育着土地肥沃的三角洲。人们对三角洲的开发较早,故在三角洲,人口稠密,政治、经济及文化等常较发达。

第一节　河口区的范围和分段

一、河口区的范围

海水因受月球和太阳的吸引力而发生的周期性上升和下降运动称为潮汐,而与之相伴发生的海水周期性水平流动称为潮流。通常可将潮汐视为海水的一种长期波动,称为潮波。

河口区既受到河流径流的影响,也受到海洋潮流的影响。一般来说,将潮流的作用和影响消失之处视为河口区的上界,将径流的作用和影响消失之处视为其下界。

涨潮时,潮水沿河上溯,一方面受到河床摩擦阻力的作用,另一方面受到河水下泻的阻压作用;故潮水上溯至某一处,便停止下来,该处称为潮流界。在潮流界以上的河段,潮波继续传播,但潮波的振幅急剧减小。在潮差为零处,潮汐的影响已完全消失,该处称为潮区界。在枯季或大潮时,潮流上溯和潮波传播的距离要大些,其相应的界线分别称为潮流上界和潮区上界。在洪季或小潮时,潮流上溯和潮波传播的距离要小些,其相应的界线分别称为潮流下界和潮区下界。

含盐度≥2‰的海水可到达的上限称为咸水界,河流淡水在口外扩散影响所达的下限称为淡水界。枯水时,咸水界近陆,称为咸水上界;洪水时,咸水界近海,称为咸水下界。枯水时,淡水界在门口附近,称为淡水内界;洪水时,淡水界在口外,称为淡水外界。

潮区界与淡水界之间的地段即为河口区的范围(图 10-1)。

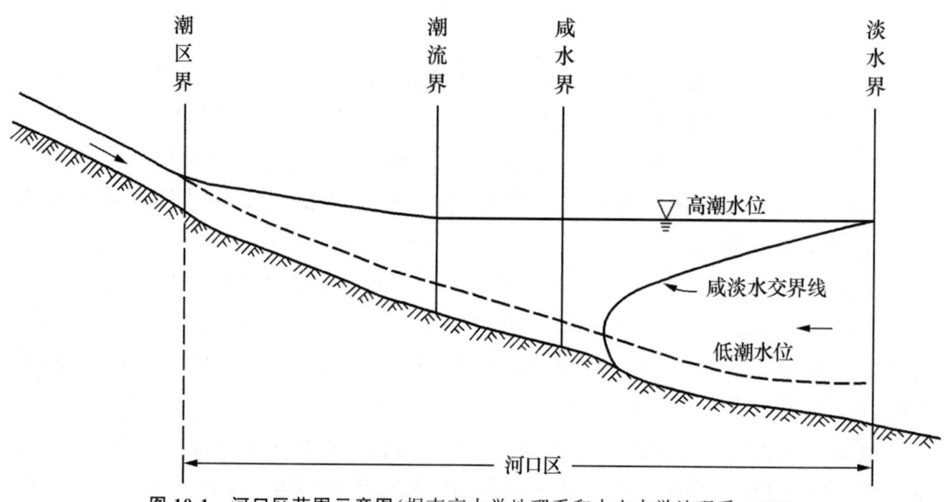

图 10-1 河口区范围示意图(据南京大学地理系和中山大学地理系,1978)

二、河口区的分段

目前运用较多的河口区分段方法为,将自潮区界至滨海浅滩前缘的河口区分为河流近口段、河流河口段以及口外海滨段(图 10-2)。

1. 河流近口段

潮区界至潮流界之间的河段称为河流近口段,又称河流感潮区。

在这一河段,水流流向始终指向海洋,径流作用占绝对优势。

2. 河流河口段

河流近口段的下界,即潮流界至海边(即门口)之间的河段称为河流河口段,又称河流潮流区。

在这一河段,可出现三角洲或可呈喇叭口状;在三角洲上或河道中,水流可分汊,进而形成汊河。

河流河口段为河口区的主体部分。在这里,水流为周期性往复流,方向有时指向海洋,有时指向陆地;河流径流和海洋潮流的作用互为消长;水位发生周期性涨落。

3. 口外海滨段

河流河口段的下界至海滨沿岸浅滩前缘之间的区段称为口外海滨段。

在这一区段,水面开阔,径流的作用逐渐减弱,直至完全消失;海洋潮流和波

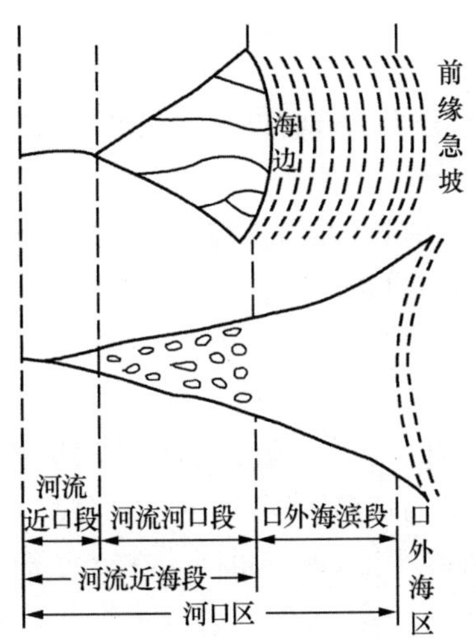

图 10-2　河口区分段示意图(据胡方荣和侯宇光,1988)

浪的作用占主导地位。

由上可见,河口区这一分段主要依据为起主导的水流作用。鸭绿江河口区的上界在干流与大沙河交汇处,下界在大东港码头以南 18 km 和扭岛西南 23.5 km 一线,全长约 67.5 km。在这一河口区的上段,即由大沙河至蚊子沟,长约 20 km,主要受径流控制,故划为河流近口段;在中段,即由蚊子沟至扭岛,长约 24 km,是径流与潮流交互作用的区段,故划为河流河口段;在下段,即由扭岛至鸭绿江口门,长约 23.5 km,主要受潮流控制,故划为口外海滨段(金惜三、李炎,2001)。

第二节　河口的类型

可按不同的根据划分河口。例如,根据动力成因,可将河口划分为径流为主型河口、潮流为主型河口以及波浪为主型河口;根据潮汐强弱,可将河口划分为强潮河口和弱潮河口;根据盐、淡水混合程度,可将河口划分为强混合型河口、缓混合型河口(部分混合型河口)和弱混合型河口(高度分层型河口);根据地貌形态,可将河口分为三角洲河口和三角港河口;根据来水和来沙条件,可将河口分为河口湾型河口、三角洲型河口和过渡型河口;根据来水、来沙以及地质和地貌条件,可将河口分为强混合海相河口、缓混合海相河口、缓混合陆海双相河口和弱混合陆相河口。

以下介绍的河口类型划分主要根据河口的平面形态和水流情况。

一、河道型河口

河道型河口可进一步分为单道河口和多汊河口。

1. 单道河口

具单一河道,且直到出海口;在口外海滨段,因水流分散、流速减小、泥沙淤积,故常形成扇形浅滩,即河口拦门沙。

中、小平原河流的河口多为单道河口,如我国的辽河、甬江和灌河等的河口。

2. 多汊河口

因河道中出现心滩或江心洲,水流分汊,形成两股或多股水道并进一步发展为汊河。此外,因涨落潮流的流路不同,河流也可分汊。在河口段,沙岛、沙洲和沙咀等常进一步发展成冲积平原,即三角洲。在三角洲上,常有数条支汊。支汊口外,常有拦门沙。

我国的珠江口即属多汊河口。在多汊河口,径流作用强,而潮流作用弱。

二、海湾型河口

海湾型河口可进一步分为三角港河口和喇叭型河口。

1. 三角港河口

径流量大的河流在其自身所造成的冲积平原上出口入海,如遇海口的潮差很大,常形成十分宽阔的河口段。

我国的长江口为三角港河口。在长江口,水流被崇明岛分为南、北两支;南支又被长兴岛、横沙岛分为南、北两港;南港再被九段沙浅滩在水下分成南、北两槽。南、北港宽为几千米或十几千米,南、北槽出口处若包括北港、北支,宽度可达近百千米。虽有九段沙、横沙东滩和崇明东滩等水下沙洲,但终年水面茫茫一片,已成一三角形海湾。

在三角港河口,径流作用和潮流作用均很强。

2. 喇叭型河口

由海向陆,河口宽度急剧变小,故河口口大里小,形如喇叭。我国的钱塘江为一喇叭型河口。在喇叭型河口,径流作用弱,潮流作用强。

第三节 河口的水文特性

前已述及,河口区是河流与海洋两大水体相互交汇和过渡的地段。在这里,既有径流等河流动力的作用,也有以潮汐为主、以波浪和海流(仅在口外海滨段)为次的海洋动力作用。这两种动力均随着时空的不同而变化,有着不同的时空组合,因此,河口区的水文情势非常复杂。

一、潮波的传播和变形

1. 潮波的传播

潮波在海洋上出现之后,带着巨大的能量向近海和河口传播。潮波进入河道后,仍能朝河流上游方向传播,故河道内也出现了类似外海上潮汐的现象。河道内,潮波在上溯过程中,能量逐渐消耗,流速也逐渐减小。潮波传播一段距离后,河口外已开始落潮,不仅潮波上溯的速度因受河水下泻和河道的摩擦而减小,潮波的水量也因海面下降而减小,故潮波上溯的能力更弱;至河道中某处,潮波上溯的速度与河水下泻的速度相抵,该处即为前面提及的潮流界。潮流界以上,河道内并无流速方向朝陆的水流,但河水仍因潮波上溯而有壅积现象,水位仍随潮汐的涨落而涨落。在潮流界以上,上溯的潮波,因受各种阻力的作用,波高不断减小,至河道中的某处,趋于消失,该处即为前面提及的潮区界。因此可见,潮区界即为潮波传播的上限处。

2. 潮波的变形

在河口区,河床向海洋倾斜,河水也相应地具有向海方向的水面比降和一定的流速,并受到两侧渠道岸壁的约束。潮波进入河口后,即在这一水域中逆坡、逆流向上传播,故形态发生变化。

在不同类型的河口,潮波的变形各不相同。

我国的钱塘江河口为一喇叭型河口,由海向陆,宽度急剧变小,杭州湾湾口宽达 100 km,在澉浦,河口的宽度减为 20 km,而在海宁,河宽更减至 2—3 km。此外,由海向陆,底床的高度急剧增大,水深锐减,在底床上具有沙洲。潮波进入后,变形明显,前坡几乎呈直立状,宛如一堵白色水墙,高达 3.7 m,以 8 m/s 的速度怒吼而上,排山倒海,极为壮观,此即著称于世的钱塘江涌潮。

我国的长江口为一三角港河口,由海向陆,宽度虽趋减小,但变化并不急剧,且水深相对较大。潮波进入后,变形相对不明显,并不形成涌潮。

3. 河口区涨落潮过程的阶段划分

根据水位和流速的变化情况,可将河口区涨落潮过程划分为四个阶段(图 10-3)。

1) 第一阶段

潮波进入之初,水位开始上升,落潮流速逐渐减小;但水流方向仍指向海洋,称为涨潮落潮流。在过水断面的垂直方向上,由表至底出现了流速方向相反的两层水流[图 10-3(a)],表层水流的流向朝海,底层水流的流向则朝陆。

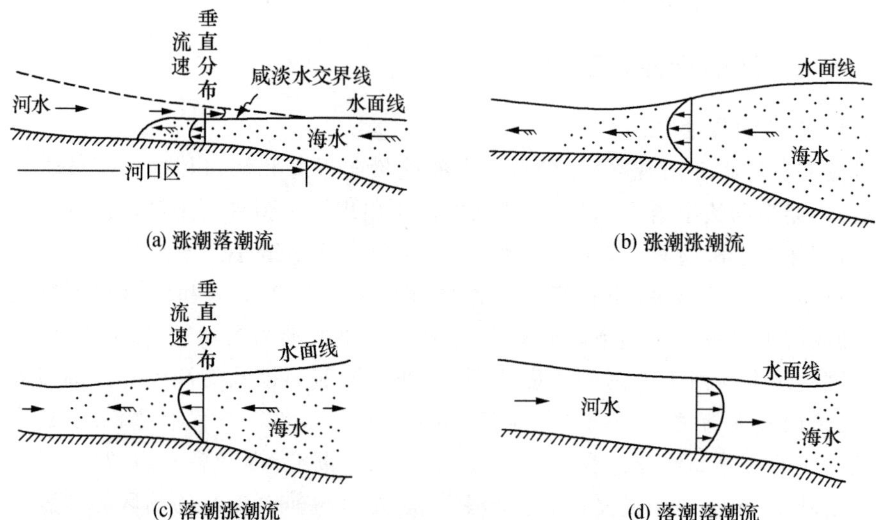

图 10-3　河口区潮水涨、落四个阶段示意图（据南京大学地理系和中山大学地理系，1978）

2）第二阶段

随着水位的不断上升，涨潮流速渐渐超过河水流速；水面转为向上游方向倾斜，在整个过水断面上，流向均指向陆地，称为涨潮涨潮流[图 10-3(b)]。

3）第三阶段

外海上已开始落潮，河口内的水位也随之下降，涨潮流速虽已逐渐减小，但仍然大于河水流速；水面仍向上游方向倾斜，但已渐趋平缓，称为落潮涨潮流[图 10-3(c)]。

4）第四阶段

河口内的水位继续下降，河水流速渐增；整个断面上的流向由指向陆地转为指向海洋，水面也转为向下游方向倾斜，称为落潮落潮流[图 10-3(d)]。

在落潮流转为涨潮流或当涨潮流转为落潮流的过程中，总有一短暂的时间，断面的平均流速为零，此时，潮流称为“落潮憩流”或“涨潮憩流”。

二、盐水楔异重流与咸、淡水的混合

1. 盐水楔异重流的概念

河口为咸、淡水交汇处，一方面有淡水径流的下泻，另一方面有海水的上溯。当潮流自外海涌入河口时，海水因含有盐分，密度较大，呈楔状伏于密度较小的淡水之下，此即盐水楔异重流现象，而覆于其上的密度较小的淡水层则称为淡水舌(图 10-4)。

盐水楔可伸入河口相当远的距离，而上层淡水舌也可延至口外海滨段，甚至

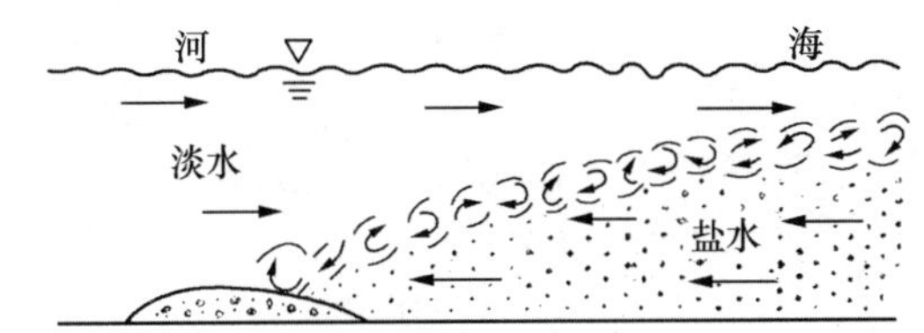

图 10-4　盐水楔和淡水舌示意图(据天津师范大学地理系等,1986)

更远处。例如,南美洲的亚马孙河,淡水舌可延至口外数百千米处;洪季小潮时,我国长江的淡水舌向东北方向扩展,可影响韩国济州岛附近的海域。

2. 咸、淡水的混合

咸、淡水在作相对运动的过程中,因对流扩散和紊动扩散等的作用,不断掺混,以至逐渐混合。

咸、淡水混合的程度,除受河口边界条件的影响外,主要取决于径流量与潮流量的比值。因此,常用这一比值,即混合指数($M \cdot I$)表述咸、淡水的混合程度。

混合指数的表达式为:

$$M \cdot I = \frac{Q_R}{Q_T} \qquad 10\text{-}1$$

在上式中,

$M \cdot I$:混合指数;

Q_R:半个潮周期内进入河口的淡水量;

Q_T:涨潮阶段的进潮量。

根据混合指数,可将河口咸、淡水的混合分为三种类型。

1）弱混合型

$M \cdot I \geqslant 1$,咸、淡水的混合程度较轻,海水沿底床楔入,淡水覆于其上,故水流分层明显。在垂直方向上,水的密度变化较大,上层水流与底层水流的盐度差可大于 20‰;在水平方向上,水的密度变化较小[图 10-5(a)]。

这种混合类型一般出现在径流量比较大、潮差比较小的河口。例如,美国密西西比河河口的西南水道、法国的隆河河口、日本的信浓川河口以及我国珠江的磨刀门河口便会出现弱混合的咸、淡水。

2）缓混合型

$M \cdot I = 0.1—1.0$,咸、淡水的混合程度中等,咸、淡水之间已无明显的交界面,底部有咸水上溯,淡水自表层下泄。在垂直方向上,水的密度仍有变化,上层水流与底层水流的盐度差为 4‰—20‰;在水平方向上,水的密度也有变化[图 10-5(b)]。

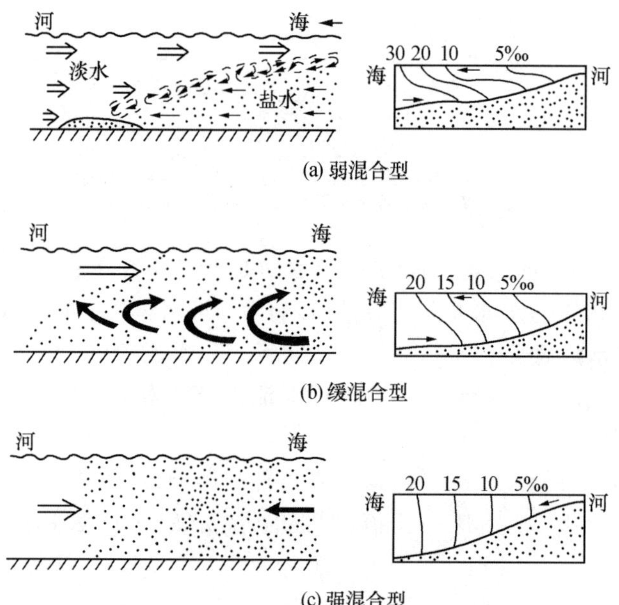

图 10-5 咸、淡水的混合类型示意图(据胡方荣和侯宇光,1988)

这种混合类型一般出现在径流作用和潮流作用均很强的河口。例如,在全年大部分时间中,我国的长江口都会出现缓混合的咸、淡水。

3) 强混合型

$M \cdot I \leqslant 0.1$,咸、淡水混合强烈。在垂直方向上,水的密度梯度很小,几乎可以忽略,盐度的差异一般小于 4‰;在水平方向上,水的密度差异则比较明显[图 10-5(c)]。

这种混合类型一般出现在径流作用弱、潮流作用强的河口。例如,我国的钱塘江河口就常常出现强混合的咸、淡水。

由上可见,不同的河口,咸、淡水的混合类型可能不同。在径流量大而潮汐弱的河口,咸、淡水的混合程度大都很弱;在径流量小而潮汐强的河口,咸、淡水的混合程度则很强。处在不同时期的同一河口,咸、淡水的混合类型也可能不同。在汛期,径流量大,可能出现咸、淡水的弱混合;到了枯水期,径流量变小,咸、淡水则可能转为缓混合甚至强混合。

第四节 河口区的泥沙

河口区不仅是河流径流和海洋潮流交汇和共同作用的区段,也是大量泥沙沉积的场所。河口区特有的动力条件和化学过程使得泥沙动态较在无潮河段复杂得多。

一、河口区泥沙的来源

河口区的泥沙有三个主要来源。

1. 河流径流挟带的下行泥沙

在这部分泥沙中，一些是由地表径流带至下泄的河水中的，另一些则是因河岸崩塌而进入水中的。

2. 海洋潮流挟带的上行泥沙

在这部分泥沙中，有的是因海岸遭受波浪侵蚀而随涨潮流进入河口的；有的是因沙洲和浅滩遭受波浪冲击和搅动，重新起动，然后随涨潮流漂浮、进入河口的；另一些则是由本河流下泄，但又被涨潮流带回的，或者是由其他河流下泄，被沿岸流搬运至本河流河口附近并随潮进入河口的。

3. 河口区局部运动的泥沙

在这部分泥沙中，一些源自河岸侵蚀和沙洲移动，在水中以悬移的方式或在底床以推移的形式作往复运动；另一些则可能原已沉积，但因水流冲刷底床而再度随水运动。

各个来源的泥沙在河口区泥沙总量中所占的比例，与径流作用的强弱、上游来水含沙量的大小以及潮流作用的强弱等有关。

在中国的长江口，流域的来水量大，径流作用强，源自陆地的年输沙量达4.8亿吨，远远超出海洋潮流所带来的泥沙。然而，在中国的钱塘江河口，源自陆地的年输沙量仅为600万吨；但潮差大，潮流作用强，仅在一个半日潮周期内随潮流进入的沙便可达130—260万吨。一年之内，潮流所带来的沙要远多于径流带来的沙。

二、河口区泥沙的组成

因经径流的长距离搬运和海洋潮流的往复冲筛，河口区的泥沙较细，无论是悬沙，还是组成底床表面的颗粒，一般均为 $d<0.05\ \mathrm{mm}$ 的粉砂和黏土。因受上溯潮流的顶托，推移质往往仅能行进至潮流界。

三、河口区泥沙的动态

1. 河口悬沙的运动

来自河流上游的较粗泥沙很难进入河口段，故在河口区，尤其是在河口段，泥沙主要以悬移的方式运动。泥沙的运动与水位和流速等有关。在河口区，存在着双向水流的动力条件，泥沙的悬移也相应地具有往复的特点。此外，泥沙在悬移中还受到絮凝和风浪等作用的影响，因此，泥沙的运动比较复杂。但总的来说，泥沙会随水悬移至门口并进一步移往口外海滨。

憩流前后，因水动力条件发生变化，处在悬浮状态的泥沙可沉降至底床。在水流的作用下，这些泥沙沿着底床被前后推移，但其总的运动方向仍是朝海。

2. 含沙量的空间分布

河口含沙量的空间分布较一般河段复杂，但仍有一定的规律。

在垂直方向上，含沙量的分布与咸、淡水的混合类型有关。一般来说，在强混合型河口，因咸、淡水混合强烈，含沙量在垂直方向上较为均匀；在弱混合型河口，因受盐水楔异重流的影响，底部的含沙量常常明显为大，故在垂直方向上，含沙量差别较大。

在水平方向上，含沙量的分布不太均匀。一般来说，在咸、淡水直接交汇的河口段，含沙量较大，故出现一高含沙区，即所谓的"最大浑浊带"。自河口段朝上游方向和下游方向，含沙量均呈减小的趋势。例如，在鸭绿江河口区，悬移质泥沙含量在位于蚊子沟和扭岛之间（河口段）的13号及14号站附近的水中最大（图10-6）。但是，高含沙区的位置并不是固定的，而是随着径流的增减以及大小潮的变化而变化。枯水时，高含沙区可移至门口内盐水楔所及的地段；洪水时，高含沙区出现在门口外侧的咸水下界附近；大潮时，河口排水排沙，高含沙区偏下；小潮时，河口蓄水蓄沙，高含沙区偏上。

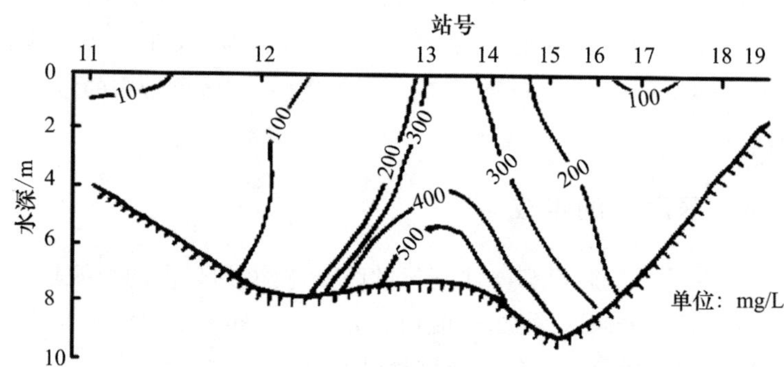

图10-6　鸭绿江河口水中悬移质泥沙含量的分布情况（据金惜三和李炎，2001）
（图中横坐标数字代表各测站编号）

3. 含沙量的时间变化

在河口区，河口含沙量随时间的变化主要取决于河流径流量的变化以及潮流的周期性涨落。前者主要影响含沙量的年际变化和年内变化,而后者则使含沙量发生半月潮汐周期和半日潮汐周期的变化。

一般来说,在一个潮汐周期中,含沙量随水位的涨落和流速的增减而变化。然而,含沙量变化过程与水位和流速的变化过程并非完全对应(图 10-7)。流速最大时,含沙量并不一定最大;流速最小时,含沙量也并不一定最小。最大含沙量和最小含沙量出现的时间分别较最大流速和最小流速出现的时间迟 1—2 h。这是因为,在流速增大的过程中,含沙量常常处在不饱和状态;在流速减小的过程中,含沙量处在过饱和状态;含沙量要达到饱和状态需要一定的时间。

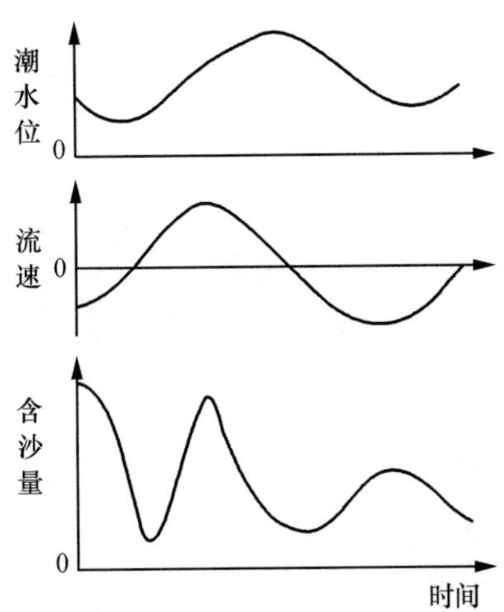

图 10-7　潮汐周期内含沙量与流速、水位对应情况示意图(据天津师范大学地理系等,1986)

四、河口区的絮凝作用

一般来说,进入河口区的泥沙颗粒很小,其粒径大都小于 0.05 mm。

这些细小的颗粒具有很强的吸附性,能将离子吸附在表面,使自身带有电荷。带有同种电荷的泥沙颗粒相互排斥,难于聚合,故作为胶粒分散在水流中。

这些分散的泥沙颗粒沉降速度大多小于 10^{-4} cm/s,例如,粒径为 0.001 mm 的颗粒沉降速度仅为 0.001 mm/s,而水流内部紊动向上的分速可达 10^{-3} cm/s,因此,这些泥沙颗粒很难在重力作用下沉降。

当河水与海水发生混合时,这些表面带有电荷的泥沙胶粒将海水中带有相反电荷的离子吸引,自身所带的电荷全部或部分地被中和,故颗粒能互相吸引而聚合。颗粒聚合后呈团块状,沉降速度也相应增大。例如,上述粒径为 0.001 mm 的泥沙颗粒聚合后,沉降速度可达 0.1—0.8 mm/s,增大了百倍。当水流紊动向上的分速小于颗粒的沉降速度时，泥沙便会下沉，这就是絮凝作用。

絮凝作用与含沙量和含盐度等有关。含沙量越大，泥沙颗粒越细，絮凝作用越强烈。含盐度为3‰—10‰时，絮凝作用最强烈；若含盐度超过20‰，絮凝作用便会停止；絮凝体进入淡水后，便会发生絮散，重新分散为细小的单粒泥沙。除此之外，水流的扰动也可促使泥沙颗粒相互碰撞，故有利于絮凝作用。在咸、淡水交界面附近，上述条件最为充分，故絮凝作用十分强烈。

第十一章　地　下　水

以不同形式存蓄在土壤和岩石中的水分称为地下水(groundwater)。

地下水的运动是水循环的重要环节。在碳酸盐岩等可溶性岩石覆盖的地区,地下水与大气降水和地表水共同作用,造就了岩溶现象。

地下水是水资源的组成部分。地下水因数量相对稳定且质量常优于地表水,成为工农业以及生活的重要水源。在干旱和半干旱地区,地下水常常是主要的水源。据不完全统计,在 20 世纪 70 年代,以色列 75%以上的用水为地下水所供给。在美国、日本等地表水资源十分丰富的国家,地下水也占总用水量的 20%。

在中国,地下水的开采利用量约占全国总用水量的 10%—15%。在北方的各个省区,因地表水资源不足,地下水开采利用量大。据统计,在 1979 年,黄河流域平原区的浅层地下水利用率达 48.6%;而海滦河的浅层地下水利用率更高,达 87.4%。

然而,过度抽用地下水可能造成地下水位下降,并引发地表沉降等一系列生态环境问题。在中国的华北平原,从 20 世纪 70 年代初期开始,由于大量抽用地下水,地下水位持续下降,已经形成了地下水位"漏斗"(图 11-1)。在美国加利福尼亚州的一些地方,因过量抽用地下水,地表在 1925 年至 1977 年的 52 年间沉降了约 9 m。

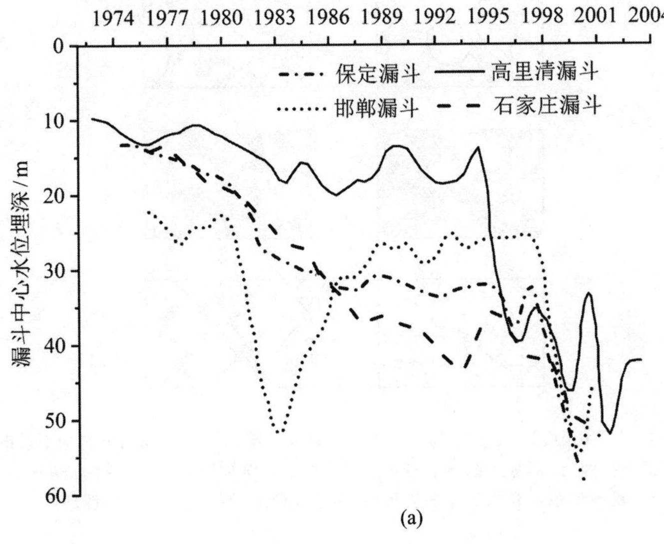

(a)

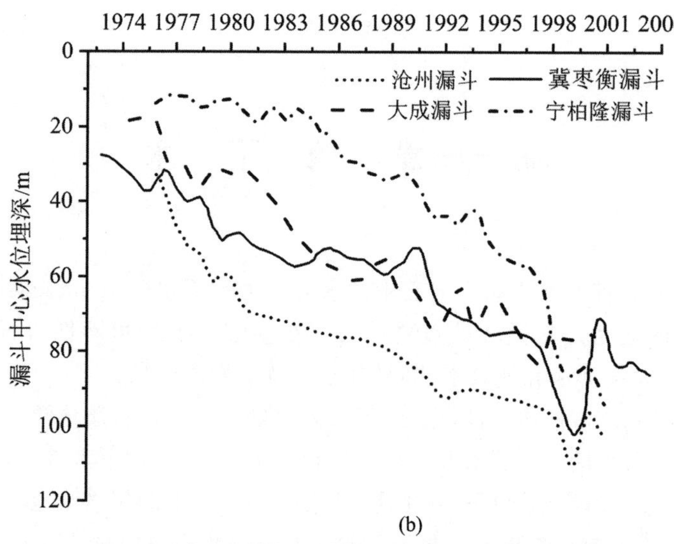

图 11-1 华北平原地下水位的下降(据费宇红等,2009)

第一节 地下水的贮存

一、地下水的贮存空间

地下水贮存在土壤和岩石的空隙中,土壤和岩石的这些空隙即为地下水的贮存空间(图 11-2)。

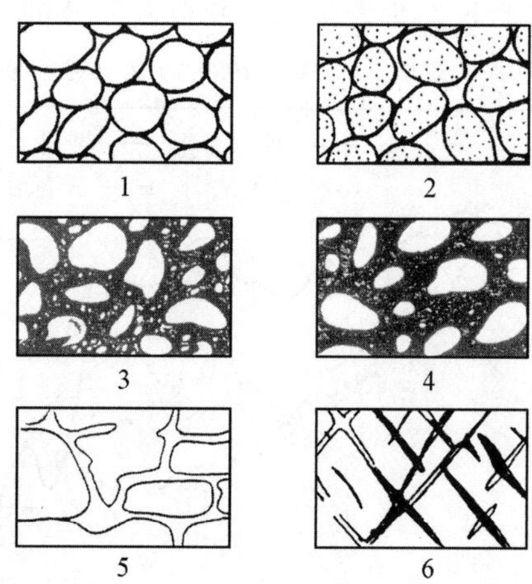

1—滚圆度良好的砂间孔隙;2—滚圆度与分选均佳的砂间孔隙;3—滚圆度与分选均不佳的砂间孔隙;4—砂岩中的孔隙,局部被胶结;5—石灰岩中溶蚀的岩溶裂隙;6—块状结晶岩中的裂隙。

图 11-2 松散堆积物和岩石中的空隙(据南京大学地理系和中山大学地理系,1978)

1. 孔隙空间

土壤、松散堆积物和岩石中的固体颗粒或颗粒集合体之间的空隙称为孔隙空间。常以孔隙率表示孔隙空间的数量状况。孔隙率的计算公式为：

$$n=\frac{V_n}{V}\times 100\% \quad 11\text{-}1$$

在上式中，

n：孔隙率；

V_n：孔隙体积；

V：包括孔隙在内的土壤、堆积物以及岩石的总体积。

土壤、松散堆积物以及岩石的颗粒越小，颗粒的总表面积越大，孔隙率也就越大。例如，砾石的平均孔隙率仅为 27%，砂质土的孔隙率也为 27%左右，而黏土的孔隙率则可达 47%—50%。

孔隙率仅反映孔隙的数量，并不反映孔隙的大小。孔隙的大小与物质颗粒的大小有关。一般来说，颗粒越粗，孔隙越大；颗粒越细，孔隙越小。

2. 裂隙空间

岩石中的裂隙、节理以及断层称为裂隙空间。常以裂隙率表示裂隙空间的数量状况。裂隙率的计算公式为：

$$K_{\mathrm{T}}=\frac{V_{\mathrm{T}}}{V}\times 100\% \quad 11\text{-}2$$

在上式中，

K_{T}：裂隙率；

V_{T}：裂隙体积；

V：包括裂隙在内的岩石总体积。

裂隙空间是内、外地质营力作用的产物，与岩性和构造的关系十分密切，故在分布上呈现不均匀和多变的特点。在垂直方向上，裂隙常随深度的增大而减小。

根据成因，又可进一步将裂隙分为成岩裂隙、构造裂隙以及风化裂隙。

3. 岩溶空间

碳酸盐岩等可溶性岩石中的溶孔、溶隙以及溶洞等称为岩溶空间。常以岩溶率表示岩溶空间的数量状况。岩溶率的计算公式为：

$$K_{\mathrm{K}}=\frac{V_{\mathrm{K}}}{V}\times 100\% \quad 11\text{-}3$$

在上式中，

K_{K}：岩溶率；

V_{K}：岩溶空间的体积；

V:包括岩溶空间在内的可溶性岩石的总体积。

可溶性岩石中的溶孔、溶隙以及溶洞等是由地表水和地下水侵蚀和溶蚀造成的。可溶性岩石的种类颇多,其化学成分和矿物成分各不相同,故其可溶性也各有强弱。此外,在一些地段或地区,可溶性岩石因受内、外地质营力作用而出现裂隙、节理和断层,地表水和地下水沿着这些裂隙、节理和断层的溶蚀和侵蚀较在他处更为强烈,因此,岩溶空间的分布并不均匀,其连通程度和充填情况的差别也可能十分显著。

二、地下水的贮存形式

地下水以不同的形式贮存在不同的深度范围内(图 11-3)。

地下水可以固态、气态以及液态存在,因此,相应地有固态地下水(固态水)、气态地下水(气态水)以及液态地下水(液态水)。

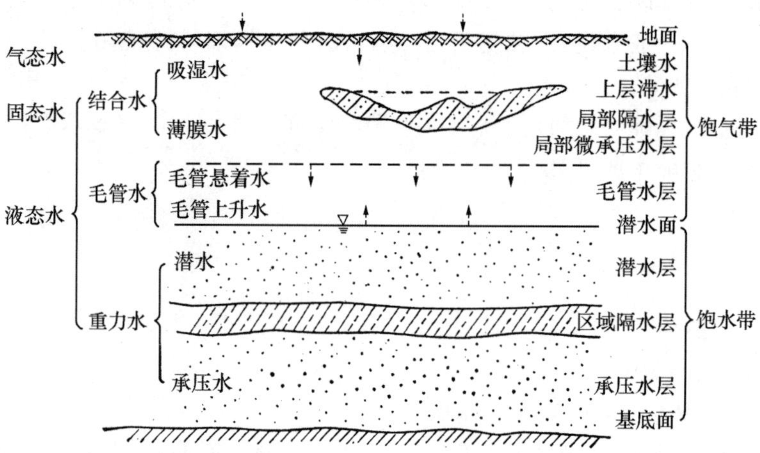

图 11-3 以不同形式贮存在地表以下不同深度范围内的地下水
(据南京大学地理系和中山大学地理系,1978)

1. 固态地下水

只有当土壤和岩石的温度在冰点以下时,固态水才可以存在。

2. 气态地下水

气态水存在于土壤和岩石的空隙中,是土壤空气的组成部分。

3. 液态地下水

地下水主要以液态的形式存在。液态水在重力和毛管力的作用下,存在于土壤和岩石的空隙中。此外,液态水在分子力的作用下,还可被吸附在土壤和其他松散堆积物的颗粒表面。

因此,根据液态水所受的力以及与之相关的存在形式,可将之再作划分。

1）结合水

受分子力支配的液态水称为结合水。

结合水又可被分为吸湿水和薄膜水(图 11-3)。

① 吸湿水

被分子力吸附在干燥土粒表面的水分称为吸湿水(图 11-4)。

吸湿水因被吸附得极紧,不能自由移动,也无溶解能力。吸湿水的数量与土粒的直径成反比。

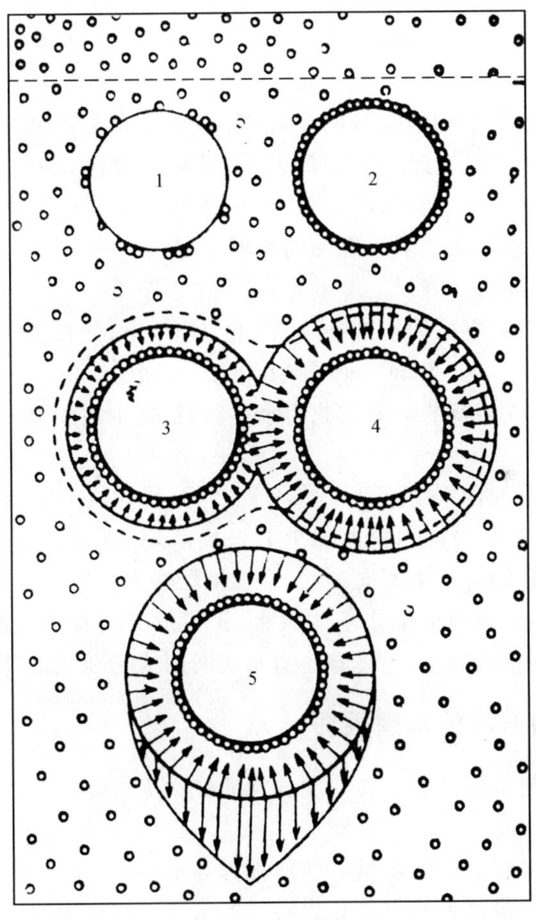

1—具有不完全吸湿水量的土粒;2—具有最大吸湿水量的土粒;3、4—具有薄膜水的土粒,水自 4 向 3 移动;5—具有重力水的土粒;图中小圆圈表示水分子。

图 11-4　松散堆积物和岩石中水的各种形态(据南京大学地理系和中山大学地理系,1978)

② 薄膜水

被分子力吸附在吸湿水层外的水膜称为薄膜水(图 11-4)。

水膜厚度达到最大时的持水量称为最大持水量。薄膜水总是从水膜较厚的部分向水膜较薄的部分移动(图 11-4)。

2）毛管水

由毛管力作用保持在岩石和土壤空隙中的水分称为毛管水(图 11-3)。

毛管水普遍分布于地下潜水面以上,形成毛管水层。毛管水一般作垂直运动,可传递静水压力。因毛管力与毛管直径成反比,细毛管的上升高度总是较粗毛管的上升高度大。毛管水在运动中总是从毛管力小的地方移向毛管力大的地方。

毛管水处在饱气带和饱水带的交界部位,是地表水和地下水之间联系的重要纽带。根据毛管水垂直运动方向的差别,可将毛管水分为毛管上升水和毛管悬着水(图 11-3)。在毛管力作用下,土层中达到的最大毛管悬着水量称为田间持水量,它是计算农业灌溉引水定额的重要依据。

3）重力水

当土壤和岩石的空隙为水饱和时,在重力作用下,能自由移动并能传递静水压力的水分称为重力水(图 11-3 和图 11-4)。

通常,当土壤或岩石的全部空隙为水饱和时,将土壤或岩石的含水量称为全持水量。

当土壤或岩石的含水量达到全持水量之后,其空隙中的水在重力作用下继续向下运动。在渗透过程中,这些水分若被局部隔水层截阻,便可暂时聚集,由朝垂直方向运动转为朝水平方向运动,形成上层滞水。重力水在下渗过程中,若遇到区域隔水层,便会以此隔水层为底板,聚集形成具有自由水面的潜水;若重力水赋存于两个隔水层之间并具有压力水头时即成为承压水(图 11-3)。

三、土壤和岩石的水理性质

土壤和岩石与水分贮容运移有关的性质统称为水理性质。

1. 容水性

土壤和岩石可容纳一定水量的性能称为容水性。

常以容水度定量地表示土壤和岩石的容水性。容水度的计算公式为:

$$W_{\mathrm{n}} = \frac{V_{\mathrm{n}}}{V} \times 100\% \qquad 11\text{-}4$$

在上式中,

W_{n}:容水度;

V_{n}:土壤和岩石中容纳的最大水量的体积;

V：土壤和岩石的总体积。

在数值上，容水度为土壤和岩石的孔隙率、裂隙率以及岩溶率之和。

2. 持水性

在重力作用下，土壤和岩石依靠分子力和毛管力可保持一定水量的性能称为持水性。

常以持水度定量地表示土壤和岩石的持水性。持水度的计算公式为：

$$W_r = \frac{V_r}{V} \times 100\% \qquad 11\text{-}5$$

在上式中，

W_r：持水度；

V_r：土壤和岩石经重力排水后所保持的水的体积；

V：土壤和岩石的总体积。

在数值上，持水度为土壤和岩石所吸附的吸湿水和薄膜水的体积与土壤和岩石的总体积之比的百分数。

对土壤等松散堆积物来说，颗粒越细，同体积物质的总表面积就越大，则持水度就越大（表 11-1）。

表 11-1　土壤和岩石颗粒的直径与持水度的关系

（据南京大学地理系和中山大学地理系，1978）

颗粒直径/mm	1.0—0.5	0.5—0.25	0.25—0.10	0.10—0.05	0.05—0.005	<0.005
持水度/(%)	1.57	1.60	2.73	4.75	10.18	44.85

3. 给水性

在重力作用下，含水饱和的土壤和岩石能自由地排出一定水量的性能称为给水性。

常以给水度定量地表示土壤和岩石的给水性。给水度的计算公式为：

$$\mu = \frac{V_g}{V} \times 100\% \qquad 11\text{-}6$$

在上式中，

μ：给水度；

V_g：饱水的土壤和岩石在重力作用下所能自由排出的水的体积；

V：土壤和岩石的总体积。

在数值上，给水度为容水度与持水度之差，即：

$$\mu = W_n - W_r \qquad 11\text{-}7$$

在上式中，

μ：给水度；

W_n:容水度;

W_r:持水度。

一般来说,粗粒的土壤或其他堆积物以及具有张裂隙的岩石持水度很小,故其给水度接近于容水度;细粒的土壤或其他堆积物以及具有闭合裂隙的岩石持水度接近于容水度,则给水度几近为零。松散堆积物的颗粒粗细与堆积物的给水度关系如表 11-2 所示。

表 11-2 松散堆积物的颗粒粗细与给水度的关系

(据南京大学地理系和中山大学地理系,1978)

松散堆积物	砾 石	粗 砂	中 砂	细 砂	极细砂
给水度/(%)	0.35—0.30	0.30—0.25	0.25—0.20	0.20—0.15	0.15—0.10

4. 透水性

土壤和岩石允许水分通透的性能称为透水性。

常以渗透系数表述土壤和岩石的透水性并划分其透水性等级。松散堆积物的透水性等级如表 11-3 所示。

表 11-3 松散堆积物的透水性等级(据南京大学地理系和中山大学地理系,1978)

透水性等级	强透水性	中等透水性	弱透水性	极弱透水性	不透水
渗透系数/(cm/s)	$>10^{-1}$	10^{-1}—10^{-3}	10^{-3}—10^{-5}	10^{-5}—10^{-7}	$<10^{-7}$

土壤和岩石的透水性主要取决于其中空隙的大小和连通程度,并与空隙的密度和形状有关。黏土的孔隙率可达 50%以上,但其微细的空隙常为结合水充盈,较大的空隙又被毛管水占据,使重力水在下渗中受到较大的阻力,故一般仍认为黏土含水而不透水。砂、砾石的孔隙率虽仅为 30%左右,但因其空隙大,通透性强,故被认为透水性强。可以裂隙率或岩溶率衡量岩石的透水性。

岩石的透水性和隔水性均是相对而言的。透水性的强弱是通过比较确定的。

5. 毛细性

土壤和岩石使水在其中的孔隙和裂隙等中受毛管力的作用而作垂直运动的性能称为毛细性。

在毛管力的作用下,水分可在这些空隙中沿垂直方向运动。毛管上升高度与毛管的直径成反比(表 11-4),故在松散堆积物中水的毛管上升高度与颗粒的直径成反比。

表 11-4　松散堆积物中毛管上升高度与毛管直径的关系

（据南京大学地理系和中山大学地理系，1978）

松散堆积物	粗　砂	中　砂	细　砂	砂黏土	亚黏土	黏　土
毛管直径/mm	2.0—1.0	1.0—0.5	0.5—0.25	0.25—0.10	0.10—0.05	0.05—0.01
毛管上升高度/cm	2—4	12—35	35—120	120—250	300—350	500—600

毛管上升速度与土壤和岩石中空隙的大小成正比。

四、含水层和隔水层

如前所述，地下水的贮存空间是土壤和岩石中的空隙。这些空隙有的含水，有的不含水，有的含水但不透水。因此，可根据水分在这些土壤和岩石中的贮存和通行状况，将之划分为含水层和隔水层。

1. 含水层

储存有地下水并在自然条件或人工条件下能流出水的松散堆积物或层状岩石称为含水层。

最为常见的含水层有砂、砾石、砂岩以及砂砾岩。此外，一些石灰岩、破碎程度较高的火山岩和结晶岩也可能是含水层。

2. 隔水层

虽然含水，但几乎不透水或透水很弱的松散堆积物或层状岩石称为隔水层。

最为常见的隔水层有黏土和页岩。此外，一些质地致密的岩浆岩和变质岩也可能是隔水层。

含水层与隔水层之间虽然没有严格的界线，但一般认为，渗透系数小于 1.1574×10^{-5} cm/s 的松散堆积物和岩层均属隔水层，也有研究者将此称为弱透水层。

五、蓄水构造

由含水层与隔水层相互结合而构成的能够贮存和富集地下水的地质体称为蓄水构造。

蓄水构造的形成需要三个基本条件：存在含水层构成的蓄水空间；存在隔水层构成的隔水边界；存在含水边界、补给水源和排泄出路（图 11-5）。

在坚硬岩石分布的地区，常见的蓄水构造为：单斜蓄水构造（图 11-6）；背斜蓄水构造（图 11-7）；向斜蓄水构造（图 11-8）；断裂型蓄水构造（图 11-9）；岩溶型蓄水构造（图 11-10）。

在松散堆积物广泛分布的河谷和山前平原地带，常见的蓄水构造为山前冲洪积型蓄水构造、河谷冲积型蓄水构造、湖盆沉积型蓄水构造。

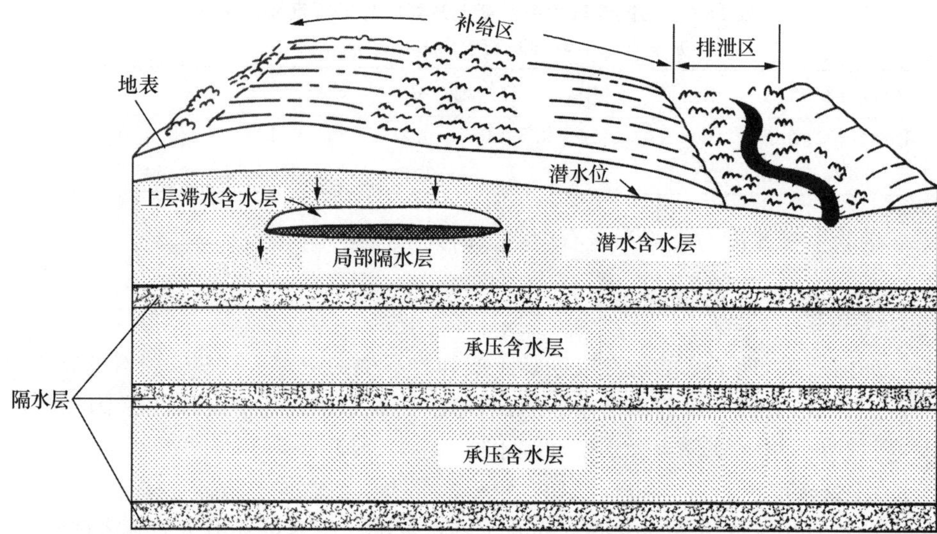

图 11-5 蓄水构造示意图(据 Viessman, Jr. et al., 1989)

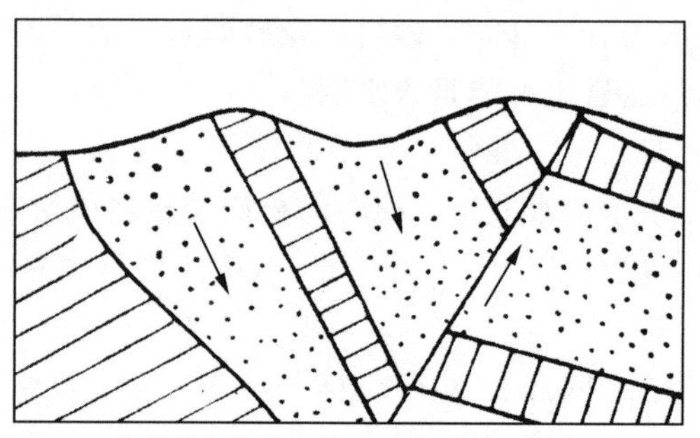

图 11-6 单斜蓄水构造示意图(据胡方荣和侯宇光,1988)

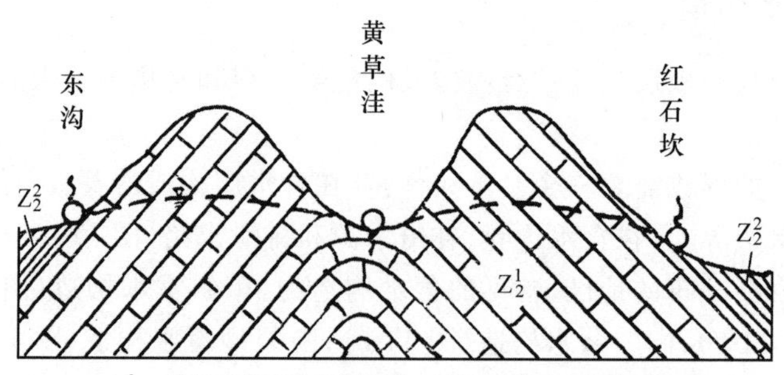

Z_2^2—震旦系杨庄组页岩;Z_2^1—震旦系高于庄组灰岩。

图 11-7 背斜蓄水构造实例——北京平谷区黄草洼泉出露条件

(据刘光亚,引自北京地质局水文地质队,1979)

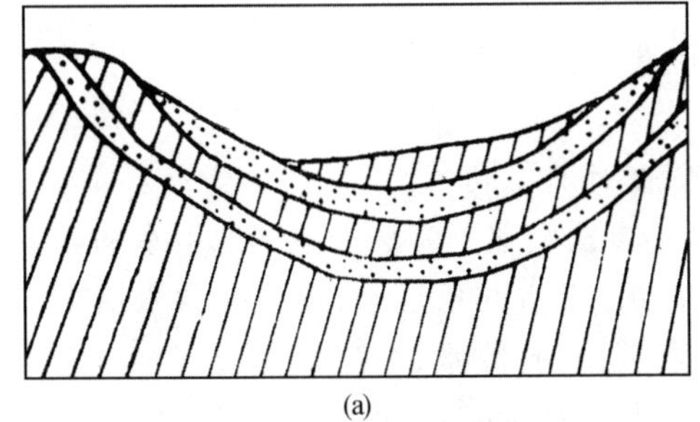

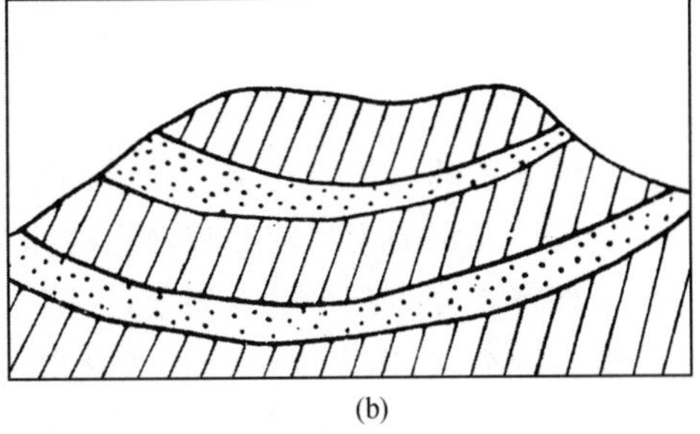

图 11-8 向斜蓄水构造示意图(据胡方荣和侯宇光,1988)
[(a) 地形与构造一致;(b) 地形与构造不一致]

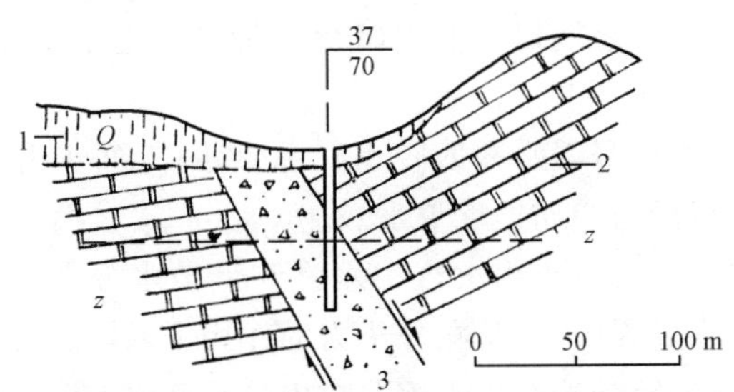

图 11-9 断裂型蓄水构造实例——河北满城协义 28 号孔张性断层剖面
(据刘光亚,引自河北地质局水文地质四大队,1979)

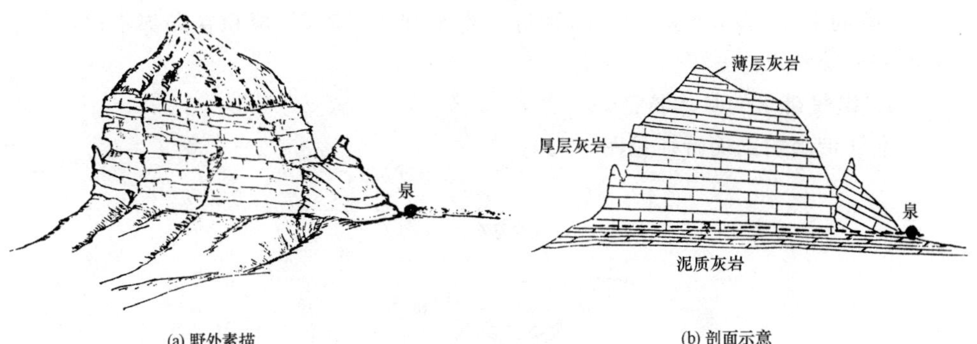

图 11-10 岩溶型蓄水构造(据邱书敏和张永信,1981)

第二节 地下水的分类

地下水的分类方法很多,各自的主要依据有所不同。

以下介绍的为目前比较通用的综合分类方法。这一方法先根据地下水的埋藏条件将之分为三个基本类型:饱(包)气带水、潜水和承压水;再根据含水层中空隙的种类,将地下水进一步划分为三个亚类型:孔隙水、裂隙水和岩溶水。将基本类型和亚类型加以组合,还可分出多种地下水,如孔隙潜水、裂隙潜水、裂隙承压水以及岩溶裂隙水等。

一、饱(包)气带水

埋藏在地表以下、潜水面以上的饱(包)气带中的地下水称为饱(包)气带水(图 11-3)。

前面提及的结合水(吸湿水和薄膜水)、毛管水(毛管上升水和毛管悬着水)以及重力水中的上层滞水均属饱气带水。

饱气带表层的土壤具有吸附大气中水汽和液态水分子的性能。因此,大气降水和地表水在入渗过程中,总是在分子力的作用下,首先被土壤颗粒吸附而形成结合水,然后形成毛管悬着水。土壤孔隙中的毛管水,在毛管力的作用下可作垂直运动,当毛管悬着水达到饱和(即达到田间持水量)时,过剩的水才在重力作用下,沿着大孔隙继续向下渗透,以过路重水的形式补给潜水。当水流达到稳定渗透状态时,更多的大气降水来不及渗透,则在地表形成地表径流。倘若在饱气带中,有局部相对不透水层存在,则过路重水被暂时阻滞,聚积在局部不透水层上形成上层滞水。

1. 饱气带水的基本特征

饱气带水的剖面特征见图 11-11。

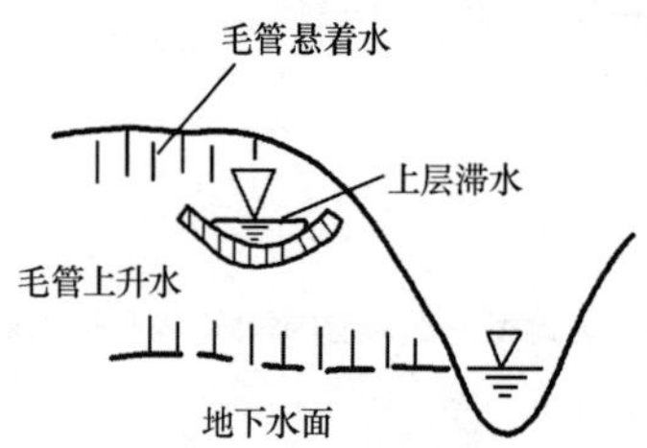

图 11-11 饱气带水的剖面特征(据胡方荣和侯宇光,1988)

1）埋藏特征

饱气带水处在地表与潜水面之间的深度范围内(饱气带)，直接与大气相通。

2）水力特征

饱气带水所受的水压力小于大气压力，同时受分子力、毛管力和重力的作用。饱气带水中的中上层滞水属无压水。

3）水面特征

毛管水无连续水面，而上层滞水的水面受局部不透水层构造的支配。

4）补给区与排泄区的分布关系

饱气带水因与大气直接相通，故补给区与排泄区分布一致。

5）动态特征

饱气带水受气候变化的影响明显，随季节的变化而变化。

2. 饱气带与外界的水分交换

饱气带通过上界(即地表)得到大气降水和地表水的补给，此外，它还通过下界(即潜水面)得到来自潜水的补给。在一般情况下，饱气带通过下界与潜水层之间的水分交换处在稳定的平衡状况，故潜水对饱气带的补给可以忽略，大气降水和地表水的补给是饱气带的主要水分收入项。

饱气带的水分也以多种形式散失，其中最主要的是土壤蒸发和植物散发。

饱气带表层的土壤，在长期发育过程中，形成了成因上相互联系的层次，上部为质地疏松、透水性强的淋溶层，下部则为质地较为板结、透水性相对较弱的淀积层。土壤中的淀积层在饱气带中起着局部隔水层的作用，它使下渗的水分在层面上聚集，形成水平侧向水流，即所谓的壤中流或表层流。壤中流具有上层滞水的性质，因此，饱气带中的水分还由侧向以壤中流的形式流出。此外，如前所述，饱气带中的水分也通过下界进入潜水层。

二、潜水

处在饱水带中，埋藏在地表以下、第一个稳定隔水层之上，并具有自由水面的地下水称为潜水(图 11-3)。

潜水主要来源于大气降水、冰雪融水和地表水的入渗补给。这些水分，尤其大气降水，主要是以重力水的形式对潜水进行补给的。

潜水无隔水顶板，可通过饱气带与大气相通，故不承受静水压力，形成自由水面，称为地下潜水面或潜水面。在潜水面上，任意点的绝对高度或相对高度，即为该点的潜水位。潜水面与地表之间的距离，即为潜水埋藏深度。潜水面与第一个稳定隔水层之间的距离即为潜水含水层或潜水层的厚度。潜水面上任意两点的水位差与该两点间的实际距离，即为潜水水力坡度或潜水面坡度。潜水在重力的作用下，沿水力坡度方向流动，故潜水可以地下径流的形式作水平运动。若潜水含水层出露于地表，即形成泉。泉是潜水排泄的重要形式之一。

有时在稳定隔水层之上，还有黏土透镜体、砂礓层或铁盘等，形成局部隔水层，这样，就可能在潜水层的局部范围内出现承压水流。

一般来说，潜水埋深浅，易于开发利用，故常为生产和生活的重要水源。

1. 潜水的基本特征

潜水的剖面特征见图 11-12。

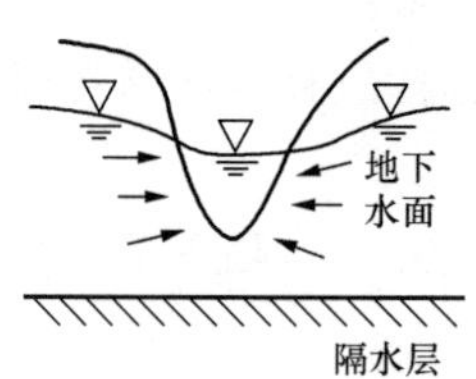

图 11-12 潜水的剖面特征(据胡方荣和侯宇光，1988)

1）埋藏特征

潜水处在潜水面与第一个区域隔水层之间的深度范围(潜水层)。

2）水力特征

潜水所受的水压力大于大气压力，同时受重力和静水压力的作用。潜水通过饱气带与地表相通，与河流常有水力联系。

3）水面特征

潜水具有自由水面，其形状随地形、含水层的透水性和厚度以及隔水底板的起伏而变化。

4）补给区与排泄区的分布关系

潜水因通过饱气带与大气相通，故补给区与排泄区分布一致。

5）动态特征

潜水的水位、水文以及水质受当地气候和水文状况影响。潜水位一般随季节的变化而变化。

2. 潜水与地表水的关系

潜水与地表水的关系非常密切。在靠近河流、湖泊以及水库等地表水体的地区，潜水常以潜水流的形式向这些水体汇聚，成为地表水的重要补给来源。在枯水季节，降水稀少，很多河流均依靠潜水补给。河川径流过程实际上是潜水出流过程。在洪水季节，降水丰富，河流水位高于潜水位，于是河水自河道向两岸的松散堆积物中渗透，补给潜水。洪水季节以后，河流水位再度下降，低于潜水位，故贮存在松散堆积物中的潜水又流入河道。这一现象称为径流的河岸调节。

河岸调节往往贯穿整个汛期，并具有周期性规律。一般来说，距离河流越近，潜水位的变幅越大，河岸调节便越明显。在平原地区，受河岸调节影响的范围可向河道两侧延伸 1—2 km。

控制河岸调节的因素主要是河流水位与潜水位的相对高差、河流的洪水流量及其延续的时间以及潜水层的厚度和透水性质。潜水与地表水之间这种相互补给和排泄的现象称为水力联系(图 11-13)。

一般可将潜水与地表水之间的关系划分为几种类型。

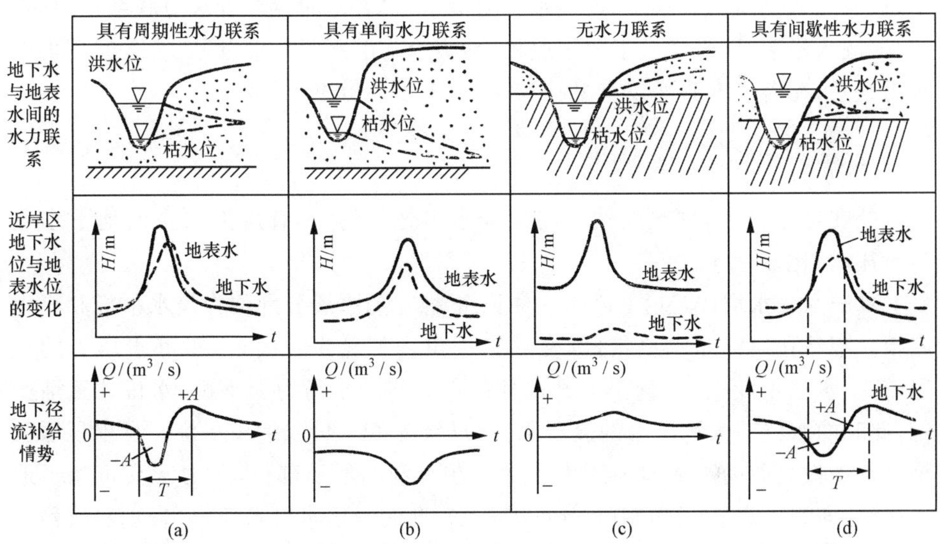

T—雨洪期；±A—雨洪期地下径流。

图 11-13　地下水与地表水之间的水力联系及地下径流补给情势(据黄锡荃等，1993)

1）具有周期性水力联系

潜水与地表水之间的周期性水力联系常见于大河的中、下游地区。在这些地区，松散堆积物的厚度大，潜水层的隔水底板低于河流的最低水位。洪水时，河水补给潜水，故洪峰流量得以削减；枯水时，潜水补给河水，故河岸对径流起到调节作用。地表水的水位和潜水位的变化趋势一致。洪水时，潜水补给，即地下径流流量为负值[图 11-13(a)]。

2）具有单向水力联系

潜水与地表水之间的单向水力联系常见于山前冲积扇地区、河网灌区以及沙漠地区。在这些地区，河流水位始终高于潜水位，故河水长年渗漏，不断补给潜水。潜水补给，即地下径流流量始终为负值[图 11-13(b)]。

3）无水力联系

在地势崎岖、侵蚀下切强烈的山区或潜水层较薄的基岩地区，潜水和地表水之间经常没有水力联系。在这些地区,如若潜水悬于河谷的崖壁上或因潜水层的隔水底板高于河流最高水位而使潜水位始终高于河流水位,潜水常以悬挂泉的形式出露地表,其涌水量一般不大,但很稳定,成为河流的可靠补给来源[图 11-13(c)]。

4) 具有间歇性水力联系

在丘陵地区和低山区,潜水和地表水之间常有间歇性水力联系。在这些地区,潜水层相对较厚,隔水底板介于河流的最高水位和最低水位之间。在洪水发生时,河流水位高于潜水位,地表水补给潜水,二者之间存在着水力联系;在枯水期,河流水位下降,水位低于隔水底板,地表水与潜水脱离接触,二者之间不再有水力联系,在潜水出露处仅有悬挂泉存在[图 11-13(d)]。

三、承压水

处在饱水带中,埋藏在两个稳定隔水层之间,并具有压力水头的地下水称为承压水(图 11-3)。

承压水含水层(M)(图 11-14)的上、下稳定隔水层分别称为隔水顶板和隔水底板。当钻孔揭穿隔水顶板,即在钻孔中出现初见水位时,由于静水压力的作用,孔中水位不断上升,直至上升水柱的重力与静水压力相平衡,水位才逐渐稳定,此时的水位即为承压水的测压水头(H)(图 11-14)或承压水位。自承压水位至隔水顶板底面的距离即为压力水头。在有利的地形部位,压力水头可超出地表高程,即为正水头(图 11-14 中的断面 1),此时承压水可自流喷出地表,故称为自流水;在另一些部位,压力水头低于地表高程,即为负水头(图 11-14 中的断面 2)。

一般来说,承压水不易遭受污染,故水质较其他类型的地下水更好,且承压水的水量较其他类型的地下水更为稳定,因此,承压水在城市和工矿供水中占有重要地位。

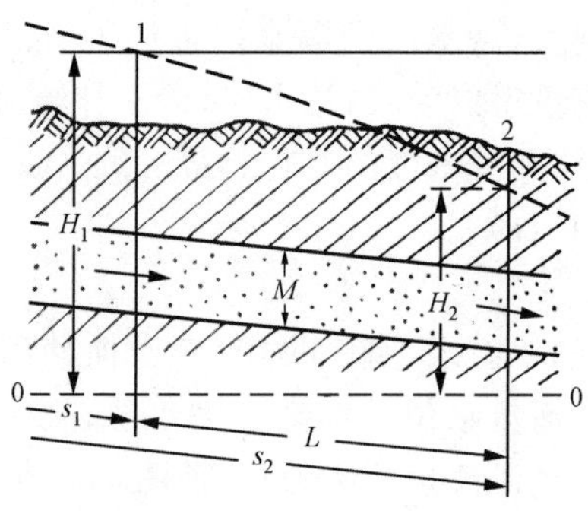

图 11-14 承压水含水层示意图(据南京大学地理系和中山大学地理系,1978)

1. 承压水的基本特征

承压水的剖面特征见图 11-15。

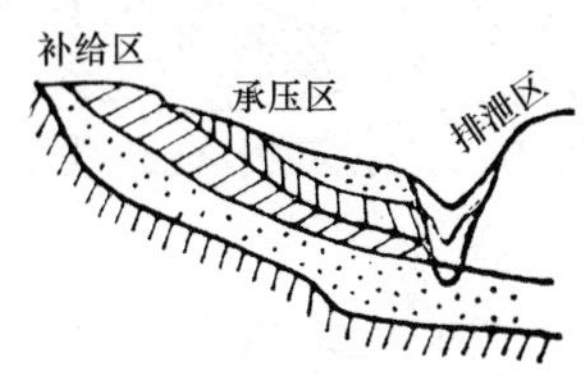

图 11-15 承压水的剖面特征(据胡方荣和侯宇光,1988)

1) 埋藏特征

承压水处在两个隔水层之间,具有承压性质,在一定条件下可自流喷出地表。

2) 水力特征

承压水受重力和静水压力作用。

承压水含水层具有隔水板,因此,承压水承受静水压力以及隔水板以上的土壤和岩石的压力。若河流切穿含水层,承压水就会补给河流。

3) 水面特征

假想的承压水压力水面只有在含水层被揭穿时才能显示出来,其形状与补给区和排泄区之间的相对位置有关。

4) 补给区与排泄区

承压水的补给区与排泄区的分布一般不一致。

5) 动态特征

承压水的水位变化取决于水的压力传导作用,其动态相对稳定。水源补给区可以很远,补给时间较长。

2. 承压水的形成

承压水的形成主要与地质构造条件有关,最适宜承压水形成的地质构造为向斜构造或构造盆地和单斜构造(图 11-16)。

按水文地质特征,可将向斜构造或构造盆地分为三个部分:补给区、承压区和排泄区[图 11-16(a)]。

补给区处于构造边缘,出露在地势较高的地表部位,直接接受大气降水和地表水的补给,具有较好的补给条件和径流条件,其动态变化受气象和水文因素的影响。实际上,补给区的地下水仍具有潜水的特征。

承压区为含水层被上覆隔水层覆盖的地段,它的主要特征是承受静水压力,具有压力水头,因此,在同一构造区域内,不同承压含水层之间可以通过裂隙和断层导水,发生越流补给。承压含水层中水的储量,主要与承压区的范围、含水

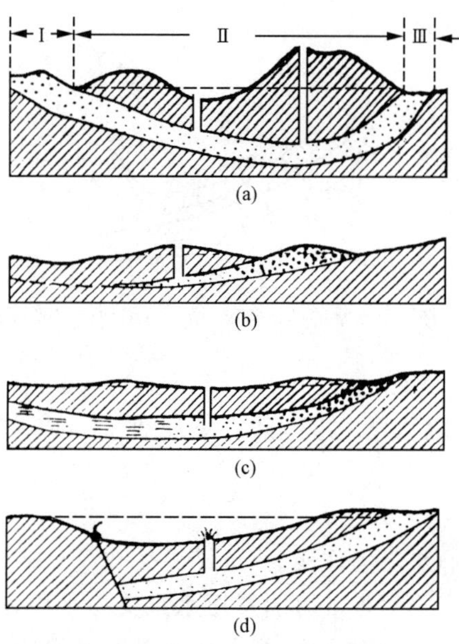

Ⅰ—补给区；Ⅱ—承压区；Ⅲ—排泄区。

图 11-16　向斜蓄水构造和单斜蓄水构造控制的承压水(据南京大学地理系和中山大学地理系，1978)
[(a)、(c)向斜蓄水构造；(b)、(d)单斜蓄水构造]

层的厚度和透水性、蓄水构造的破坏程度、补给区的大小和补给来源以及地下径流的水力坡度等因素有关。一般来说，承压区的范围大，含水层厚度大且透水性强，补给来源充分，则承压水的储量便大。

排泄区常处于构造边缘，出露在地势较低的地段，或处在断裂构造错动带。在这些地段，由于含水层遭受河流侵蚀或被断裂破坏，承压水往往以上升泉的形式出露地表(图 11-17)。

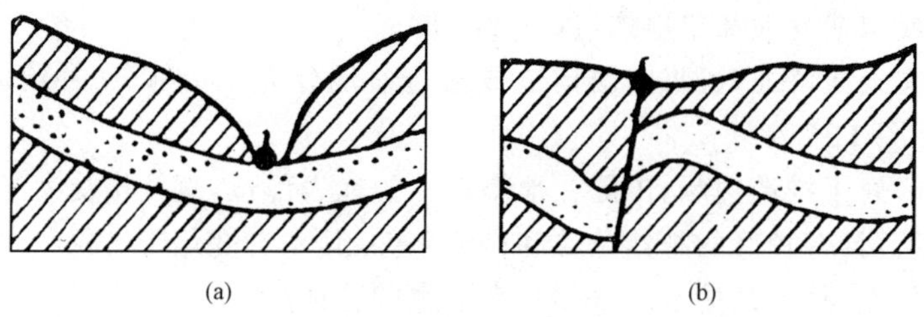

图 11-17　承压水排泄方式之一——上升泉(据南京大学地理系和中山大学地理系，1978)
[(a)—侵蚀上升泉；(b)—断裂上升泉]

一些单斜蓄水构造是因岩相变化而形成的[图 11-16(b)],另一些则是因断块作用形成的[图 11-16(d)]。

在因岩相变化而形成的单斜蓄水构造中,含水层上部出露地表的部位是接受大气降水或地表水补给的补给区,而含水层的下部因自身的尖灭,使承压水无法排泄而形成回流,返至补给区附近地势较低的地段,也可以上升泉的形式出露地表,故补给区和排泄区处在相邻的地段,而承压区则在另一地段(图 11-18)。

在断块作用形成的单斜蓄水构造中,承压区一般介于补给区和排泄区之间,这与向斜构造或向斜盆地的情形十分相似(图 11-19)。

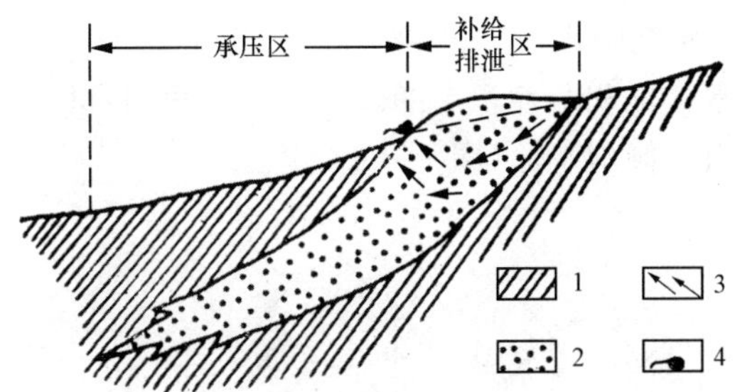

1—隔水层;2—透水层;3—地下水流向;4—泉水。

图 11-18　岩性变化形成的自流斜地(据邓绶林等,1979)

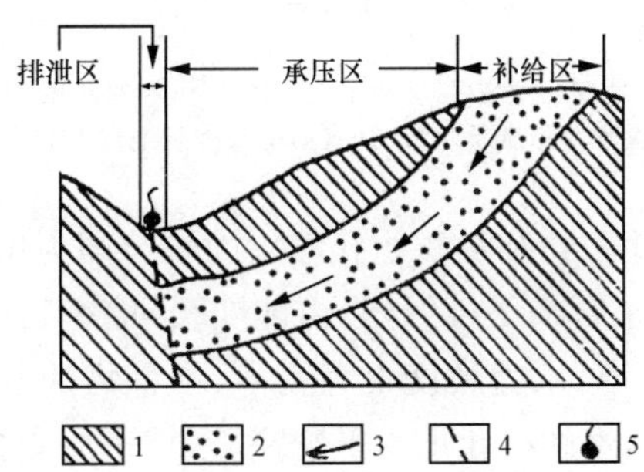

1—隔水层;2—透水层;3—地下水流向;4—导水断层;5—泉水。

图 11-19　断块构造形成的自流斜地(据邓绶林等,1979)

四、孔隙水

赋存在土壤或松散堆积物孔隙中的重力水称为孔隙水。

孔隙水分布比较均匀,且连通性较好,呈层状,含水层内水力联系密切,具有统一的地下水面。孔隙水的同一含水层,形成条件大体一致,故孔隙比较均匀,其透水性和给水性的变化较裂隙和岩溶含水层为小，在同一层中很少存在明显的差异。

孔隙水既可以为非承压性的，也可以是承压性的。

孔隙水所在的土壤或松散堆积物的透水性、给水性以及分布埋藏规律，主要受这些土壤或堆积物的成因和地貌条件控制。因此，虽然孔隙水具有上述共同特征，但赋存在不同成因类型的堆积物、处在不同地貌条件下的孔隙水，特点又各有不同。

根据孔隙水所在松散堆积物的成因类型以及所处的地貌条件，可将孔隙水再作进一步划分。

1. 山前倾斜平原孔隙水

在山前地带，常常堆积着冲积-洪积扇，多个冲积-洪积扇彼此相连并与山麓坡积相连，即形成山前倾斜平原(图 11-20)。

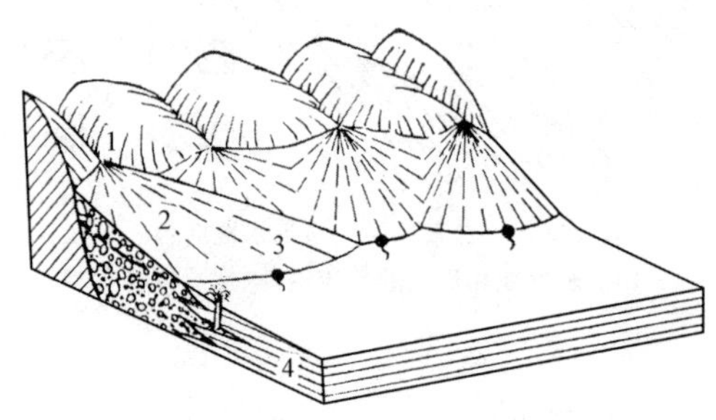

1—冲积-洪积扇顶部；2—冲积-洪积扇斜坡地带；3—冲积-洪积扇前缘；4—冲积平原或盆地中心。

图 11-20 山前冲积-洪积平原地下水分布图(据南京大学地理系和中山大学地理系，1978)

赋存在这些山前冲积物和洪积物孔隙中的水分即为山前倾斜平原孔隙水。

由冲积-洪积扇的上部向下部，地表由陡变缓，堆积物由粗变细，层次由少变多，地下水埋深由大变小，水力坡度由大变小，堆积物的透水性和给水性由强变弱，径流条件由好变差，水的矿化度由低变高，水质由好变差。因此，根据这些变化，由山口向平原，沿着纵向可划分出三个水文地质带(图 11-21)。

1) 深埋带

深埋带位于冲积-洪积扇的上部，靠近山区，是地下水的主要补给区。在这一地带，地形坡度大(7°—10°)，堆积物粗，以砂砾石为主，具有良好的透水性和径流条件，故可以吸收大量的大气降水、地表水和来自山区基岩的侧向地下水补给。由于隔水层埋藏深，砂砾石层厚，而且地势较高，坡度又大，渗入补给的水分不断向扇下部运移排泄，因此，地下水埋藏较深，常达数十米，该带故得此名。在这一地带，地下水交替迅速，蒸发作用弱，以水平径流排泄为主，地下水的矿化过

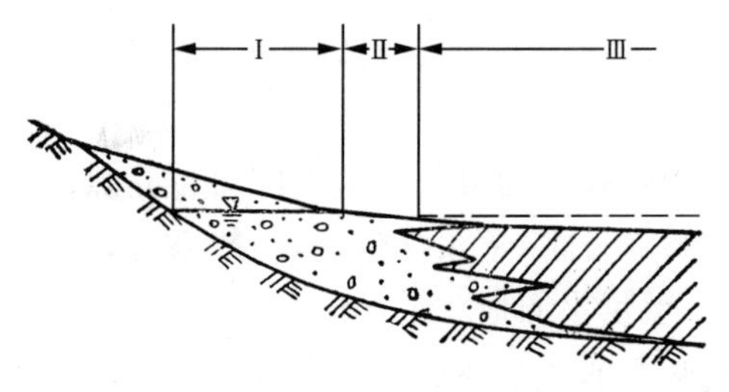

Ⅰ—深埋带；Ⅱ—溢出带；Ⅲ—垂直交替带；1—砾卵石；2—砂；3—亚黏土及亚砂土；4—基岩；5—水位。

图 11-21　山前冲积-洪积物中地下水分带示意图(据黄锡荃等,1993)

程主要是溶滤作用,矿化度很低,通常小于 0.5 g/L,水化学类型为重碳酸钙型水。潜水动态变化受当地气候影响,季节变化相对较大。

2）溢出带

溢出带位于冲积-洪积扇的中部。在这一地带,地形坡度变小,堆积物变细,由砂砾石过渡到亚黏土和亚砂土。因砂层的延伸远近不一,常形成砂层与黏土层的犬齿交错沉积,透水性变差,潜水径流减弱,致使地下水面的坡度变缓,以至小于地表坡度,潜水埋藏深度逐渐变小。因受透水性较差的黏性土阻隔,潜水常以泉水的形式溢出,该带故得此名。在这一地带,蒸发作用加强,水的矿化度显著增大,通常为 1—2 g/L,水化学类型也相应变为重碳酸-硫酸盐型水或氯化物-硫酸盐型水。含水层的富水程度较在深埋带显著减弱,但有下伏含水层,潜水的动态变化相对为小。

3）垂直交替带

垂直交替带位于冲积-洪积扇的前缘。在这一地带,地形平坦,堆积物很细,主要为细粒的亚黏土、亚砂土和黏土,其间夹有少量的砂层。在该带的边缘,常因冲积物与湖积物交替沉积,形成平原的复合堆积,透水性极弱,径流缓慢,因蒸发以及河流的泄水作用,潜水埋藏深度较溢出带有所增大。因潜水主要消耗于蒸发并接受下部具承压性质水的补给,故该带得此名。在这一地带,水的矿化度通常大于 3 g/L,有时甚至达到 10 g/L 以上,水化学类型为氯化物型水,常发生土壤盐渍化。黏性土层中所夹的砂层可获得上一带的潜水补给,可形成承压水。

2. 河谷地带孔隙水

在河谷地带,常常堆积着冲积物,并沿河谷方向呈条带状分布。

赋存在这些河谷冲积物孔隙中的水分称为河谷地带孔隙水。

河谷地带孔隙水可被进一步划分为两种类型。

1）山区河谷孔隙水

在山区，河谷狭窄，冲积层上部常缺少较细的河漫滩相堆积，而仅有下部较粗的河床相堆积。

赋存在这些冲积物孔隙中的水分即为山区河谷孔隙水（图 11-22）。

河床相堆积物的颗粒较粗，透水性强，但一般来说，此类含水层较薄，分布面积不大，故仅能用作小型供水源地。

冲积层所在谷底基岩的透水性对地下水位高低的影响十分重要。若谷底的组成基岩为透水性较强的岩石，地下水位就很低；反之，若基底为透水性较弱的岩石所组成，地下水位则较高。

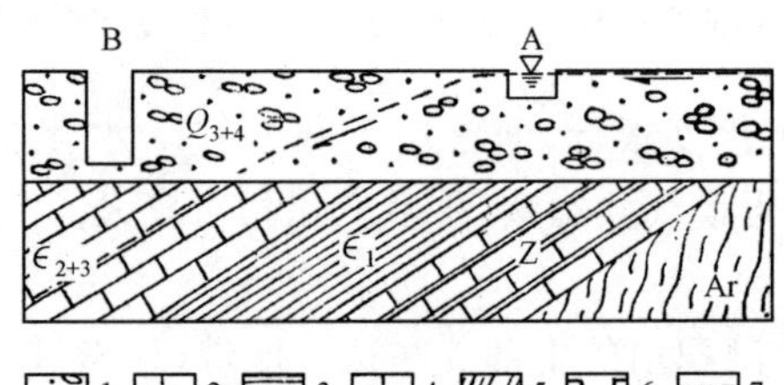

1—砂砾石；2—石灰岩；3—页岩；4—石英岩；5—片麻岩；6—大口井；7—地下水位及流向。

图 11-22　山区河谷孔隙水赋存状况实例——山西省五台县移城河水文地质纵断面

（据天津师范大学地理系等，1986）

2）河谷平原孔隙水

在河谷平原，堆积着较厚的冲积层，发育着不同类型的阶地。冲积层的上部常为较细的河漫滩相堆积，下部为较粗的河床相堆积，呈现二元结构。

赋存在这些冲积物孔隙中的水分即为河谷平原孔隙水（图 11-23）。

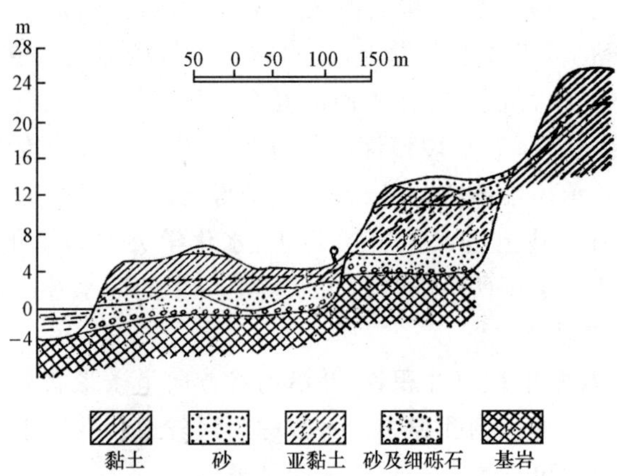

图 11-23　河谷平原孔隙水赋存状况实例——某河谷阶地剖面（据天津师范大学地理系等，1986）

总的来说，这类冲积层相对较厚，较为富水。然而，在河谷平原不同的部位，冲积层的富水程度也不尽相同。沿纵向，冲积层的富水程度变化相对较小；沿横向，冲积层的富水程度变化则相对为大。从上游至下游，冲积物的颗粒由粗变细，层次由少变多，厚度由薄变厚，而单井出水量往往由大变小。沿河谷横断面，常有多级阶地。河漫滩和低阶地的富水程度相对较高，而高阶地的富水程度相对较低。

3. 冲积平原孔隙水

在大河流的下游，一般都会形成宽阔的冲积平原，堆积很厚的冲积物。

赋存在这些冲积物孔隙中的水分称为冲积平原孔隙水（图 11-24）。

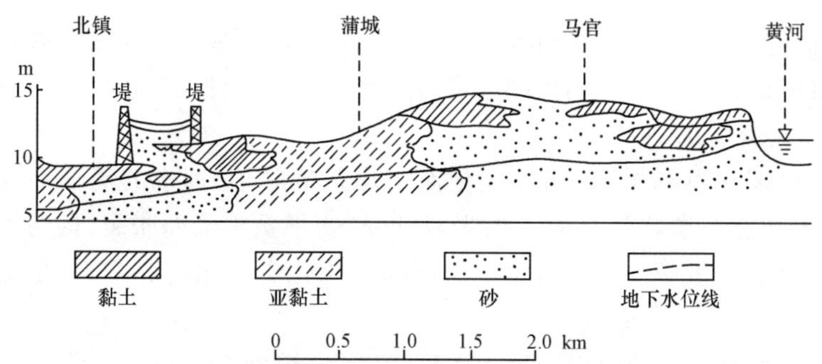

图 11-24　冲积平原孔隙水赋存状况实例——黄河下游水文地质剖面（据天津师范大学地理系等，1986）

在这些冲积平原，因河流经常改道，很多被废弃的老旧河道中粗粒的河床相堆积物呈条带状分布。此外，还会有河漫滩相堆积、牛轭湖相堆积。在低洼处，还可能有湖泊相堆积。

这些条带状河床相堆积的颗粒粗、透水性强，故为很好的含水层。它们大都分布广且为多层，其中下部的含水层具有承压性。

此类孔隙水的补给以大气降水为主。此外，地表水也对之予以补给，地表水水量大且水质好。在这些较粗的条带状堆积两侧，物质为细，径流微弱，潜水的埋藏深度逐渐变小。

在中国北方较为干旱的气候下，此类孔隙水以蒸发排泄为主，浅层水的矿化度较高，可为氯化物或硫酸盐型咸水，土壤常发生盐渍化。在中国南方，因补给条件好，此类孔隙水多为低矿化度的淡水。

除上述三类孔隙水之外，还有山间盆地孔隙水、黄土地区孔隙水以及沙漠地区孔隙水。

五、裂隙水

赋存在岩石裂隙中的地下水称为裂隙水。

与孔隙水相较，裂隙水分布相对不均匀，水力联系相对较差。裂隙水的贮存空间、裂隙的成因各不相同。此外，裂隙率常随深度的增大而减少，因此，裂隙的通透性和富水程度多变。

裂隙水既可以是潜水，也可以是承压水，因此，相应地有裂隙潜水和裂隙承压水。

裂隙水主要出现于基岩广布的山区。在平原地区，裂隙水一般仅埋藏在松散堆积物覆盖下的基岩之中，极少出露于地表。

尽管裂隙水具有上述共同特征，但是，贮存在不同成因裂隙中的裂隙水又各有特点。因此，可根据裂隙的成因，将裂隙水划分为三种类型。

1. 风化裂隙水

岩石在风化过程中，因温度变化而不均匀地胀缩，因水的周期性冻融而冻胀，因析出盐类及矿物结晶而发生胀裂，因植物根系生长而胀裂，因与不稳定矿物分解和稳定矿物形成有关的化学作用和生物化学作用的影响，产生的裂隙称为风化裂隙。

赋存在岩石风化裂隙中的地下水称为风化裂隙水(图 11-25)。

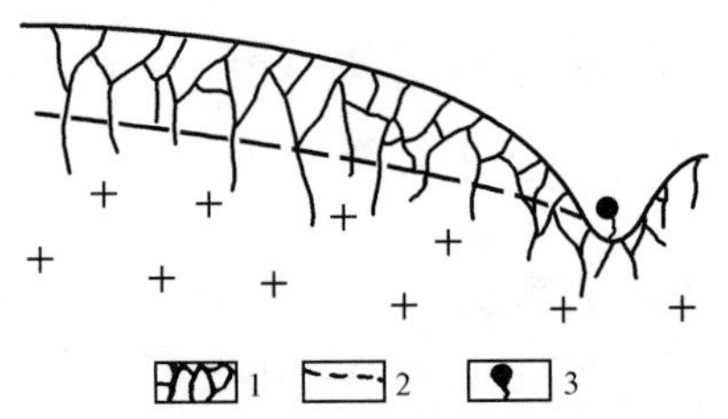

1—风化裂隙；2—潜水位；3—泉。

图 11-25　风化裂隙水示意剖面图

此类裂隙水多为潜水。

与其他成因的裂隙相比，风化裂隙的分布相对较为均匀，故裂隙水分布地也相对较为均匀，并具有水力联系相对较好的统一水面。

风化壳深度有限，故风化裂隙水埋藏浅，含水层厚度小，水量一般不大，下部未风化的基岩成为不透水层。

风化裂隙水主要接受大气降水补给，故水位和水量随季节而变化。在山区，风化裂隙水常出露地表成泉或直接补给河流，但泉的流量一般不大，多小于

1 L/s。

虽然风化裂隙水的水量不大，动态又多不稳定，但埋藏较浅，便于开采利用，故在地表严重缺水的山区，风化裂隙水作为生活用水和农牧业用水仍颇有价值。

2. 成岩裂隙水

在岩石形成过程中，由于冷凝、固结以及脱水等原因在岩石内部引起张应力作用而产生的原生裂隙称为成岩裂隙。如火山熔岩中的柱状节理、侵入岩中的原生节理以及沉积岩在成岩过程中因脱水导致的体积收缩而产生的张裂隙。

赋存在岩石成岩裂隙中的地下水称为成岩裂隙水(图 11-26)。

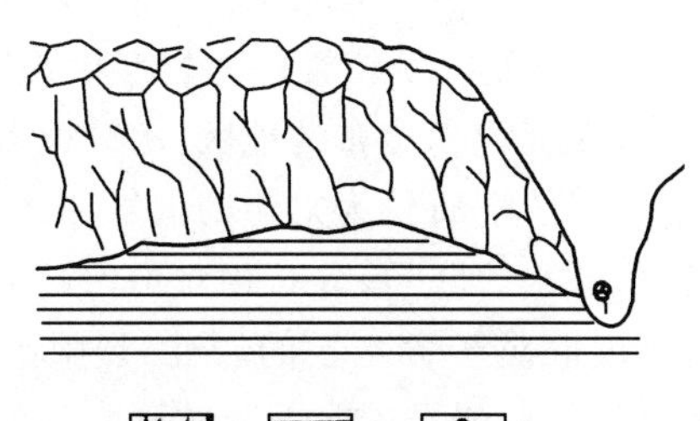

1—玄武岩；2—泥岩；3—泉。

图 11-26　成岩裂隙水赋存状况实例——内蒙古玄武岩与泥岩接触面溢出泉水

此类裂隙水既可以是潜水，也可以是承压水。

成岩裂隙水的水量，主要取决于岩石的性质、裂隙的发育程度以及补给条件。若岩石脆硬，裂隙发育且张开性强，补给条件好，则水量丰富；反之，则水量较小。例如，玄武岩一般较为脆硬，柱状节理发育且多具张开性，故含水相当丰富，在低洼的排泄地带，常形成流量较大的泉水。

3. 构造裂隙水

岩石在构造应力的作用下，常会产生裂隙，如节理和断层，这类裂隙称为构造裂隙。

赋存在岩石构造裂隙中的地下水称为构造裂隙水。

此类裂隙水既可以是潜水，也可以是承压水。

构造裂隙水以分布不均匀、水力联系差为特征。

构造裂隙水可进一步划分为层状裂隙水和脉状裂隙水。

1）层状裂隙水

赋存在层状岩石构造裂隙中的地下水称为层状裂隙水(图 11-27)。

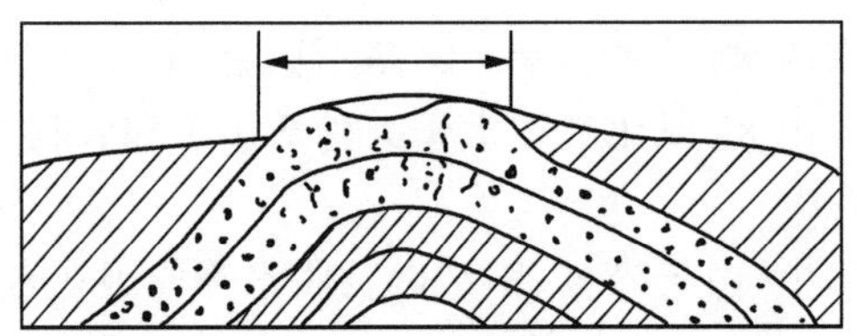

图 11-27 层状裂隙水赋存状况示意图(据时梦雄和车用太,1985)

在一些地区,性质较脆硬的岩层与性质较柔塑的岩层交错互层。遭受构造应力的作用后,较脆硬的岩层中裂隙相对较为发育,于是水分便较多地贮存在这些岩层中,这些岩层便成为含水层;而较柔塑的岩层中裂隙相对不发育,这些岩层便相当于隔水层。例如,在沉积岩分布的地区,水分大多贮存在性质较为脆硬的砾岩和砂岩中,而与之互层的性质较为柔塑的页岩和泥岩则成为相对隔水层。在含水层中,裂隙水有较好的水力联系,分布相对均匀。

层状裂隙水的丰富程度取决于含水层的岩性、裂隙的发育程度以及补给条件。若含水层为颗粒相对较粗的岩石(如中、粗粒砂岩),处在裂隙发育背斜和向斜的轴部、扰曲转折端或穹隆顶部,补给条件好,则水量大;反之,若含水层为颗粒相对较细的岩石(如细砂岩、粉砂岩),处在裂隙相对不发育的构造部位,补给条件相对为差,水量便相对为小。

2) 脉状裂隙水

赋存在构造断裂带中的地下水称为脉状裂隙水(图 11-28)。

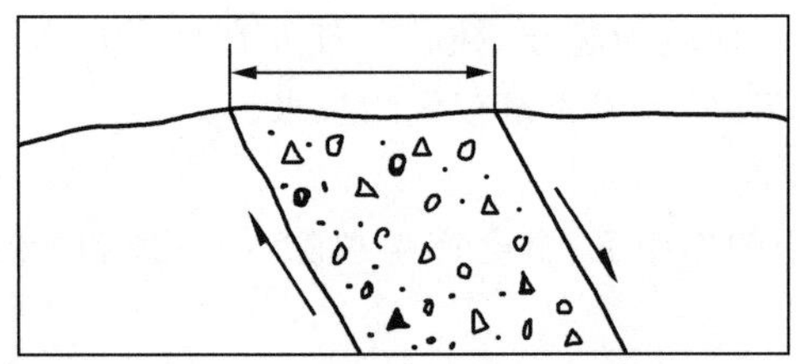

图 11-28 脉状裂隙水赋存状况示意图(据时梦雄和车用太,1985)

在一些构造断裂带,如断层破碎带,水分相对富集并呈条带状分布,形成含水层。含水层多与层状裂隙水有一定的水力联系,局部具有承压性质。

断层破碎带常为具有较大深度和宽度的含水层,因此,在脉状裂隙水中,以贮存在断层破碎带中的意义最大。贮存在断层破碎带中的水量取决于补给条件、断层的性质以及断盘的岩性。若补给条件较好,断层为张性,断盘为脆性岩石,则水量较大;反之,若补给条件相对较差,断层为扭性,断盘为塑性岩石,则水量较小。

六、岩溶水

赋存在可溶性岩石溶隙(溶孔、溶蚀裂隙以及溶洞)中的地下水称为岩溶水或喀斯特水(图 11-29)。

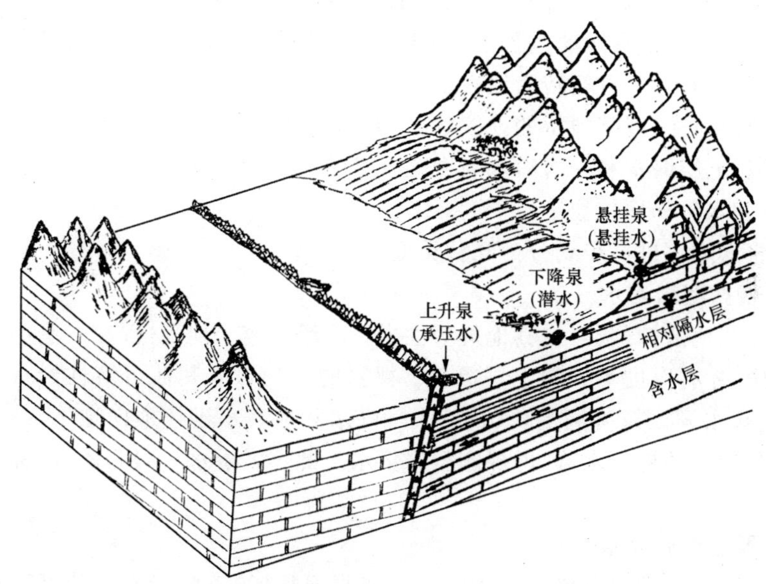

图 11-29　岩溶水赋存状况示意图(据邱书敏和张永信,1981)

岩溶水可以是上层滞水,也可以是潜水,还可以是承压水。

大气降水或地表水在重力作用下,沿裂缝或洞穴向深部运动途中,受到局部隔水层的阻挡,在隔水层上面聚集,可在山坡或山腰上溢出成泉,形成悬挂水。若岩溶发育的可溶性岩层大面积出露,贮存于其中的水分便成为潜水。若岩溶发育的可溶性岩层上覆不透水岩层或与不透水岩层互层,贮存于其中的水分便成为承压水。

岩溶水的形成、运动以及分布都具有独特的性质,与其他类型的地下水有着显著的区别。

在岩溶地区,一些地段地下水比较富集,而另一些地段地下水则较缺乏。从水平方向上来看,往往在同一岩溶含水层的几十米甚至几米的距离之内,富水程度的差异竟可达数十倍。从垂直方向上来看,岩溶水的富集程度也有很大差别。岩溶水这种分布上的不均匀性,是岩溶发育不均匀造成的。岩溶发育具有水平分带性和垂直分带性,因此,岩溶水的分布也有水平分带性和垂直分带性。在水平方向上,岩溶水的富集带常沿着褶皱轴部和断层破碎带等呈条带状分布。在垂直方向上，浅部岩溶发育，故成为岩溶水的富集带；而深部岩溶发育较弱，故岩溶水相对贫乏。在岩溶水的富集带，因岩溶发育，溶隙互相连通，岩溶水水力联系密切，具有统一水面。

在岩溶比较发育的地区，地下水与地表水之间的转化比较频繁。当河流进入这些地区时，河水常在很短的距离内即被漏斗或落水洞等吸收，转入地下，成为地下水。地下水在运动过程中，如遇非可溶性岩石或阻水断层，便以泉的形式或通过冒水洞出露，重新转为地表水。

在岩溶地区，因其独特的地貌状况，大气降水和地表水能够迅速地补给地下水。所以，上层滞水和岩溶潜水与大气降水的关系非常密切。但是，深层的承压水，水位和水量却比较稳定。

可将岩溶水进一步划分为几种类型。

1. 裸露型岩溶水

在一些地区，石灰岩或其他可溶性岩石广泛出露于地表，仅在一些小型盆地和洼地中，才有厚度不大的土层覆盖。裸露的石灰岩或其他可溶性岩石中有很多裂缝、落水洞以及溶洞等，大量的大气降水和地表水迅速地向地下水渗流，故形成数量很大的地下水，此即裸露型岩溶水。此类岩溶水一般为潜水，称为岩溶潜水。

2. 覆盖型岩溶水

在一些地表波状起伏或平坦的高原或平原地区，石灰岩或其他可溶性岩石上面覆盖有厚度为 10—30 m 的土层，大气降水和地表水透过土层渗入岩溶含水层。局部地段岩石裸露或在有土层覆盖的地段存在因塌陷而形成的小型洼地、漏斗以及落水洞等，大量的大气降水和地表水可通过这些迅速地进入地下，这样形成的地下水即为覆盖型岩溶水。此类岩溶水主要为潜水。

在其中一些地区，上覆土层为黏性土组成，透水性弱甚至不透水，可以成为隔水顶板，下面的岩溶水水位又高出石灰岩或其他可溶性岩石顶面的高度，这样岩溶水便具承压性质。在其中另一些地方，地下水位在石灰岩或其他可溶性岩石表面附近变动。夏秋多雨季节，地下水位高于岩石表面，岩溶水处于承压状态；冬春少雨季节，地下水位低于岩石表面，岩溶水又具潜水的特点。

3. 埋藏型岩溶水

在一些平原或盆地中，地表几十米、几百米甚至千米以下，埋藏有岩溶含水层，其中贮存着丰富的地下水，此即埋藏型岩溶水。此类岩溶水为承压水，称为承压岩溶水。

第三节　地下水的运动

地下水在土壤和岩石空隙中的运动称为渗流。

根据空隙中水分饱和与否,可将渗流进一步分为非饱和渗流和饱和渗流。在饱气带中,结合水和毛管水主要在骨架吸引力和毛管力的控制下做的运动称为非饱和渗流。在饱水带中,潜水和承压水等主要在重力作用下的运动称为饱和渗流。

有关结合水和毛管水的运动知识常在土壤学教科书中论及,因此,在一些水文学教科书中,仅将地下水在重力作用下沿着空隙的运动视为地下水的运动,而不论及结合水和毛管水的运动。

一、结合水的运动

此间所谓的结合水系指地表以下、地下潜水面以上的饱气带中被分子力吸附在土壤颗粒表面的水分。

1. 结合水运动的基本规律

前已述及,结合水可进一步分为吸湿水和薄膜水。吸湿水为强结合水,不能发生运动,因此,结合水的运动,实际上是指属弱结合水的薄膜水的运动。

薄膜水虽然是弱结合水,但仍然具有一定的抗剪强度。薄膜水与一般的液体不同,在运动过程中并不遵循牛顿内摩擦定律,因此,只有当一定的外力克服薄膜水所具有的抗剪强度(τ_0)之后,薄膜水才能运动。在由水力坡度 I 和渗透速度 V 组成的直角坐标系中,可用一通过坐标原点、向 I 凸出的曲线表示薄膜水的运动规律(图 11-30)。在这一曲线上,任一近于直线的部分,可以下式近似地表示:

$$V = k(I - I_0) \quad 11\text{-}8$$

在上式中,

V:渗透速度(cm/s);

k:渗透系数(cm/s);

I:水力坡度;

I_0:起始水力坡度。

所谓起始水力坡度 I_0,系指为克服薄膜水的抗剪强度 τ_0,使之发生流动所必须具有的临界水力坡度。然而,图 11-30 表明,表征薄膜水运动规律的曲线通过原点,换言之,只要有水力坡度,薄膜水就会发生运动,只是当 $I < I_0$ 时,薄膜水的渗透速度非常小。因此,严格地说,起始水力坡度 I_0 系指薄膜水发生明显

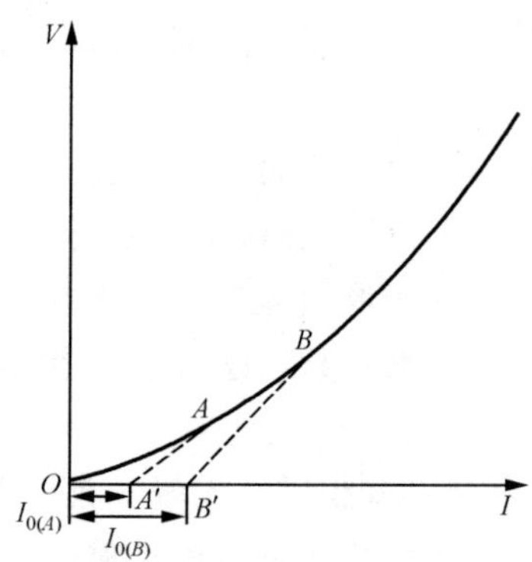

图 11-30 薄膜水的运动规律(据黄锡荃等,1993)

渗透时用于克服其抗剪强度 τ_0 的水力坡度。图 11-30 还表明,当 I 很小,如 $I=I_A$ 时,A 点切线的截距 OA'[代表 $I_{0(A)}$]较小,斜率即渗透系数 k 也较小;当 I 增大,如 $I=I_B$ 时,B 点切线的截距 OB'[代表 $I_{0(B)}$]及斜率也随之增大。由此可见,这一曲线确实能够比较准确地表述薄膜水 V、k、I、I_0 之间的关系。在天然条件下,颗粒组成成分不同的黏性土,I_0 和 k 均不同。一般来说,颗粒越粗,起始水力坡度 I_0 就越小,渗透速度 V 则越大(图 11-31)。

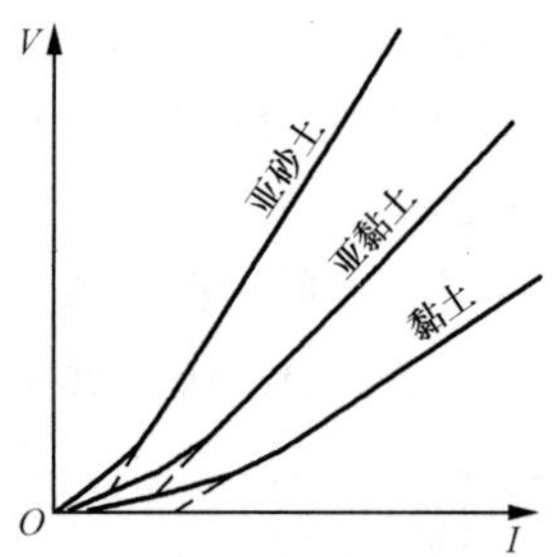

图 11-31 黏土、亚黏土及亚砂土中薄膜水的 I-V 曲线(据黄锡荃等,1993)

2. 结合水的运动与越流渗透

一般认为,黏土,特别是孔隙度大而孔隙小、质地致密的黏性土,是不透水的,因而可成为良好的隔水层。但实际上,处在由黏性土构成的隔水层之下的含水层常通过黏性土层补给隔水层之上的含水层,这一现象称为越流补给。

这种现象的出现,正是薄膜水运动的结果。如图 11-32,下层水由 A 点向上层 B 点渗透,其渗透距离为 L,即黏性土层的厚度,A 点的水头为 H_1,B 点的水头为 H_2,黏性土垂向的渗透系数为 k,则渗透速度 V 可以下式计算:

$$V = k\frac{H_1 - H_2}{L} - I_0 \qquad 11\text{-}9$$

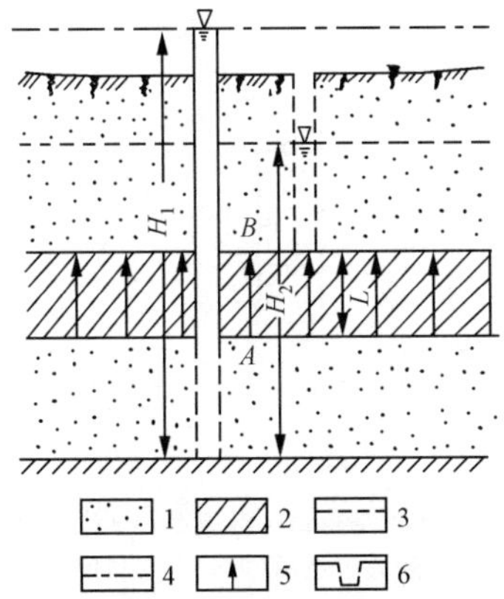

1—砂(透水层);2—黏性土(半隔水层);3—潜水面;4—承压含水层测压水面;5—越流渗透;6—井，虚线部分为过滤器。

图 11-32　黏性土中水分的越流渗透(据黄锡荃等,1993)

如果黏性土层的厚度比较大,或者上、下含水层之间的水头之差比较小,则 $I<I_0$,$V\leqslant 0$,便不会发生渗流。反之,如果黏性土层的厚度比较小,上、下含水层之间的水头之差比较大,则 $I>I_0$,$V>0$,就会发生越流补给。由此可知,黏性土层越薄,透水能力越大;含水层之间的水头之差越大,渗透量就越大。

二、毛管水的运动

此间所谓的毛管水系指在地表以下、地下潜水面以上的饱气带中由毛管力保持在土壤空隙中的水分。

1. 毛管力及毛管上升高度

在液体与固体的交界面上,存在着湿润现象。湿润角 θ 的大小与固体物质的表面性质和状况有关,取决于固体分子与液体分子之间的吸引力。当湿润条件良好,即所谓完全湿润时,θ 接近于 0°;无湿润时,θ 接近于 180°。若将一圆管的下端插入水中,即在管内形成水的弯月面,液体表面会增大。而液面一旦增大,水的表面张力和收缩作用就要促使液面恢复水平,于是管内的水上升,以减小表面面积,直至表面张力向上的拉引作用与管内升高的液柱重量达到平衡,管内的水方停止上升。这种使液体在管内上升的力即为毛管力(又称毛管压或弯月面正常负压)(图 11-33)。

根据拉普拉斯(Laplace)公式,若毛管为圆筒形,毛管力的大小为:

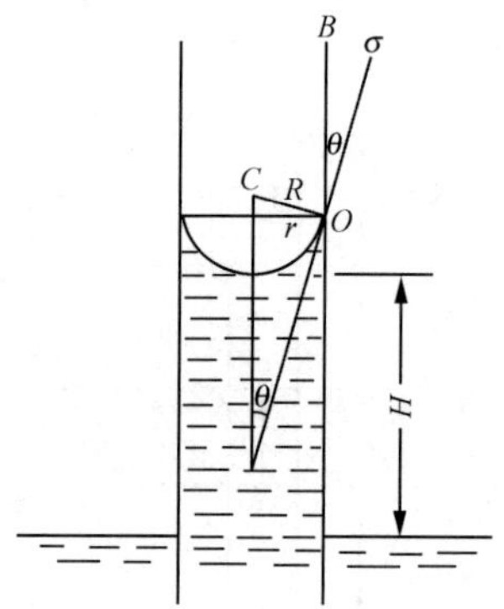

R—弯月面的曲率半径；r—毛管半径；σ—湿润点O处的液体表面张力；θ—湿润角。

图11-33 毛管力示意图（据胡方荣和侯宇光，1988）

$$P_c = \frac{2\alpha}{R} \tag{11-10}$$

在上式中，

P_c：毛管力（dyn/cm^2）[①]；

α：表面张力（dyn/cm）；

R：弯月面曲率半径（cm）。

又，对圆筒形毛管，有：

$$R = \frac{r}{\cos\theta} \tag{11-11}$$

在上式中，

R：弯月面曲率半径（cm）；

r：毛管半径（cm）；

θ：湿润角。

故有：

$$P_c = \frac{2\alpha\cos\theta}{r} \tag{11-12}$$

在上式中，各项的含义与在公式11-10和11-11中相同。

当毛管水到达其最大上升高度时，毛管力与上升水柱的静压力大小相等，故有：

$$\frac{2\alpha\cos\theta}{r} = H\rho g$$

---

① 1 dyn=10^{-5} N。

即
$$H=\frac{2\alpha\cos\theta}{r\rho g} \tag{11-13}$$

在上式中，

H：毛管水的最大上升高度(cm)；

ρ：水的密度(g/cm^3)；

g：重力加速度(cm/s^2)；

其余各项的含义与在公式 11-12 中相同。

在完全湿润的情况下，$\theta=0°$，$\cos\theta=1$；$\rho=1\ g/cm^3$，$g=980\ cm/s^2$；在常温下，$\alpha\approx72\ mN/m$，故公式 11-13 可写为：

$$H\approx\frac{0.15}{r} \tag{11-14}$$

由上可知，毛管水最大上升高度与毛管半径成反比，即毛管越细，毛管上升高度越大，毛管力越大。

2. 毛管水的运动

毛管水的运动是受毛管力制约的。毛管水总是由毛管力较小处移向毛管力较大处。由公式 11-12 可知，毛管力的大小与毛管的粗细有关，毛管越粗，毛管力越小；毛管越细，毛管力越大。因此，毛管水总是自粗毛管移向细毛管。

毛管水运动的速度与土壤的吸力梯度有关。所谓吸力梯度，系指土壤中两点的吸水力差别。吸力梯度越大，毛管水运动的速度便越大；反之，吸力梯度越小，毛管水的运动速度就越小。吸力梯度是由土壤中各部分的湿度不同而产生的，湿土部分的吸水力较小，而干土部分吸水力较大，故湿土与干土之间存在着一定的吸力梯度。干、湿的差别越大，吸力梯度便越大，水分由湿土向干土移动也就越迅速。

毛管水运动的这种特点，对于土壤供水性能有很大的意义。植物在生长发育过程中所需要的水分量是很大的。但在任何时候，总是只有一小部分水分与植物根系接触。当这部分水分被植物根系吸收后，根际土壤即变干，致使附近湿润土壤的毛管水迅速向根系移动，这就能够保证根系周围不断得到水分供应。

此外，毛管水运动的速度还与土壤温度和水分中溶解物质的浓度有关。若温度低、浓度大，水溶液的黏滞度便较大，毛管水的移动则相对较慢。

土壤中的毛管水可向任何方向运动，但主要是由下向上和由上向下运动。

自潜水水面由下向上沿着毛管上升而存在于土壤毛管中的水分称为毛管上升水。毛管上升水的上升高度，取决于毛管力的大小。当上升水柱的静压力与毛管力相等时，毛管上升水即停止上升。

自地表进入土壤并保持在土壤上部毛管中的水分称为毛管悬着水。毛管悬着水不因重力的作用而下移，完全是毛管力维持的缘故。毛管悬着水与潜水没有联系，不受潜水面升降的影响，这使毛管悬着水好像悬挂在土壤上层中一样。大气降水、冰雪融水以及灌溉水等是毛管悬着水的来源。

三、重力水的运动

此间所谓重力水系指潜水面以下饱水带中的潜水和承压水。

重力水在土壤或岩石的空隙中运动，其流态既可以是层流，也可以是紊流。重力水的运动为饱和渗流，又称渗透，遵循若干水力学定律。

1. 线性渗透定律

1856 年，法国水力学家达西完成了一系列渗透实验(图 11-34)后发现，在单位时间内，渗透水量 Q 与水力坡度 I 和过水断面 F 成正比，即：

$$Q = KF\frac{H_1 - H_2}{L} = KF\frac{\Delta h}{L} = KFI \qquad 11\text{-}15$$

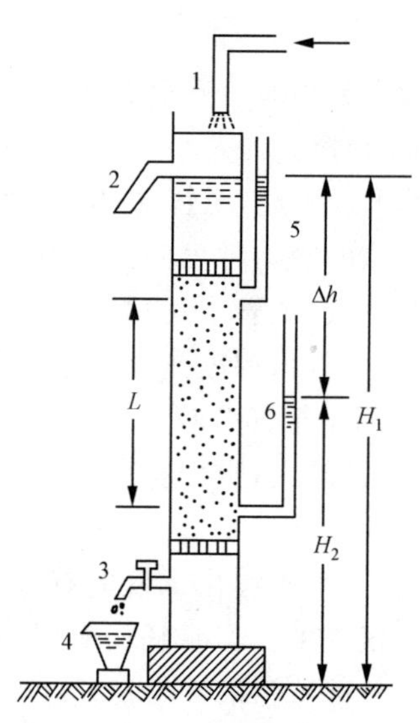

1—进水管；2—出水管；3—阀门(开关)；4—量水杯；5、6—测压管。

图 11-34 达西渗透仪(据南京大学地理系和中山大学地理系，1978)

经进一步推导，有：

$$V = \frac{Q}{F} = KI \qquad 11\text{-}16$$

在以上两式中，

Q：单位时间内的渗透水量(m^3/s)；

K：实验材料的渗透系数(m/s)；

F：渗透水流过的水断面面积(m^2)；

Δh：在渗透路径上的水头损失(m)；

L：渗透路径长度(m)；

V：渗透速度(m/s)；

$I=\dfrac{\Delta h}{L}$：渗流水力坡度。

公式 11-16 表明，渗透速度与水力坡度成正比，二者之间为线性关系，故公式 11-16 称为线性渗透定律，又称达西定律。

应当指出，F 并不是实际的过水断面。因为水分渗透时，实际上是通过过水断面颗粒之间的孔隙进行的，实际过水断面为各个孔隙断面之和 F_1(图 11-35)。因此，渗透速度 V 并不是水质点的实际流速。

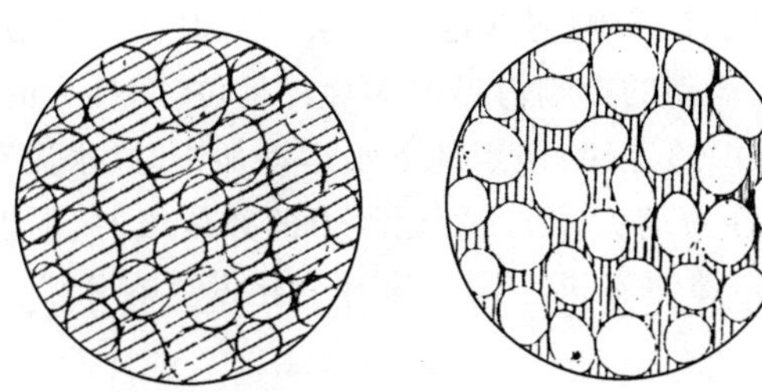

斜阴线部分为过水断面；直线部分为实际过水断面。

图 11-35　过水断面(F)与实际过水断面(F_1)

若以 n 表示土壤或岩石的孔隙率，则渗透水流通过的过水断面实际面积为 nF，因此，渗透水流的实际流速 U 可以下式计算：

$$U=\frac{Q}{nF}=\frac{VF}{nF}=\frac{V}{n} \qquad 11\text{-}17$$

因为孔隙率 n 总是小于 1，故渗透水流的实际流速 U 总是大于 V。

在线性渗透定律问世之后相当长的一个时期内，人们曾认为它适用于所有流态为层流的地下水运动，故称其为“层流渗透定律”。

然而，20 世纪 40 年代以来，很多实验都说明并非所有的地下水层流运动都遵循线性渗透定律。只有在特定情况下，地下水的渗透才符合线性渗透定律(图 11-36)。实验表明，这样的特定情况是指地下水的渗透速度 $V<3\times10^{-3}$ m/s 且雷诺数 $Re<10$。前已述及，根据水力学实验，对于圆管有压流，层流转变为紊流的临界雷诺数 $Re_k=2\ 320$；对于明渠无压流，层流转变为紊流的临界雷诺数 $Re_k=300$。由此可见，线性渗透定律的适用范围远远小于层流运动的范围。

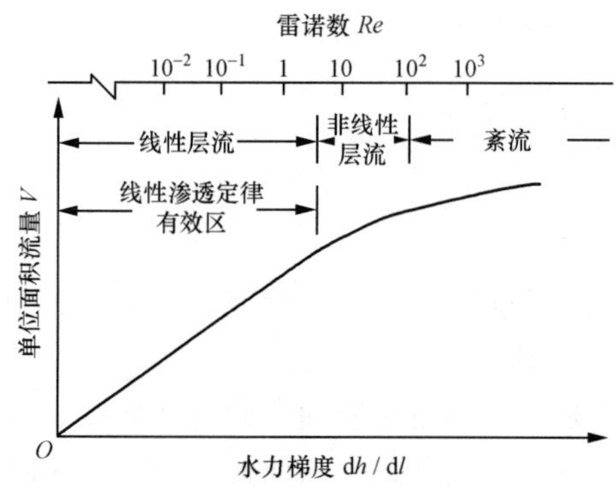

图 11-36 线性渗透定律有效性的范围

有研究者以惯性力的影响解释这一现象。当地下水运动缓慢时,黏滞性所产生的摩擦力对水流运动的影响占据绝对优势地位,惯性力的影响可忽略不计,水流的运动服从线性渗透定律;但当地下水运动加快时,水流有着明显连续变化的速度和加速度,惯性力增大,当其接近阻力的数量级时,因惯性力与速度的平方成反比,线性渗透定律便不再适用。这一变化发生在水流的流态由层流转变为紊流之前。

绝大多数天然地下水的渗透(包括在粗砂孔隙、基岩裂隙以及部分岩溶空隙中的渗透)速度,都小于 3×10^{-3} m/s,故地下水的这些运动服从线性渗透定律。

2. 非线性渗透定律

地下水在通透性良好的卵、砾大空隙以及未被充填的岩溶空隙中运动时,其渗透速度可以超过这一临界流速 3×10^{-3} m/s。在这种情况下,水流处在混合流态或紊流流态,不再遵循线性渗透定律运动,表述水分渗流的关系式为:

$$Q=KF\sqrt[m]{I} \tag{11-18}$$

或

$$V=KI^{\frac{1}{m}} \tag{11-19}$$

以及

$$Q=KF\sqrt{I} \tag{11-20}$$

或

$$V=KI^{\frac{1}{2}} \tag{11-21}$$

公式 11-18 和 11-19 表述处在混合流态,即流态介于层流和紊流之间的地下水的运动。公式中的 m 为流态指数,其数值为 1—2。

事实上,该两式概括了处在不同流态的饱和渗流的规律。当 $m=1$ 时,公式 11-18 和公式 11-19 与公式 11-15 和 11-16 无异,表明渗流属速度很小的层流线性运动;当 $1<m<2$ 时,表明渗流属速度较大的层流非线性运动,惯性力已增大至相当于阻力的数量级;当 $m=2$ 时,公式 11-18 和公式 11-19 与公式 11-20 和

11-21 相同，表明渗流属流速很大的紊流非线性运动，惯性力已据支配地位。

公式 11-20 和 11-21 表述处在紊流流态下的地下水的运动。其中，公式 11-21 表明，水分的渗透速度与水力坡度的平方根成正比，二者之间为非线性关系，故公式 11-21 称为非线性渗透定律。

3. 渗透系数

由线性渗透定律，即公式 11-16 可知，当水力坡度 $I=1$ 时，$V=K$，即在数值上，渗透系数 K 等于渗透速度。由于水力坡度是无量纲的，K 具有与 V 相同的单位，通常用 m/d 或 cm/s 表示。

渗透系数 K 是表征土壤或岩石透水性能的重要参数，其大小一方面取决于土壤或岩石的性质，如粒度，粒度越大，则 K 越大；另一方面，K 的大小也与流体自身的物理性质，尤其流体的黏滞性有关，其数学表达式为：

$$K = K_0 \frac{\gamma}{\nu} \qquad 11\text{-}22$$

在上式中，

K：渗透系数；

K_0：内在透水率；

γ：水的密度(kg/m^3)；

ν：水的黏滞性系数(m^3/s)。

土壤或岩石的内在透水率 K_0 主要取决于土壤或岩石的空隙特征(表 11-5)。如公式 11-22 所表明的，K 的大小与流体的密度 γ 成正比，与流体的黏滞性系数 ν 成反比。对地下水而言，γ 和 ν 主要取决于水的含盐量、温度和压力，其中温度对黏滞性的影响尤大。

表 11-5 松散堆积物的渗透系数和内在透水率(据黄锡荃等，1993)

松散堆积物	渗透系数(K)/(m/s)	内在透水率(K_0)
黏土	$<10^{-9}$	$<10^{-17}$
砂质黏土	10^{-9}—10^{-8}	10^{-16}—10^{-15}
淤泥	10^{-9}—10^{-7}	10^{-16}—10^{-14}
粉砂	10^{-8}—10^{-7}	10^{-15}—10^{-14}
细砂	10^{-5}—10^{-4}	10^{-12}—10^{-11}
粗砂	10^{-4}—10^{-3}	10^{-11}—10^{-10}
夹砾的砂	10^{-3}—10^{-2}	10^{-10}—10^{-9}
砾石	$>10^{-2}$	$>10^{-9}$

第四节　地下水的动态与均衡

地下水的水位、水量、水质和水温等要素随着时间的变化称为地下水的动态，而在某一时段内，地下水的水量、盐量以及热量等的收支数量关系称为地下水的均衡。

一、影响地下水动态的因素

地下水水位和水量等的变化是在诸多自然因素和人为因素的影响下发生和进行的。归纳起来，影响地下水动态的因素主要有以下几个方面。

1. 气候因素

降水和蒸发直接参与地下水的补给和排泄，对地下水动态的影响最为明显。大气降水渗入土壤和岩石，使得地下水位上升，水的矿化度降低；而蒸发则使地下水位下降，水的矿化度升高。图 11-37 说明了降水量和蒸发量与地下水位的对应关系。气温的升降不仅影响蒸发强度，还会引起地下水水温的波动以及地下水化学成分的变化。

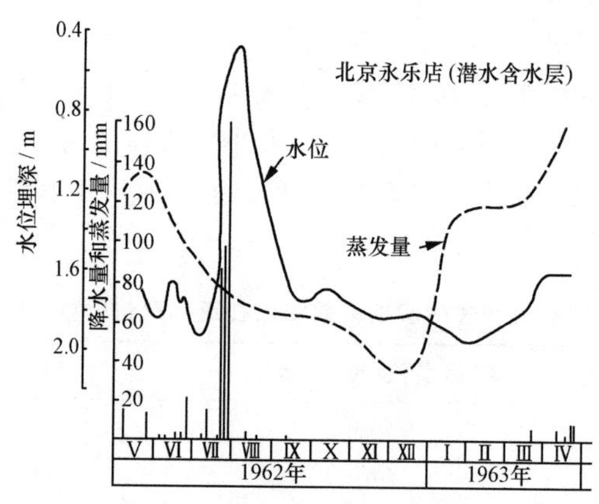

图 11-37　降水量和蒸发量与地下水位的对应关系实例(据时梦雄和车用太,1985)

气候因素有昼夜的、季节的以及多年的变化，故地下水也有相应的周期性变化。浅层地下水最明显的变化仍然是季节性变化。例如，在中国南方，夏季的降水多、补给量大，故地下水位上升；秋、冬季节的降水相对为少，补给量小，而排泄量仍很大，故地下水位下降，在雨季来临之前，地下水位降至最低。所以，在一年之中，地下水位有一个峰值和一个谷值。又如，在中国北方的一些地区，冬季有积雪，春季积雪融化，补给地下水，使地下水位上升，随后融水耗尽，补给量减小，地下水位下降；夏季时，降水增多，补给地下水，使水位再度上升，夏季过后，降水较少，补给减小，地下水位又趋下降。所以，一年之中，地下水位有两个峰值和两个谷值。

影响地下水变化的因素复杂多样，加之渗流缓慢，故与气候因素的变化相比，地下水的动态呈不同程度的减弱和滞后。在不同埋藏类型的含水层中，降水时间与地下水位的变化时间有不同程度的滞后。在潜水含水层中，这种滞后不很明显，但在承压含水层中，这种滞后却非常明显，例如，在山东省济南市趵突泉的承压含水层中，雨季几个月之后，地下水位方有明显变化（图 11-38）。一般来说，在距补给区较远的地段，地下水的最高水位或泉水最大流量可较最大降水量出现的时间晚 3—5 个月乃至更长。

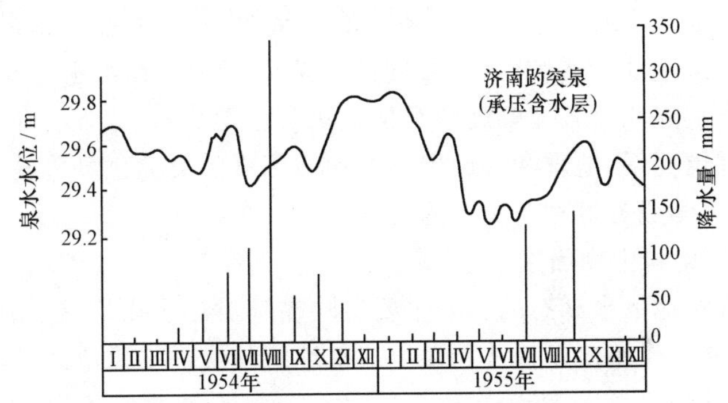

图 11-38　地下水位变化相对于降水量变化的滞后（据时梦雄和车用太，1985）

2. 水文因素

江、河、湖、海等水体对地下水动态的影响主要限于这些水体附近。

在这些水体中，河流对地下水动态的影响最为重要。河流与地下水的联系有三种形式：河流始终补给地下水；地下水始终补给河流（河流始终排泄地下水）；洪水时，河流补给地下水，而枯水时，地下水补给河流。当河水与地下水之间存在水力联系时，河水的动态会影响地下水的动态。如图 11-39 所示，地下潜水位随河流水位的升降而升降，但在时间上较河流水位有一定的滞后。河流水位的变化对地下水位的影响随含水层距河距离的增大而减小。

海洋潮汐也会对沿岸地带的地下水位有所影响，但因潮差有限，且高潮和低潮持续的时间很短，此类影响的范围很小。

3. 地质因素

构造活动、风化作用以及地球内部的热量等因素对地下水有一定的影响。

在大多数情况下，这类因素随时间的变化非常缓慢，因此，它们并不直接影响地下水的动态周期，而是通过影响地下水的形成环境而间接影响地下水的动

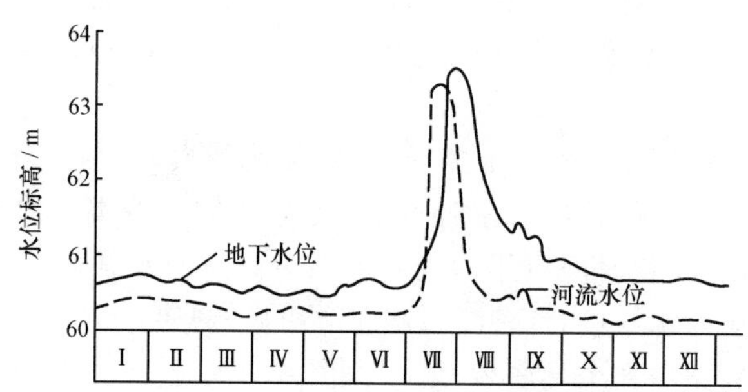

图 11-39 潜水位与河流水位的对应关系(据时梦雄和车用太,1985)

态。例如,地质构造决定了地下水与大气降水和地表水联系的紧密程度,故不同构造背景中的地下水有着不同的动态特征。又如,岩石的性质在很大程度上决定了含水层的给水性和透水性,故相同的补给量变化可在给水性和透水性相对较差的岩层中引起相对较大幅度的水位变化。

在另一些情况下,地震和火山爆发等地质因素的突变也可造成地下水位、水量、水温以及化学成分等相对迅速的变化。

4. 土壤因素和生物因素

土壤因素对地下水动态的影响主要反映在其对潜水化学成分的改变上。潜水埋藏越浅,这种作用便越显著。在地下水埋藏较浅的平原地区,地下水通过毛管上升蒸发,其所含盐分累积于土层中;水分通过饱气带下渗,将土壤中的盐分溶解并淋溶到地下水中,从而影响潜水的化学成分。

由此可见,包括土壤的粒度、孔隙以及化学成分等在内的因素可影响这些过程进而影响潜水的化学成分。

生物因素对地下水动态的影响可反映在植物蒸腾对地下水的影响上。例如,在灌区渠道两侧植树,以借助植物蒸腾降低地下水位,调节潜水动态,减弱土壤蒸发,防止土壤盐渍化。因此,植物的种类及与之相关的生理特征和覆盖度等均对地下水位有一定影响。此外,生物因素对地下水的影响还体现在各种细菌对地下水化学成分的改变上。各种细菌均有一定的生存发育环境(如氧化还原电位和一定的 pH 等),当环境发生变化时,细菌的作用也将改变,故地下水的化学成分也发生相应的变化。

5. 人为因素

人类的生产和生活活动也在强烈地影响着地下水的动态。

例如,凿井取水和为改良土壤而对之进行疏干排水可造成地下水位下降,以水井或其他抽、排水地段为中心,地下水面常呈漏斗状。又如,修建水库导致地表水渗漏和灌溉可造成地下水位上升(图 11-40)。

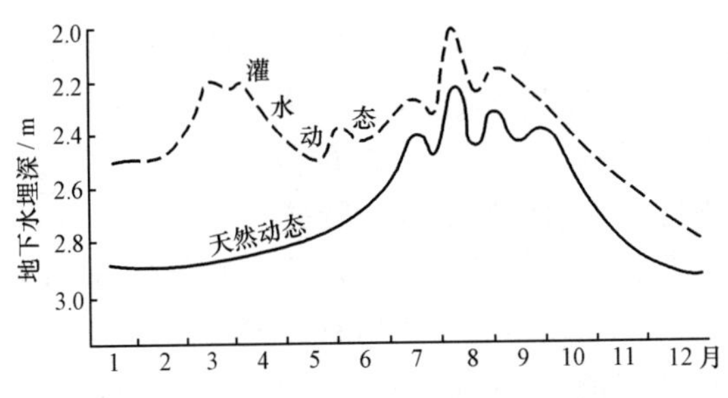

图 11-40　由灌溉形成的地下水动态双峰曲线

二、地下水动态

1. 地下水动态类型

根据影响地下水动态的主要因素和特征，可划分地下水动态类型。地下水动态类型的划分不仅应阐明动态形成规律，还应为地下水资源的分析计算及其开发利用提供启示。

以下介绍两种地下水动态类型的划分方案。

1）根据潜水的动力特点划分

① 分水岭型

地下水动态主要受大气降水、蒸发以及地下径流的影响。

② 沿岸型

地下水动态主要受河流和湖泊水位以及海洋潮汐的影响。

③ 山前型和岩溶型

地下水动态主要受大气降水和地表径流的渗入以及地下径流排泄的影响。

④ 多年冻结型

地下水动态主要受气温变化的影响。

2）根据潜水的补给和排泄条件划分

① 渗入-蒸发型

地下水的水位、水量以及水质等因大气降水和地表水的渗入补给以及蒸发而变化，水平径流微弱，排泄以蒸发为主。这一动态类型主要出现在干旱、半干旱地区的平原和山间盆地中。此类动态的潜水属于大陆盐化潜水。

② 渗入-径流型

地下水的补给来自大气降水和地表水的渗入，但排泄以水平径流为主，蒸发较弱。这一动态类型出现在山区和山前地带。因地下径流同时也排泄盐分，故在经过较长的时间后，潜水的盐分趋于减少而变淡。

③ 过渡型

地下水的补给主要来自大气降水和地表水的渗入，尤以前者为主。因大气降水充沛，在满足了蒸发的需要之后，仍有盈余，故这些水分会以水平径流的形式排泄。换言之，排泄兼有蒸发和径流两种形式。

2. 中国不同地区地下水动态的年内特征

在不同地区，自然地理环境状况常常不同，而自然地理环境因素又多是地下水动态的影响者，故地下水动态的年内特征也各不相同。

在华南地区，降水丰沛，且在年内的分配较在北方地区均匀，如在广东省广州市，50 多年(1912—1964)的降水记录表明，各月降水量相差很小，其中降水最多月份的降水量比降水最少月份的降水量仅大 15 mm，故地下水位虽起伏波动，但水位相差并不大，年内的水位过程线呈锯齿状(图 11-41)。

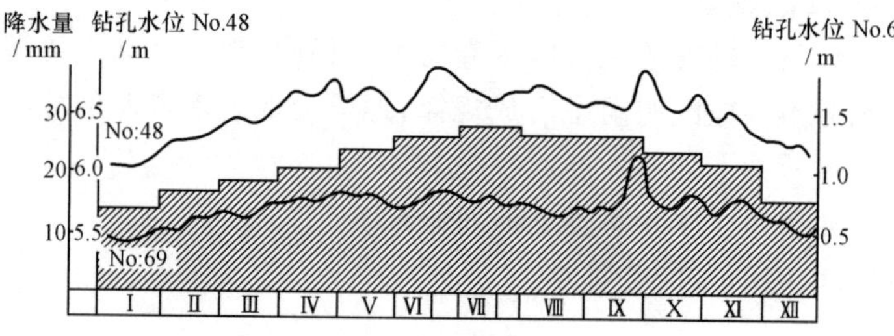

图 11-41 广州北部地下水位过程线(据黄锡荃等，1993)

在华北地区，降水相对为少，且在年内较为集中，年降水量的 60%—70%分布在 7—9 月，故在夏季地下水位明显为高，与冬、春季的水位相差很大，年内的水位过程线有一显著的单峰(图 11-42)。

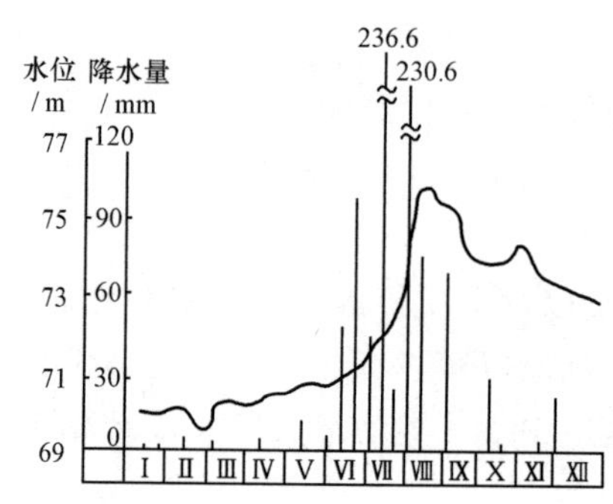

图 11-42 华北地区地下水位过程线(据黄锡荃等，1993)

在东北地区，降水较在华北为多，但冬季漫长，冰雪期长达 5—6 个月，有季节性冻土，其冰冻期可达 160 天左右，冻结深度为 2—4 m。一年之中，春季虽少降水，但至 5 月，气温明显升高，冻土融化，融水逐渐补给地下水，使水位徐缓上升，7—8 月间，降水明显增多，地下水位也随之明显上升，年内的水位过程线呈舒缓单峰状(图 11-43)。

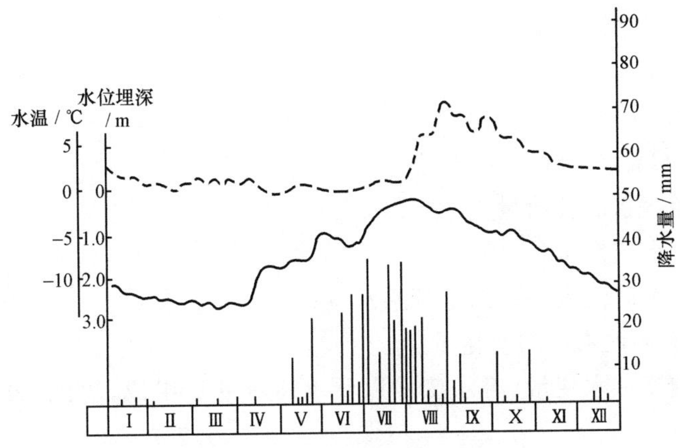

实线为水位；虚线为水温。

图 11-43　黑龙江省北安市地下水位过程线(据黄锡荃等，1993)

在西北内陆地区，地表高差大，气候状况沿高度方向变化显著，致使地下水动态垂直分异明显。例如，在祁连山和河西走廊，山顶年降水量达 400—500 mm，终年积雪，有多年冻土；在 3 800—4 500 m 的高度范围有季节冻土；在山麓地带和山前倾斜平原，干旱少雨，地下水主要靠高山积雪融水补给。一年之中，4—9 月为融冰期，融水自源头下涌、入渗，依次补给山麓、山前倾斜平原以及低平原沼泽地带的地下水，并以蒸发的形式排泄。在这一地区，就地下水动态而言，可划分出高山带、山麓带、山前倾斜平原带。各带的地下水位和水质的变化过程明显不同。

三、地下水的均衡

前已述及，地下水均衡涉及地下水的水量、盐量以及热量等收支的数量状况，但以下论及的仅限于地下水的水量均衡。

1. 地下水水量均衡方程的一般表达式

建立地下水水量均衡方程，首先要确定研究的空间范围(均衡区)和时间范围(均衡期)。均衡区通常为一个完整的地下水流域，而均衡期则视目的和需要而定。

根据质量守恒原理，对于处在某一均衡期的某一均衡区，可以认为，如果进入含水层的水量大于自含水层中排出的水量，则地下水位上升，反之，则地下水位下降。据此，可建立地下水水量均衡方程。

地下水水量均衡方程的一般表达式为：

$$(P_g + R_I + E_I + Q_I) - (R_O + E_O + Q_O) = \Delta W \qquad 11\text{-}23$$

在上式中，

P_g：大气降水入渗量；

R_I：地表水入渗量；

E_I：水汽凝结量；

Q_I：自外区流入的地下水水量；

R_O：对地表水的补给量；

E_O：地下水蒸发量；

Q_O：自均衡区流入外区的地下水水量；

ΔW：地下水贮水量的变化量。

ΔW 由饱气带水变量、潜水变量以及承压水变量组成，故此，公式 11-23 可写为：

$$(P_g + R_I + E_I + Q_I) - (R_O + E_O + Q_O) = \Delta C + \mu\Delta H + S_C\Delta H_P \qquad 11\text{-}24$$

在上式中，

ΔC：饱气带水变量；

μ：潜水含水层给水度；

ΔH：潜水位变幅；

S_C：承压水释水系数(贮水系数)；

ΔH_P：承压水测压水位变幅；

其余各项的含义与在公式 11-23 中相同。

2. 潜水水量均衡方程

若潜水含水层与下伏承压含水层之间存在着水力联系，则需考虑承压水对潜水的越流补给，故潜水水量均衡方程可写为：

$$(P_g + R_I + E_I + Q_I + Q_n) - (R_O + E_O + Q_O) = \mu\Delta H \qquad 11\text{-}25$$

在上式中，

Q_n：承压水对潜水的越流补给量；

其余各项的含义与在公式 11-24 中相同。

若不存在承压水的越流补给，则 Q_n 为 0。此外，若潜水含水层的隔水底板平坦、水力坡度小，渗透系数 K 也比较小，则 Q_I 和 Q_O 极小；若基本上无地下水向地表排泄，R_O 可忽略不计；若水汽凝结量很小，E_I 可忽略不计。故潜水水量均衡方程可写为：

$$P_g + R_I - E_O = \mu\Delta H \tag{11-26}$$

在上式中,各项的含义与在公式 11-24 中相同。

在多年平均的情况下,$\mu\Delta H \to 0$,故潜水多年水量均衡方程可写为:

$$\bar{P}_g + \bar{R}_I - \bar{E}_O = 0 \tag{11-27}$$

在上式中,$\bar{P}_g$、$\bar{R}_I$ 以及 $\bar{E}_O$ 分别为多年平均大气降水入渗量、多年平均地表水入渗量以及多年平均蒸发量。

这就是存在于干旱、半干旱地区的渗入-蒸发动态型潜水水量均衡方程。

3. 承压水水量均衡方程

承压水一般埋藏较深且上覆隔水顶板,短期的降水和蒸发等变化对之影响很小,其动态仅与补给区的气候及水文状况的多年变化有关,故论及承压水均衡时,常仅考虑多年平均情况。

在这种情况下,饱气带水量的变化量以及地表水量的变化量均可视为 0。此外,若均衡区为封闭性的承压盆地,则与邻近地区无水分交换。因此,承压水的多年水量均衡方程可写为:

$$\bar{P} - \bar{R} - \bar{E} - \bar{Q}_\alpha = \bar{Q}_0 \tag{11-28}$$

在上式中,

$\bar{P}$:多年平均降水量;

$\bar{R}$:多年平均地表径流量;

$\bar{E}$:多年平均蒸发量;

$\bar{Q}_\alpha$:补给区多年平均潜水排泄量;

$\bar{Q}_0$:补给区多年平均入渗量或排泄区多年平均排泄量。

4. 开采条件下地表水与地下水的转化和均衡

地表水和地下水的补给均来自大气降水,二者之间存在着密切的互补关系。在开采地下水的情况下,地表水与地下水之间的关系会发生变化。因此,在分析纯自然条件下地下水水量均衡的基础之上,进一步研究人工开采条件下地下水与地表水的转化和均衡,具有十分重要的意义。

在纯自然条件下,流域的多年水量平衡方程为:

$$\bar{P} = \bar{R}_s + \bar{R}_g + \bar{E}_s + \bar{E}_g + \bar{\mu} = \bar{R} + \bar{E} + \bar{\mu} \tag{11-29}$$

在上式中,

$\bar{P}$:多年平均降水量;

$\bar{R}_s$:多年平均地表径流量;

$\bar{R}_g$:多年平均地下径流量或多年平均河川基流量;

$\bar{E}_s$:多年平均地表、土壤以及植物总蒸发量;

$\bar{E}_g$:多年平均潜水蒸发量;

$\bar{\mu}$:多年平均地下潜流量;

$\bar{R}$:多年平均河川径流量($\bar{R}=\bar{R}_s+\bar{R}_g$);

$\bar{E}$:多年平均流域总蒸发量($\bar{E}=\bar{E}_s+\bar{E}_g$)。

另外,有:

$$\bar{P}_g=\bar{R}_g+\bar{E}_g+\bar{\mu} \tag{11-30}$$

在上式中,

$\bar{P}_g$:多年平均降水入渗补给量;

其余各项的含义与在公式 11-29 中相同。

因开采地下水,流域水量平衡的各个要素都会发生变化。如在平原地区,地下水开采之后,地下水位下降,饱气带增厚,故降水入渗量也增大,其增量为 $\Delta\bar{P}_g$,地表、土壤以及植物总蒸发量也相应增大,其增量为 $\Delta\bar{E}_s$,而地表径流量、地下径流量或河川基流量以及潜水蒸发量则相应减小,其减量分别为 $\Delta\bar{R}_s$、$\Delta\bar{R}_g$ 以及 $\Delta\bar{E}_g$,以满足地下水开采的多年平均净消耗量 $\bar{V}$。因此,流域的水量平衡方程可改写为:

$$\bar{P}=(\bar{R}_s-\Delta\bar{R}_s)+(\bar{R}_g-\Delta\bar{R}_g)+(\bar{E}_s+\Delta\bar{E}_s)+(\bar{E}_g-\Delta\bar{E}_g)+\bar{V}+\bar{\mu} \tag{11-31}$$

在上式中,各项的含义如前所述。

相应地,多年平均降水入渗补给量的计算公式也可改写为:

$$\bar{P}'_g=\bar{P}_g+\Delta\bar{P}_g=(\bar{R}_g-\Delta\bar{R}_g)+(\bar{E}_g-\Delta\bar{E}_g)+\bar{V}+\bar{\mu} \tag{11-32}$$

在上式中,

$\bar{P}'_g$:开采条件下的多年平均降水入渗补给量;

其余各项的含义如前所述。

经推演简化得:

$$\bar{V}=\Delta\bar{R}_s+\Delta\bar{R}_g+(\Delta\bar{E}_g-\Delta\bar{E}_s) \tag{11-33}$$

$$\Delta\bar{P}_g=\Delta\bar{R}_s-\Delta\bar{E}_s \tag{11-34}$$

在以上两公式中,各项的含义如前所述。

以上两公式表明,在开采条件下,地表水与地下水相互转化。地下水的开采量 $\bar{V}$,实际上消耗了部分地表径流量 $\Delta\bar{R}_s$、$\Delta\bar{R}_g$ 以及潜水蒸发量 $\Delta\bar{E}_g$,增大了地表、土壤以及植物的总蒸发量 $\Delta\bar{E}_s$,而降水入渗的增加量,恰好等于地表径流的

减小量 $\Delta\bar{R}_s$ 与地表、土壤以及植物总蒸发的增大量 $\Delta\bar{E}_s$ 之差。

地表水和地下水是水资源的两种存在形式，它们之间互相联系，互相转化。在开发利用流域水资源的过程中，如过多地开采地下水，将会导致泉水流量及河川基流量的减小，甚至造成泉水枯竭及河水断流；而加强地表蓄水和引水工程的防渗措施，则可使得地下水的补给量明显减小。

参 考 文 献

1. 阿拉比 A,阿拉比 M. 简明牛津地球科学辞典[M]. 陈有发,等译. 北京:地震出版社,1998.
2. 陈志恺,王维第,刘国纬. 中国水利百科全书·水文与水资源分册[M]. 北京:中国水利水电出版社,2004.
3. 邓绶林,杨秉赓,黄锡荃,等. 普通水文学[M]. 北京:高等教育出版社,1979.
4. 费宇红,苗晋祥,张兆吉,等. 华北平原地下水降落漏斗演变及主导因素分析[J]. 资源科学,2009,31(3):394-399.
5. 胡安焱,郭西万. 新疆平原地区水面蒸发量预测模型研究[J]. 水文,2006,26(1):24-27+41.
6. 胡方荣,侯宇光. 水文学原理(一)[M]. 北京:水利电力出版社,1988.
7. 黄锡荃,李惠明,金伯欣. 水文学[M]. 北京:高等教育出版社,1993.
8. 金惜三,李炎. 鸭绿江洪季的河口最大浑浊带[J]. 东海海洋,2001,19(1):1-10.
9. 来剑斌,罗毅,任理. 双环入渗仪的缓冲指标对测定土壤饱和导水率的影响[J]. 土壤学报,2010,47(1):19-25.
10. 刘光亚. 基岩地下水[M]. 北京:地质出版社,1979.
11. 刘鸿雁. 内蒙古高原东南缘森林-草原过渡带景观及其演化的生态学研究[D]. 北京大学,1998.
12. 刘凯,聂格格,张森. 中国1951—2018年气温和降水的时空演变特征研究[J]. 地球科学进展,2020,35(11):1113-1126.
13. 罗潋葱,秦伯强. 太湖波浪与湖流对沉积物再悬浮不同影响的研究[J]. 水文,2003,23(3):1-4.
14. 南京大学地理系,中山大学地理系. 普通水文学[M]. 北京:人民教育出版社,1978.
15. 倪玉根,李建国,习龙. 海砂粒级划分标准和沉积物命名方法探讨[J]. 热带海洋学报,2021,40(3):143-151.
16. 邱书敏,张永信. 岩溶找水[M]. 南宁:广西人民出版社,1981.
17. 芮孝芳. 水文学原理[M]. 北京:中国水利电力出版社,2004.
18. 施成熙,梁瑞驹. 陆地水文学原理[M]. 北京:中国工业出版社,1964.
19. 时梦熊,车用太. 漫谈地下水[M]. 北京:科学出版社,1985.
20. 谌芸,孙军,徐珺,等. 北京721特大暴雨极端性分析及思考(一)观测分析及思考[J]. 气象,2012,38(10):1255-1266.
21. 水利电力部水文局. 中国水资源评价[M]. 北京:水利电力出版社,1987.
22. 苏爱芳,吕晓娜,崔丽曼,等. 郑州"7.20"极端暴雨天气的基本观测分析[J]. 暴雨灾害,

2021，40(5)：445-454.
23. 天津师范大学地理系，华中师范大学地理系，北京师范大学地理系，等. 水文学与水资源概论[M]. 武汉:华中师范大学出版社,1986.
24. 王红亚. 古水文学的气候推绎法[M]. 北京:地质出版社,1995.
25. 王毅勇,宋长春. 三江平原典型沼泽湿地水循环特征[J]. 东北林业大学学报,2003,31(3):3-7.
26. 徐世大,朱绍镕,雷万清. 实用水文学[M]. 台北:东华书局,1983.
27. Australian Surveying and Land Information Group. Atlas of Australian Resources: Division of National Mapping[M]. Canberra: Department of Administrative Services, 1986.
28. Clague J J. Sedimentology and Paleohydrology of Late Wisconsinan Outwash, Rocky Mountain Trench, Southeastern British Columbia[M]. Jopling A V, McDonald B C. Glaciofluvial and Glaciolacustrine Sedimentation. Tulsa: SEPM Society for Sedimentary Geology, 1975: 223-237.
29. Davie T. Fundamentals of Hydrology[M]. New York: Routledge, 2002.
30. de Blij H J, Muller P O. Physical Geography of the Global Environment[M]. New York: John Wiley & Sons Inc., 1993.
31. Derbyshire E, Gregory K J, Hails J R. Geomorphological Processes[M]. London: Wm Dawson & Sons Ltd., 1979.
32. Fournier M F. Climat et Erosion[M]. Paris: Presses Universitaires de France, 1960.
33. Langbein W B. Annual runoff in the United States[J]. Environmental Science, 1949, 52: 1-14.
34. Langbein W B, Schumm S A. Yield of sediment in relation to mean annual precipitation [J]. Transactions American Geophysical Union, 1958, 39: 1076-1084.
35. McKnight T L. Physical Geography: A Landscape Appreciation[M]. 3rd ed. New Jersey: Prentice Hall Inc., 1990.
36. Montgomery C W. Physical Geology [M]. 2nd ed. Dubuque, IA: W. C. Brown Publishers, 1988.
37. Osterkamp W R. Variation and causative factors of sediment yields in the Arkansas River basin, Kansas[C]. Denver, Colorado: Proceedings of the Third Federal Inter-Agency Sedimentation Conference, Sedimentation Committee, Water Resources Council, 1976: 59-70.
38. Schumm S A. Quaternary Paleohydrology[M]. Wright H E, Frey D G. The Quaternary of the United States. Princeton: Princeton University Press, 1965: 783-794.
39. Schumm S A. The Fluvial System[M]. New York: John Wiley & Sons, 1977.
40. Scott R C. Physical Geography[M]. St. Paul, MN: West Publishing Company, 1989.
41. Viessman W, Lewis G L, Knapp J W. Introduction to Hydrology[M]. 3rd ed. New York: Harper Collins Publishers, 1989.
42. Wilson L. Variations in mean annual sediment yield as a function of mean annual precipitation[J]. American Journal of Science, 1973, 273(4): 335-349.